高职高专计算机教学改革 新体系 规划教材

Java程序设计开发

孙洪迪 贾民政 方园 杨民峰 编著

清华大学出版社
北 京

内 容 简 介

本书在全面介绍Java编程原理和基本概念的基础上，重点培养读者面向对象的思想及利用面向对象的思想解决实际问题的能力。

本书详细介绍了Java程序设计的基本环境、概念和方法。全书共包括12章：第1～3章介绍Java基础，包括Java概述、Java基本语法以及数组与字符串等内容；第4～7章介绍Java高级知识点，包括类与对象、类的继承、抽象类、接口、异常等内容；第8～12章介绍Java应用开发的相关知识，包括Java GUI编程、线程、I/O操作、数据库编程以及网络编程等内容。

本书以现代学徒制人才培养理论为指导，以培养学生的职业能力为核心，以工作实践为主线，面向企业技术工程师岗位能力模型设置书中内容，建立以实际工作过程为框架的职业教育课程结构。

本书可作为各类高等院校计算机专业及理工科类非计算机专业的学生学习Java语言程序设计的教材，也可作为有关工程技术人员和计算机爱好者的学习参考用书。

图书在版编目(CIP)数据

Java程序设计开发/孙洪迪等编著.—北京：清华大学出版社，2019
(高职高专计算机教学改革新体系规划教材)
ISBN 978-7-302-53211-8

Ⅰ.①J…　Ⅱ.①孙…　Ⅲ.①JAVA语言－程序设计－高等职业教育－教材　Ⅳ.①TP312.8

中国版本图书馆CIP数据核字(2019)第129416号

责任编辑：颜廷芳
封面设计：傅瑞学
责任校对：李　梅
责任印制：刘海龙

出版发行：清华大学出版社
网　　址：http://www.tup.com.cn，http://www.wqbook.com
地　　址：北京清华大学学研大厦A座　　**邮　　编**：100084
社 总 机：010-62770175　　**邮　　购**：010-62786544
投稿与读者服务：010-62776969，c-service@tup.tsinghua.edu.cn
质量反馈：010-62772015，zhiliang@tup.tsinghua.edu.cn
课件下载：http://www.tup.com.cn，010-62770175-4278
印 装 者：清华大学印刷厂
经　　销：全国新华书店
开　　本：185mm×260mm　　**印　　张**：19.25　　**字　　数**：488千字
版　　次：2019年8月第1版　　**印　　次**：2019年8月第1次印刷
定　　价：49.00元

产品编号：079984-01

前言

FOREWORD

Java 程序设计开发是计算机程序设计的重要基础课，是计算机网络专业重要的核心课程，掌握 Java 程序设计已经成为从事网站及网络信息系统工作的先决和必要条件。它对程序设计思想的建立和提升有重要作用，既为后续的计算机课程奠定了一个较为扎实的基础，又可以提高学生分析问题和解决问题的能力。

本书是编著者多年教学实践经验的总结，严格按照教育部关于“加强职业教育、突出实践技能和能力培养”的教学改革要求编写。本书全面介绍了 Java 程序设计开发人员应该掌握的各项基础技术，内容突出“基础、全面、深入”的特点，同时强调“实战”效果。在此基础上，加入了 SCJP 认证考试的相关试题，使得学生能及时考察自己对知识的掌握情况。全书共 12 章，主要包含以下内容。

(1) 第 1～3 章是 Java 基础部分，包括 Java 概述、基本语法、数组与字符串等内容。

(2) 第 4～7 章是 Java 高级部分，包括类与对象、继承、抽象类接口和异常等内容。

(3) 第 8～12 章是 Java 应用开发部分，包括 Java GUI 编程、线程、I/O 操作、数据库编程和网络编程等内容。

本书以现代学徒制人才培养理论为指导，以培养学生的职业能力为核心，以工作实践为主线，面向企业技术工程师岗位能力模型设置教材内容，建立以实际工作过程为框架的职业教育课程结构，着重培养学生的编程应用能力。书中的案例都是完整的、可以运行通过的 Java 程序，便于学生通过实训项目的训练提高分析问题和解决问题的能力。本书既可作为应用型大学本科和高职高专院校计算机专业的教材，也可作为企事业信息化从业者的培训教材，并为广大社会居民和 IT 创业者提供有益的学习指导。

本书由孙洪迪、贾民政、方园、杨民峰共同编写完成，全书由孙洪迪统稿。本书的出版受到了北京市职业院校教师素质提升计划资助项目的支持。

由于编著者水平有限，书中难免有不足之处，欢迎读者对本书内容提出意见和建议。

编著者

2019 年 4 月

目录

CONTENTS

第1章

Java 概 述

Chapter 1

实习学徒学习目标

(1) 了解Java技术内容。

(2) 会编写HelloWorld程序。

1.1 Java语言简介

1.1.1 Java的形成

Java是Java程序设计语言和Java平台的总称,它不仅是一种程序设计语言,也是一个完整的平台,庞大的资源库中包含很多可重用的代码和提供安全性、可移植性及可自动垃圾回收等服务的执行环境。

Java来自Sun公司一个名为Green的项目,其最初的目的是为家用电子产品开发一个分布式代码系统,这样就可以把E-mail发给电冰箱、电视机等家用电器,对它们进行控制,和它们进行信息交流。最初打算采用C++语言,但C++既复杂,安全性又差,最后基于C++开发了一种新的语言Oak(Java的前身)。Oak是一种用于网络的精巧且安全的语言,Sun公司曾以此投标一个交互式电视项目,结果被SGI打败。可怜的Oak几乎无家可归,恰巧这时Mark Ardreesen开发的Mosaic和Netscape启发了Oak项目组成员,他们用Java编制了HotJava浏览器,得到了Sun公司首席执行官Scott McNealy的支持,触发了Java进军Internet的开关。Java的起名也有一些趣闻,由于Oak名称已经被注册了,有一天,几位Java组员正在讨论给这个新的语言起什么名字,当时他们正在咖啡馆喝着Java(爪哇)咖啡,有一个人灵机一动说就叫Java怎样,得到了其他人的赞同,于是Java这个名字就这样传开了。

1.1.2 Java发展历史

1995年5月23日,Sun公司在SunWorld大会上正式发布Java 1.0版本。Java语言第一次提出了“Write Once,Run Anywhere”的口号。1996年1月23日,JDK 1.0发布,Java语言有了第一个正式版本的运行环境。JDK 1.0提供了一个纯解释执行的Java虚拟机实现(Sun Classic VM)。JDK 1.0版本的代表技术包括:Java虚拟机、Applet、AWT等。1996年4月,10个最主要的操作系统供应商申明将在其产品中嵌入Java技术。同年9月,已有大约8.3万个网页应用了Java技术进行制作。在1996年5月底,Sun公司于美国旧金山举行了首届JavaOne大会,从此JavaOne成为全世界数百万Java语言开发者每年一度的技术盛会。1997年2月19日,Sun公司发布了JDK 1.1,Java技术的一些最基础的支撑点(如JDBC等)都是在JDK 1.1版本中发布的,JDK 1.1版本的技术代表有:JAR文件格式、JDBC、JavaBeans、RMI。Java语法也有了一定的发展,如内部类(Inner Class)和反射(Reflection)都是在这个时候出现的。直到1999年4月8日，JDK 1.1一共发布了1.1.0～1.1.8九个版本。从1.1.4之后，每个JDK版本都有一个自己的名字(工程代号)，分别为：JDK 1.1.4-Sparkler(宝石)、JDK 1.1.5-Pumpkin(南瓜)、JDK 1.1.6-Abigail(阿比盖尔，女子名)、JDK 1.1.7-Brutus(布鲁图，古罗马政治家和将军)和JDK 1.1.8-Chelsea(切尔西，城市名)。1998年12月4日，JDK迎来了一个里程碑式的版本JDK 1.2，工程代号为Playground(竞技场)，Sun公司在这个版本中把Java技术体系拆分为3个方向，分别是面向桌面应用开发的J2SE(Java 2 Platform，Standard Edition)、面向企业级开发的J2EE(Java 2 Platform，Enterprise Edition)和面向手机等移动终端开发的J2ME(Java 2 Platform，Micro Edition)。在这个版本中出现的代表性技术非常多，如EJB、Java Plug-in、Java IDL、Swing等，并且这个版本中Java虚拟机第一次内置了JIT(Just In Time)编译器(JDK 1.2中曾并存过3个虚拟机，Classic VM、HotSpot VM和Exact VM，其中Exact VM只在Solaris平台出现过，其余两个虚拟机都内置JIT编译器，而之前版本所带的Classic VM只能以外挂的形式使用JIT编译器)。在语言和API级别上，Java添加了strictfp关键字和现在Java编码中极为常用的一系列Collections集合类。在1999年3月和7月，分别有JDK 1.2.1和JDK 1.2.2两个小版本发布。1999年4月27日，HotSpot虚拟机发布，HotSpot最初由一家名为“Longview Technologies”的公司开发，因为HotSpot的优异表现，这家公司在1997年被Sun公司收购。HotSpot虚拟机发布时是作为JDK 1.2的附加程序提供的，后来它成为JDK 1.3及之后所有版本的Sun JDK的默认虚拟机。2000年5月8日，工程代号为Kestrel(美洲红隼)的JDK 1.3发布，JDK 1.3相对于JDK 1.2的改进主要表现在一些类库上(如数学运算和新的Timer API等)，JNDI服务从JDK 1.3开始被作为一项平台级服务提供(以前JNDI仅仅是一项扩展)，使用CORBA IIOP来实现RMI的通信协议，等等。这个版本还对Java 2D做了很多改进，提供了大量新的Java 2D API，并且新添加了JavaSound类库。JDK 1.3有1个修正版本JDK 1.3.1，工程代号为Ladybird(瓢虫)，于2001年5月17日发布。自从JDK 1.3开始，Sun维持了一个习惯：大约每隔两年发布一个JDK的主版本，以动物命名，期间发布的各个修正版本则以昆虫作为工程名称。2002年2月13日，JDK 1.4发布，工程代号为Merlin(灰背隼)。JDK 1.4是Java真正走向成熟的一个版本，Compaq、Fujitsu、SAS、Symbian、IBM等著名公司均有参与JDK 1.4的开发甚至实现独立的JDK 1.4。哪怕是在十多年后的今天，仍然有许多主流应用(Spring、Hibernate、Struts等)能直接运行在JDK 1.4上，或者继续发布能运行在JDK 1.4上的版本。JDK 1.4同样发布了很多新的技术特性，如正则表达式、异常链、NIO、日志类、XML解析器和XSLT转换器等。2002年前后还发生了一件与Java没有直接关系，但事实上对Java的发展进程影响很大的事件，那就是微软公司的.NET Framework发布了。这个无论是技术实现上还是目标用户上都与Java有很多相近之处的技术平台给Java带来了很多讨论、比较和竞争，.NET平台和Java平台之间声势浩大的孰优孰劣的论战至今仍在继续。

2004年9月30日，JDK 1.5发布，工程代号Tiger(老虎)。从JDK 1.2以来，Java在语法层面上的变化一直很小，而JDK 1.5在Java语法易用性上做出了非常大的改进。例如，自动装箱、泛型、动态注解、枚举、可变长参数、遍历循环(foreach循环)等语法特性都是在JDK 1.5中加入的。在虚拟机和API层面上，这个版本改进了Java的内存模型(Java Memory Model，JMM)，提供了java.util.concurrent并发包，等等。另外，JDK 1.5是官方声明可以支持Windows 9x平台的最后一个JDK版本。

2006年12月11日，JDK 1.6发布，工程代号Mustang(野马)。在这个版本中，Sun终结了从 JDK 1.2 开始已经有 8 年历史的 J2EE、J2SE、J2ME 的命名方式，启用 Java SE 6、Java EE 6、Java ME 6 的命名方式。JDK 1.6 的改进包括：提供动态语言支持（通过内置 Mozilla Java Rhino 引擎实现）、提供编译 API 和微型 HTTP 服务器 API 等。同时，这个版本对 Java 虚拟机内部做了大量改进，包括锁与同步、垃圾收集、类加载等方面的算法都有相当多的改动。

在 2006 年 11 月 13 日的 JavaOne 大会上，Sun 公司宣布最终会将 Java 开源，并在随后一年多的时间里，陆续将 JDK 的各个部分在 GPL v2（GNU General Public License v2）协议下公开了源码，并建立了 OpenJDK 组织对这些源码进行独立管理。除了极少量的产权代码（Encumbered Code，这部分代码大多是 Sun 本身也无权限进行开源处理的）外，OpenJDK 几乎包括了 Sun JDK 的全部代码，OpenJDK 的质量主管曾经表示，在 JDK 1.7 中，Sun JDK 和 OpenJDK 除了代码文件头的版权注释之外，代码基本完全一样，所以 OpenJDK 7 与 Sun JDK 1.7 本质上就是同一套代码库开发的产品。

JDK 1.6 发布以后，由于代码复杂性的增加、JDK 开源、开发 JavaFX、经济危机及 Sun 公司收购案等原因，Sun 公司在 JDK 发展以外的事情上耗费了很多资源，JDK 的更新没有再维持两年发布一个主版本的发展速度。JDK 1.6 到目前为止一共发布了 37 个 Update 版本，最新的版本为 Java SE 6 Update 37，于 2012 年 10 月 16 日发布。

2009 年 2 月 19 日，工程代号为 Dolphin（海豚）的 JDK 1.7 完成了其第一个里程碑版本。根据 JDK 1.7 的功能规划，一共设置了 10 个里程碑。最后一个里程碑版本原计划于 2010 年 9 月 9 日结束，但由于各种原因，JDK 1.7 最终无法按计划完成。

从 JDK 1.7 最开始的功能规划来看，它本应是一个包含许多重要改进的 JDK 版本，其中的 Lambda 项目（Lambda 表达式、函数式编程）、Jigsaw 项目（虚拟机模块化支持）、动态语言支持、GarbageFirst 收集器和 Coin 项目（语言细节进化）等子项目对于 Java 业界都会产生深远的影响。在 JDK 1.7 开发期间，Sun 公司由于相继在技术竞争和商业竞争中陷入泥潭，公司的股票市值跌至仅有高峰时期的 3%，已无力推动 JDK 1.7 的研发工作按正常计划进行。为了尽快结束 JDK 1.7 长期“跳票”的问题，Oracle 公司收购 Sun 公司后不久便宣布将实行“B 计划”，大幅裁剪了 JDK 1.7 预定目标，以便保证 JDK 1.7 的正式版本能够于 2011 年 7 月 28 日准时发布。“B 计划”把不能按时完成的 Lambda 项目、Jigsaw 项目和 Coin 项目的部分改进延迟到 JDK 1.8 中。最终，JDK 1.7 的主要改进包括：提供新的 G1 收集器（G1 在发布时依然处于 Experimental 状态，直至 2012 年 4 月的 Update 4 中才正式“转正”）、加强对非 Java 语言的调用支持（JSR-292，这项特性到目前为止依然没有完全实现定型）、升级类加载架构等。

到目前为止，JDK 1.7 已经发布了 9 个 Update 版本，最新的 Java SE 7 Update 9 于 2012 年 10 月 16 日发布。从 Java SE 7 Update 4 起，Oracle 开始支持 Mac OS X 操作系统，并在 Update 6 中达到完全支持的程度，同时，在 Update 6 中还对 ARM 指令集架构提供了支持。至此，官方提供的 JDK 可以运行于 Windows（不含 Windows 9x）、Linux、Solaris 和 Mac OS 平台上，支持 ARM、x86、x64 和 Sparc 指令集架构类型。

2009 年 4 月 20 日，Oracle 公司宣布正式以 74 亿美元的价格收购 Sun 公司，Java 商标从此正式归 Oracle 所有（Java 语言本身并不属于哪家公司所有，它由 JCP 组织进行管理，尽管 JCP 主要是由 Sun 公司或者说 Oracle 公司所领导的）。由于此前 Oracle 公司已经收购了另外一家大型的中间件企业 BEA 公司，在完成对 Sun 公司的收购之后，Oracle 公司分别从 BEA 和 Sun 中取得了目前三大商业虚拟机的其中两个：JRockit 和 HotSpot，Oracle 公司宣布在未来 1～2 年将把这两个优秀的虚拟机互相取长补短，最终合二为一。可以预见在不久的将来，

Java 虚拟机技术将会产生巨大的变化。2011 年 7 月 28 日，Oracle 公司发布 Java SE 7。2014 年 3 月 18 日，Oracle 公司发表 Java SE 8。2017 年 9 月 22 日，Oracle 公司发表 Java SE 9。

1.1.3 Java 语言跨平台特性

Java 是可以跨平台的编程语言，所谓平台主要指操作系统。操作系统是充当用户和计算机之间交互的软件，不同的操作系统支持不同的 CPU，严格意义上说是不同的操作系统支持不同 CPU 的指令集。例如 Windows 和 Liunx 都支持 Intel 和 AMD 的复杂指令集，但并不支持 PowerPC 所使用的精简指令集，而早期的 Mac 计算机使用的是 PowerPC 处理器，所以也就无法在 Mac OS 下直接安装 Windows，直到 2005 年 Mac 改用了 Intel 的 CPU，才使在 Mac OS 下安装 Windows 成为可能。但是，原来的 Mac OS 操作系统也只支持 PowerPC，在 Intel 上也不能安装，怎么办？所以苹果公司也需要重写自己的 Mac OS 以支持这种变化。总而言之，不同的操作系统支持不同的 CPU 指令集，因此，为了使应用程序能在不同的操作系统上运行，必须多次编译，最终编译为该操作系统识别的机器指令集。

Java 语言的跨平台特性是因为 Java 编写的程序不是直接编译成机器语言，而是编译为中间语言，再由解释器二次编译，解释执行，这样就实现了“一次编辑，到处运行”。Java 跨平台原理如图 1.1 所示。

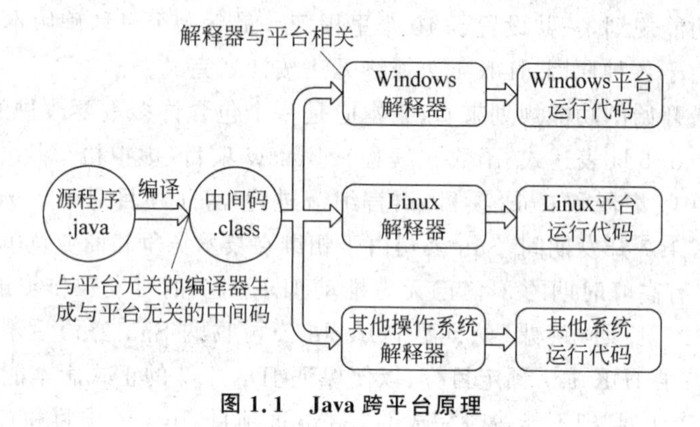

图 1.1 Java 跨平台原理

1.2 Java 环境搭建

1.2.1 安装 JDK

在开发 Java 应用程序前，首先要搭建 Java 开发环境，确保计算机上安装有 JDK，JDK 是 Java Development Kit 的缩写，译为 Java 开发工具包，是 Orcale 公司提供的用于开发 Java 应用程序的标准开发工具包。JDK 可以从 Oracal 公司的网站上获取。由于 Java 是跨平台的，因此要选择相应平台下的 JDK。本书以 Windows 平台为例进行讲解，目前 JDK 最新版本是 JDK 10，因此本书所使用的 JDK 版本为 Java SE 10，所有程序均在该环境下运行测试。图 1.2 所示为 Oracle 公司的 JDK 下载页面，图 1.3 所示为下载后的安装程序。

从官方网站下载 JDK 后进行安装，安装过程如下。

(1) 双击安装文件，启动安装程序，如图 1.4 所示。

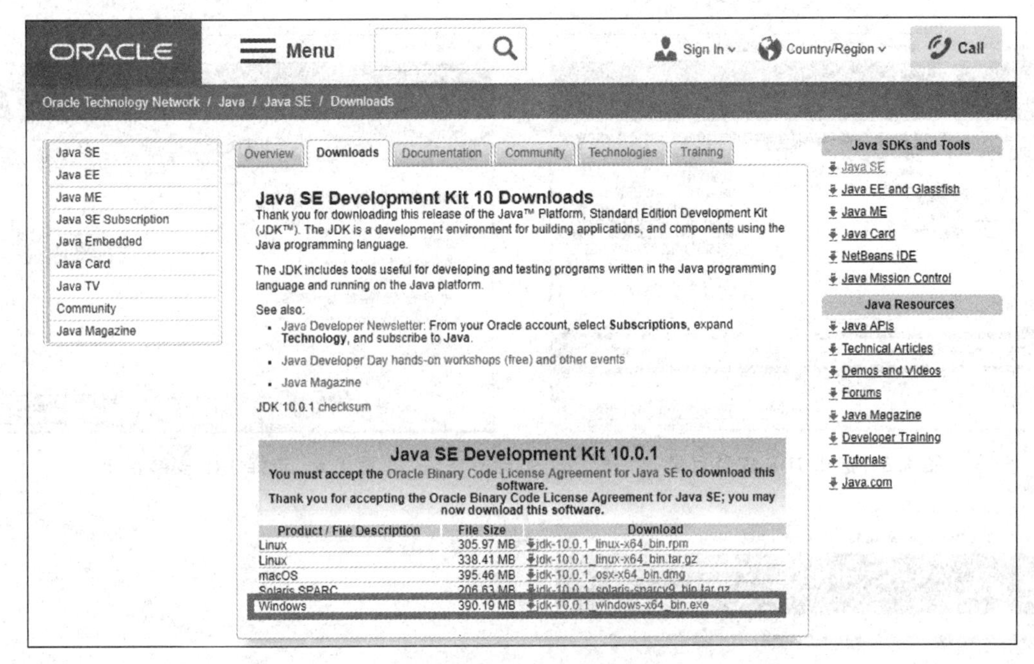

图 1.2　JDK 下载页面

jdk-10.0.1_windows-x64_bin.exe

图 1.3　Java SE 10 安装程序

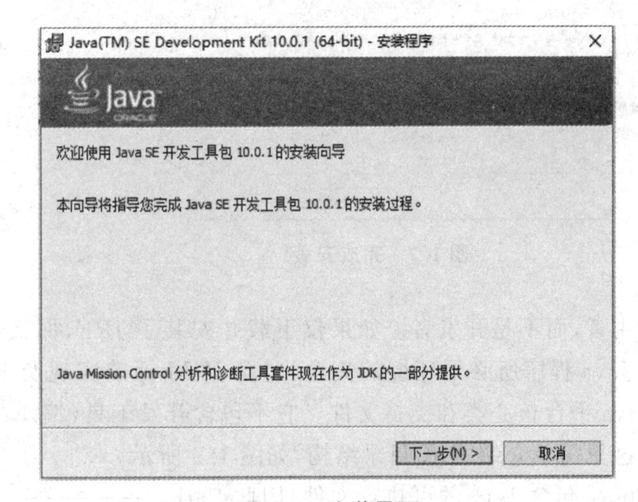

图 1.4　安装界面

(2) 单击下一步，选择 JDK 安装目录，建议使用默认安装路径，默认安装路径是 C:\Program Files\Java\jdk-10.0.1，如图 1.5 所示。

(3) 单击下一步，选择 JRE 安装目录，建议使用默认安装路径，默认安装路径是 C:\Program Files\Java\jre-10.0.1，如图 1.6 所示。

(4) 单击下一步，完成安装，单击关闭按钮结束，如图 1.7 所示。

(5) 安装完成后，在安装目录 C:\Program Files\Java 下生成两个文件夹，如图 1.8 所示。

一台计算机要想开发 Java 程序，必须安装 JDK。JDK 提供了 Java 的开发环境（提供了编译器 JavaC 等工具，用于将 Java 文件编译为 Class 文件）和运行环境（提供了 JVM 和 Runtime 辅助包，用于解析 Class 文件使其得到运行）。JDK 是整个 Java 的核心，包括了 Java 运行环境(JRE)、Java 工具(tools.jar)和 Java 标准类库(rt.jar)。JRE 是 Java 运行环境，面向 Java 程序

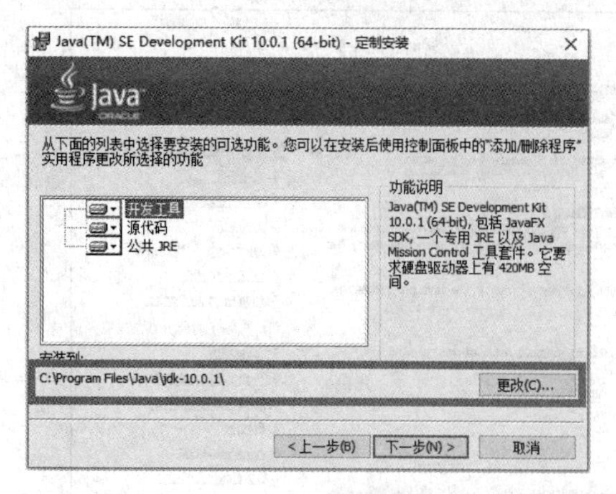

图 1.5 选择 JDK 安装目录

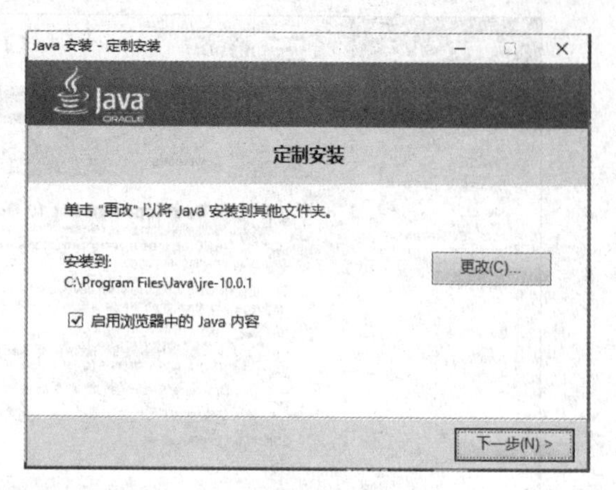

图 1.6 选择 JRE 安装目录

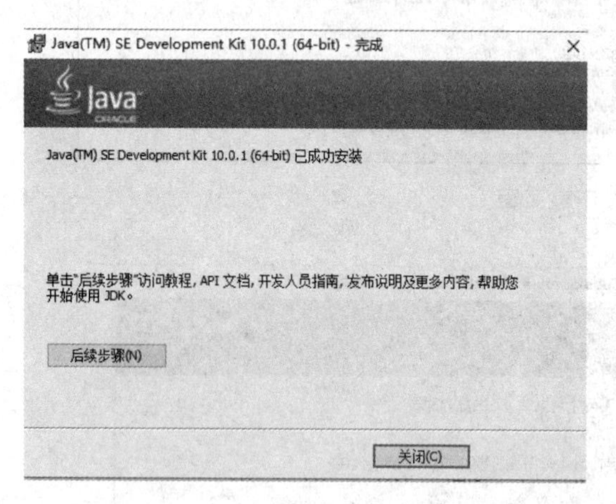

图 1.7 完成安装

jdk-10.0.1
jre-10.0.1

图 1.8 安装生成目录

的使用者，而不是开发者。如果仅下载并安装了 JRE，那么系统只能运行 Java 程序。JRE 是运行 Java 程序所必须环境的集合，包含 JVM 标准实现及 Java 核心类库。它包括 Java 虚拟机、Java 平台核心类和支持文件。它不包含开发工具(编译器、调试器等)。

这里简单介绍 JDK 目录结构，如图 1.9 所示。

bin	2018/6/28 7:43	文件夹
conf	2018/6/28 7:43	文件夹
include	2018/6/28 7:43	文件夹
jmods	2018/6/28 7:43	文件夹
legal	2018/6/28 7:44	文件夹
lib	2018/6/28 7:44	文件夹
COPYRIGHT	2018/3/26 19:45	文件
README.html	2018/6/28 7:44	HTML 文件
release	2018/6/28 7:44	文件

图 1.9 JDK 目录结构

bin：包含 Java 的可执行文件，因此 Path 环境变量设置在此目录。

conf：包含用户可以编辑的配置文件，例如以前位于 jre\lib 目录中的. properties 和. policy 文件。

include：包含支持使用本机代码编程的 C 语言头文件，Java 本地接口(JNI)和 Java 虚拟机调试程序接口(JPDA)。JNI(Java Native Interface，Java 本地接口)是一个标准的编程接口，用于编写 Java 本地方法或者嵌入 Java 虚拟机到本地应用程序中。JPDA 是一组接口与协议，主要由 3 部分构成(Java Platform Debugger Architecture，Java 平台调试器架构)包括在开发环境中使用，分别为 Java 虚拟机工具接口(JVM TI)、Java 调试线协议(JDWP)和 Java 调试接口(JDI)。

jmods：包含JMOD格式的平台模块，创建自定义运行映射时需要它。

legal：包含法律声明。

lib：包含非Windows平台上动态链接的本地库，是JDK使用的文件，如tools.jar，是JDK的非核心工具支撑类；dt.jar，是告诉在IDE设计时存档如何显示Java组件以及如何让开发者自定义他们的应用程序；ant-javafx.jar，包含Ant，用于打包JavaFX应用程序。

需要注意的是，从JDK9开始，JDK目录中不再有jre子目录。

1.2.2 配置环境变量

对于Java程序开发而言，经常使用JDK的两个命令是javac.exe和java.exe。但是这两个命令由于不属于Windows自己的命令，所以要想使用，就需要进行路径配置，步骤如下所示。

(1) 右击“我的电脑”，单击“属性”，如图1.10所示。

(2) 单击“高级系统设置”，如图1.11所示。

(3) 单击“环境变量”，如图1.12所示。

(4) 单击“新建”，如图1.13所示。

(5) 输入变量名JAVA_HOME，变量值选择jdk根目录，单击“确定”，如图1.14所示。

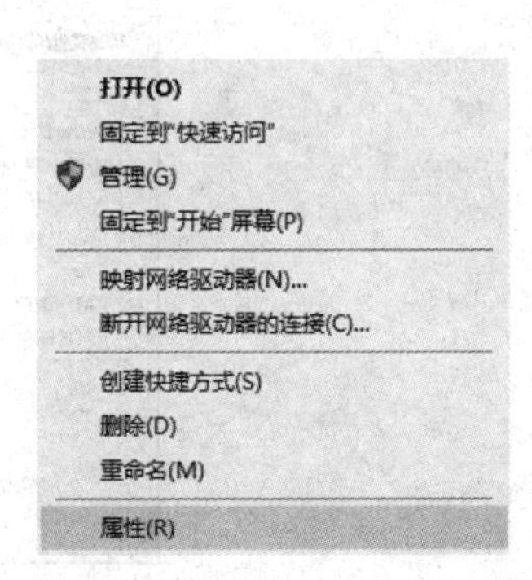

图1.10 打开我的电脑属性

(6) 选中系统变量Path，单击“编辑”，如图1.15所示。

(7) 在“编辑环境变量”窗口中，单击“新建”，输入%JAVA_HOME%\bin，然后单击上移按钮，使新建项移动到最顶端，单击“确定”保存配置信息，如图1.16所示。

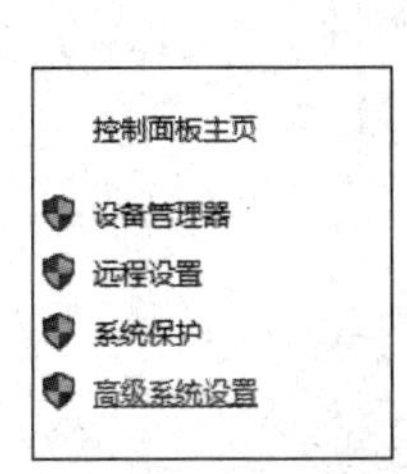

图1.11 选择高级系统设置

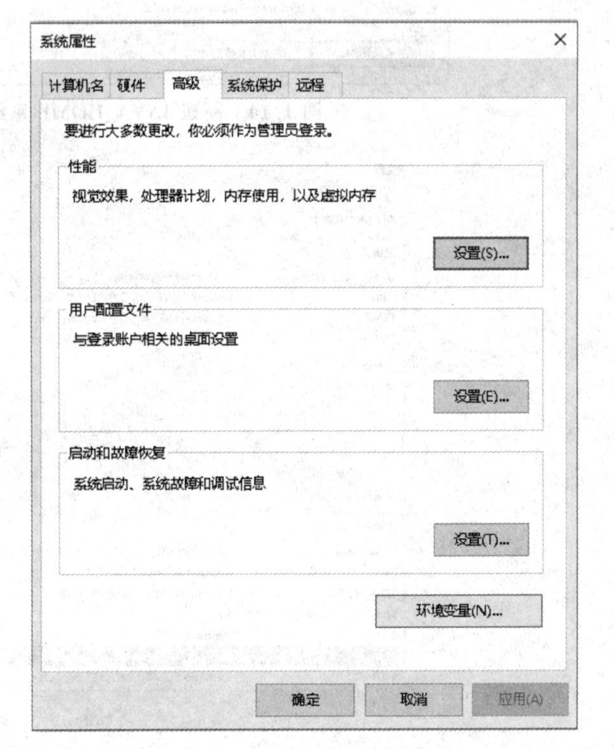

图1.12 单击环境变量

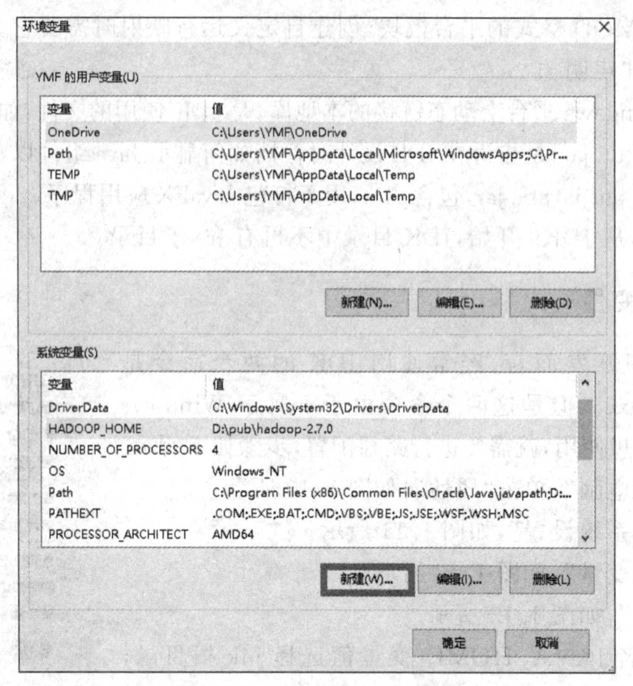

图 1.13　新建系统变量

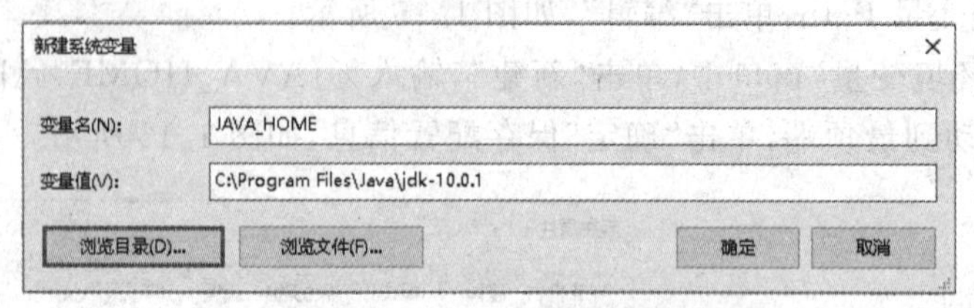

图 1.14　新建 JAVA_HOME 系统变量

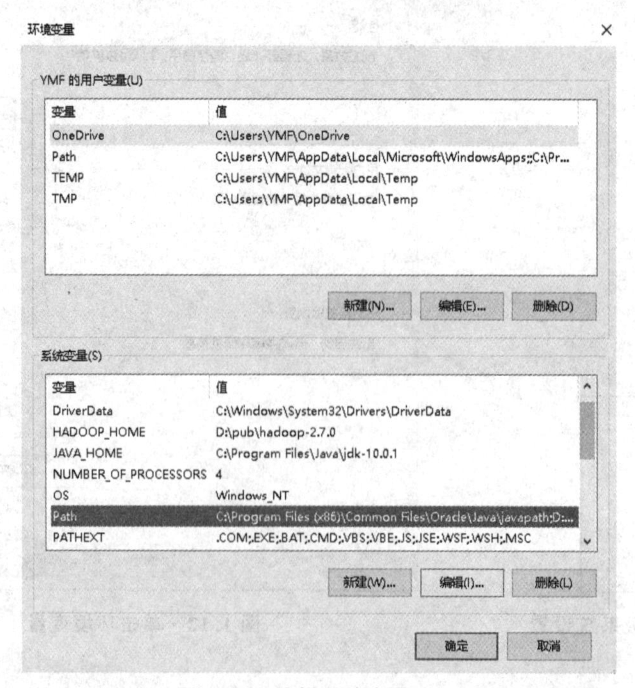

图 1.15　编辑系统变量 Path

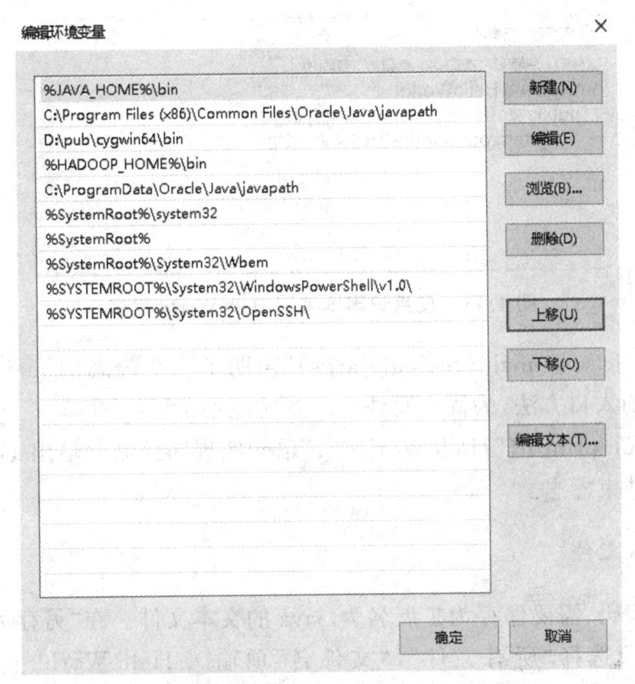

图 1.16 移动到最顶端

1.2.3 测试 Java 运行环境

运行 cmd 命令，打开 DOS 命令提示符窗口，运行 java -version 命令，如果能看到当前 JDK 版本信息，表示环境搭建成功。至此，JDK 环境搭建完成，如图 1.17 所示。

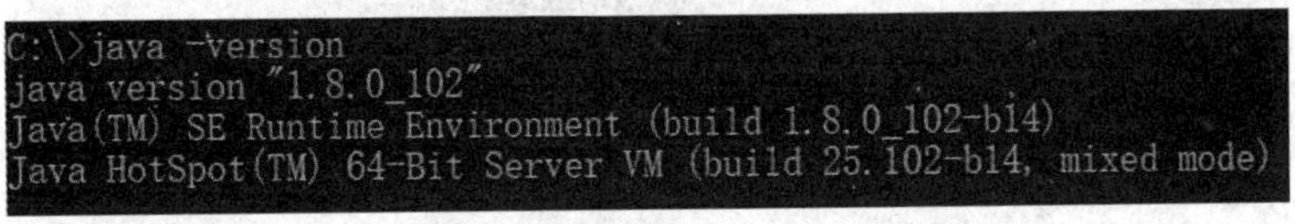

```
C:\>java -version
java version "1.8.0_102"
Java(TM) SE Runtime Environment (build 1.8.0_102-b14)
Java HotSpot(TM) 64-Bit Server VM (build 25.102-b14, mixed mode)
```

图 1.17 测试 Java 环境

1.3 编写 HelloWorld 程序

安装 JDK 并配置好环境变量后，就可以进行 Java 开发了。下面编写一个入门级别的 Java 程序来开启 Java 开发的神奇之旅。使用记事本编写和编译，运行第一个 Java 程序。

开发一个 Java 程序分 4 步，下面通过使用 Java 语言编写程序，实现在控制台输出 HelloWorld 的功能。

1. 编写源文件

Java 源文件是以.java 为扩展名的文本文件，因此，使用任何一款纯文本编辑器都可以编写 Java 程序，这里先使用 Windows 系统中自带的笔记本编辑器。打开记事本，在编辑区录入代码，如图 1.18 所示。

（1）“public class HelloWorld”创建了一个类，类名是 HelloWorld，这里注意类名必须和文件名一致。

```
public class HelloWorld{
    public static void main(String [] args){
        System.out.println("HelloWorld");
    }
}
```

图 1.18　使用记事本编写 HelloWorld 程序

(2) “public static void main(String[]args)”声明了一个静态的 main()方法，该方法是 Java 应用程序运行的入口方法，为固定写法。

(3) “System. out. println("HelloWorld");”语句实现向控制台输出 HelloWorld 字符串，程序指令以分号为结束标志。

2. 保存 Java 源文件

编写完源文件代码，需要保存为扩展名为. java 的文本文件。在“另存为”窗口中，单击“另存为”，“保存类型”项选择“所有文件”，“文件名”项输入 HelloWorld. java，“编码”项选择 ANSI，单击“保存”，一个 Java 程序就完成了。如图 1.19 所示。

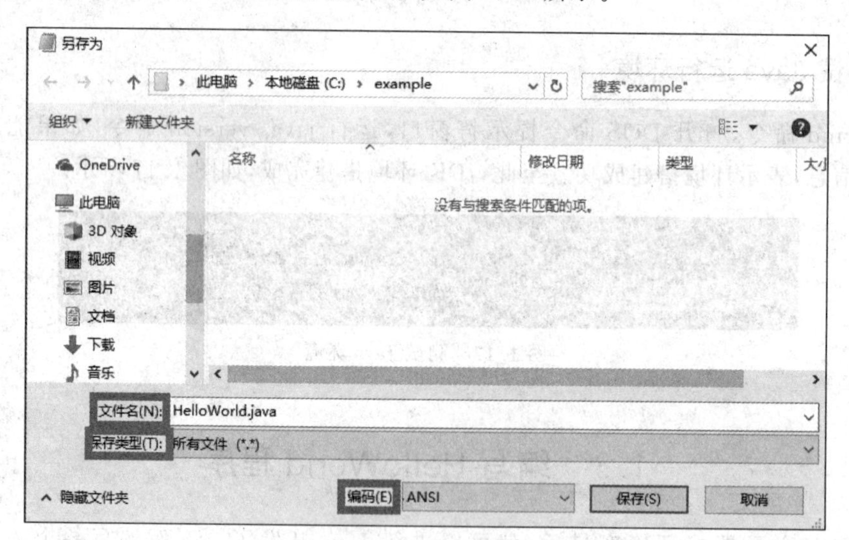

图 1.19　保存源文件

3. 使用 javac 命令编译源文件

打开命令提示符窗口，使用 Java 编译器命令 javac. exe 将 Java 源文件编译成字节码文件，如图 1.20 所示。编译后会在 C 盘的 example 目录下生成 HelloWorld. class 字节码文件，字节码文件是不允许修改的，如果要修改，只能通过修改源文件，重新生成新的字节码文件。

4. 运行字节码文件

在命令提示符中使用 Java 解释器命令 java. exe，运行 HelloWorld 字节码文件，显示 Java 程序运行结果，如图 1.21 所示。

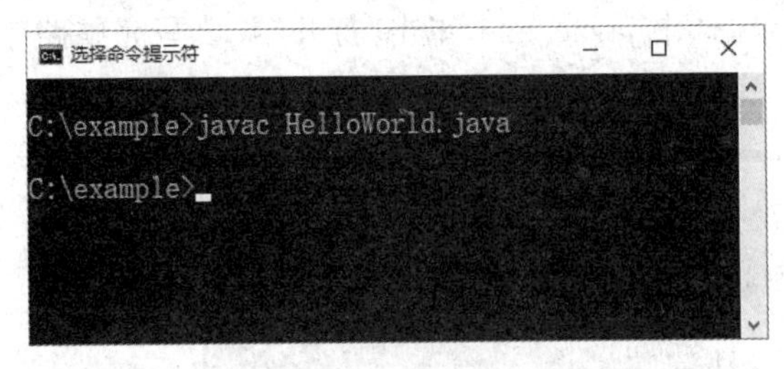

图 1.20 编译源文件

图 1.21 运行字节码文件

1.4 常用开发工具介绍

1.4.1 文本编辑工具 EditPlus

EditPlus 是一款相当不错的 Java 开发工具，它能自动生成语言代码格式，省时、省力、省内存，对我们平时编写小程序代码有非常大的帮助，其运行界面如图 1.22 所示。

图 1.22 EditPlus 运行界面

要使用 EditPlus 编译运行 Java，需要先配置 EditPlus 的 Java 运行环境。配置运行环境时，首先要保证计算机已经安装完成 JDK。

(1) 确定安装了 JDK 之后，打开 EditPlus，单击上方菜单栏中的“工具”，在弹出的菜单中单击“配置自定义工具”。如图 1.23 所示。

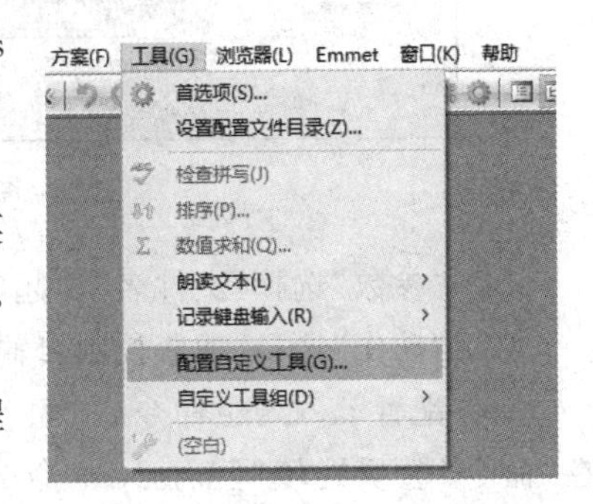

图 1.23 配置 Java 运行环境

(2) 单击“添加工具”，然后在弹出的菜单中单击“程序”。如图 1.24 所示。

(3) 在“菜单文本”选项处填写“javac”，然后单击“命令”选项右边的 ... ,找到 Java 安装路径的 bin 目录,选中 javac. exe,单击“打开”并填写完整路径。如图 1.25 所示。

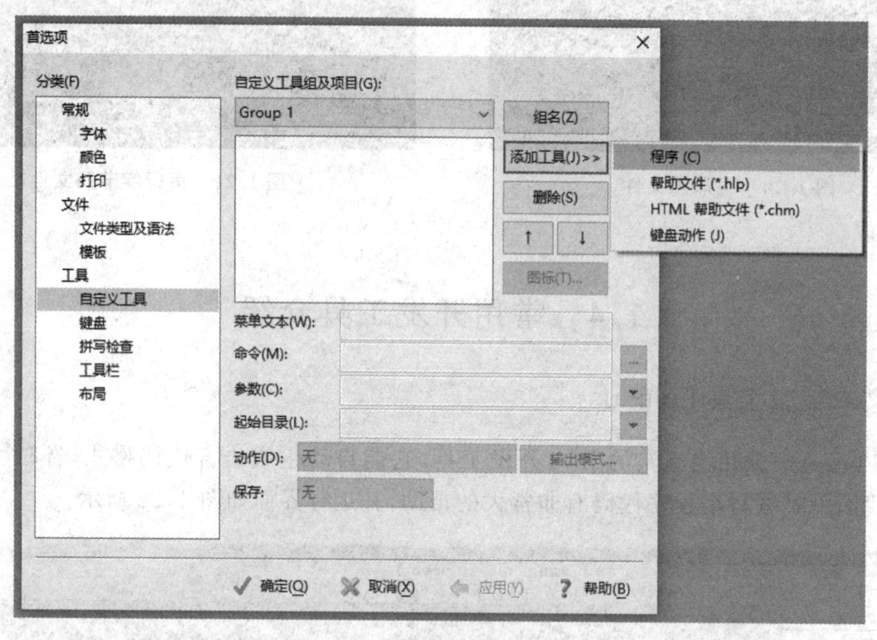

图 1.24 添加程序

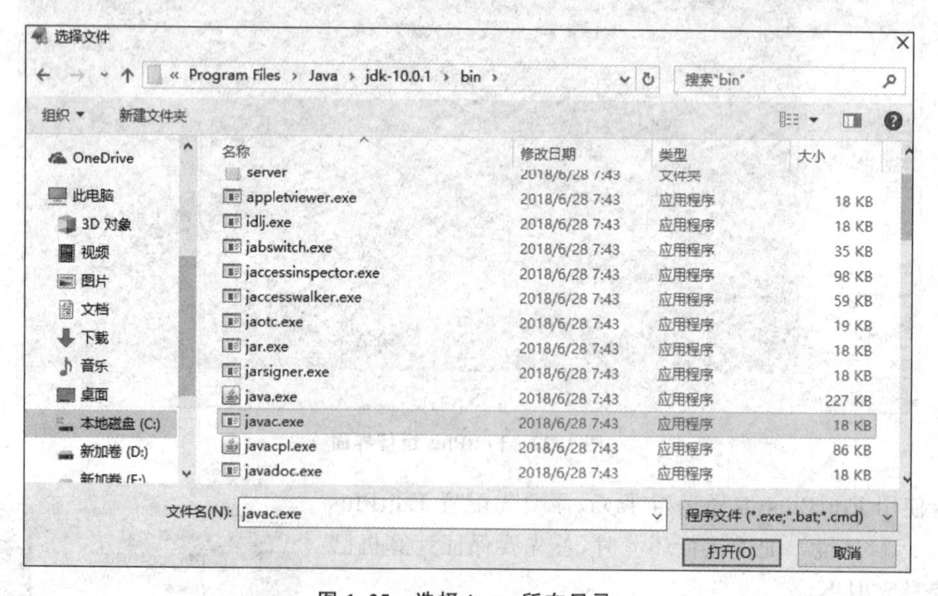

图 1.25 选择 javac 所在目录

(4)“参数”选择“文件名”,“起始目录”选择“文件目录”。如图 1.26 所示。

(5)“动作”选择“捕获控制台输出”,配置完成,单击“应用”,如图 1.27 所示。

(6)配置 java. exe 命令,与配置 javac. exe 命令类似。在“菜单文本”选项处填写“java”,在“命令”选项处填写 java. exe 命令所在的完整路径。“参数”选项选择“不带扩展名的文件”,“起始目录”选择“文件目录”,“动作”选择“无”,单击“确定”按钮完成配置。如图 1.28 所示。

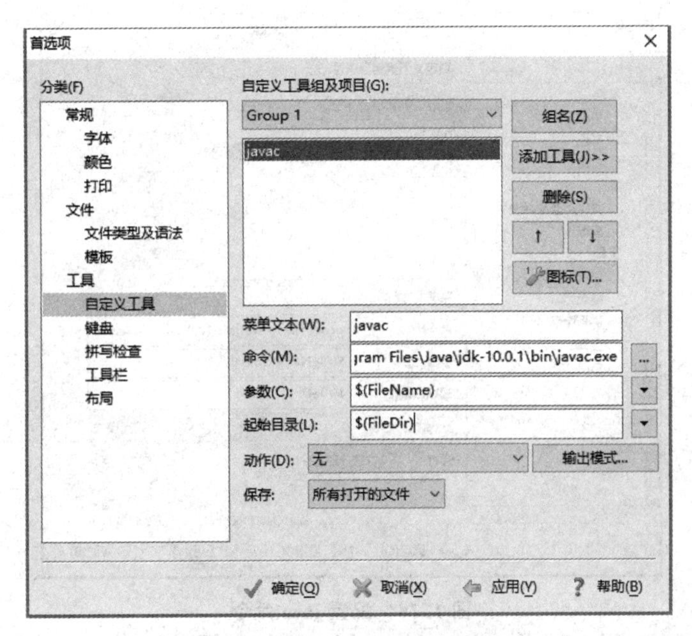

图 1.26 设置 javac 命令参数

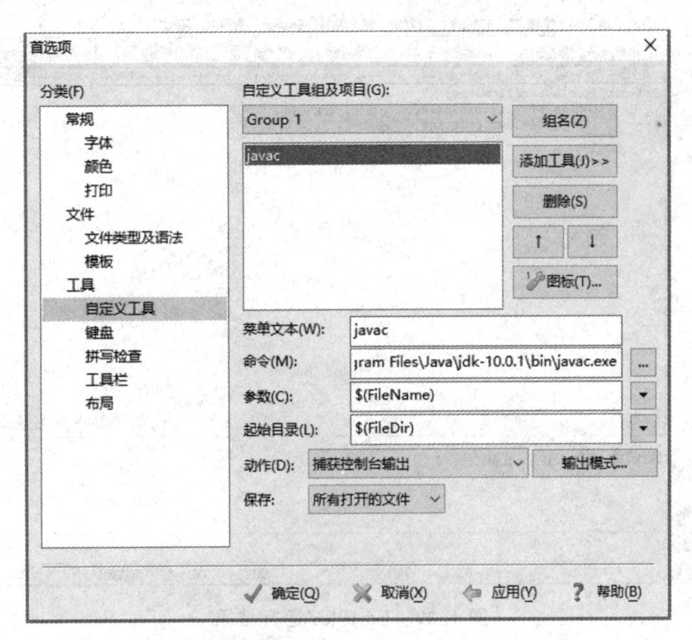

图 1.27 设置 javac 命令参数

(7) 此时 Java 运行环境配置成功,找到一段 Java 代码,按下快捷键 Ctrl+1 可以进行编译,按下快捷链 Ctrl+2 可以运行编译后的 Java 字节码文件。EditPlus 运行结果如图 1.29 所示。

1.4.2 集成开发环境 Eclipse

尽管 IntelliJ IDEA、NetBeans 和一些其他的 IDE 正在日益普及,但是有调查表明,Eclipse 仍然是几乎半数 Java 开发人员首选的开发环境。Eclipse 有着大量定制的接口和无数的插

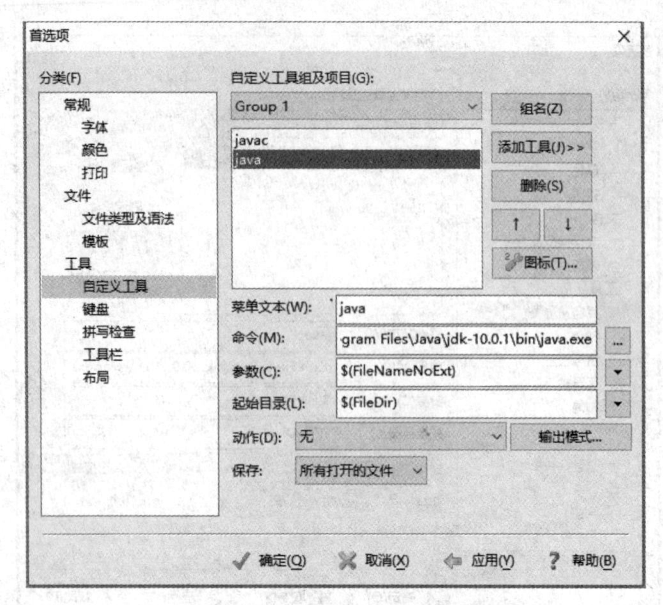

图 1.28 配置 java 命令

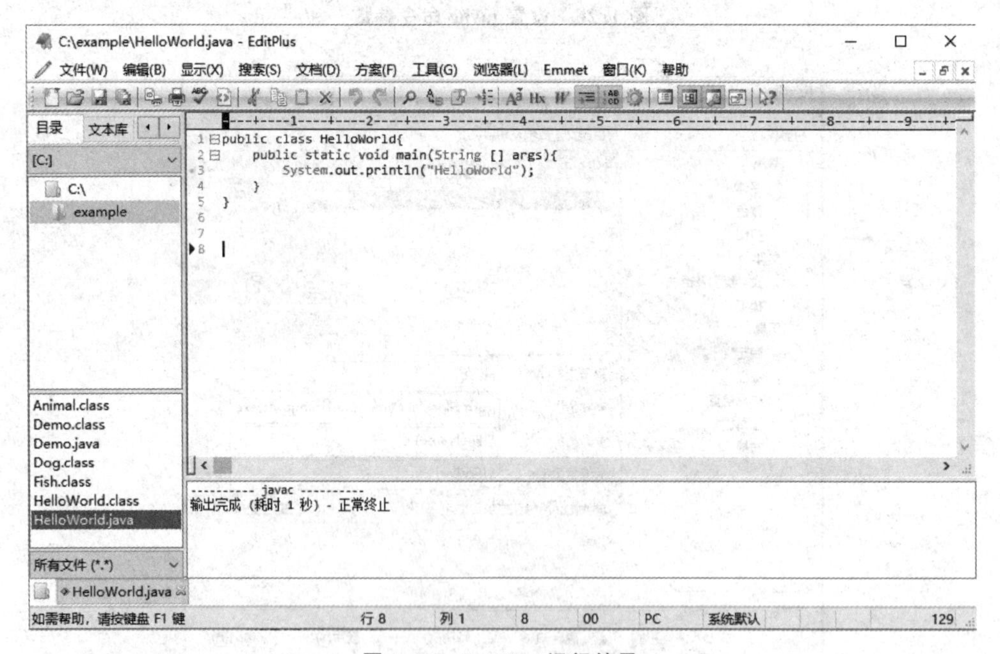

图 1.29 EditPlus 运行结果

件，成为企业开发的首先 IDE。

Eclipse 的工作流程可分为三个方面：工作台、工作空间和视角。工作台是到 IDE 的出发点；工作空间将项目、文件和配置组合在一个单独的目录下；视角定义工具、视图和有效设置。虽然新手开发人员可能会觉得相比 Netbeans 和 IntelliJ IDEA，Eclipse 使用起来较难，但 Eclipse 的灵活性使其成为企业开发的首选 IDE。

（1）Eclipse 工具可以在其官方网站下载最新版本，Eclipse 的最新版本叫 PHOTON，支持 Java 8、分屏编辑、新的黑色主题，以及一个功能齐全的命令行终端。官方下载页面如图 1.30 所示。

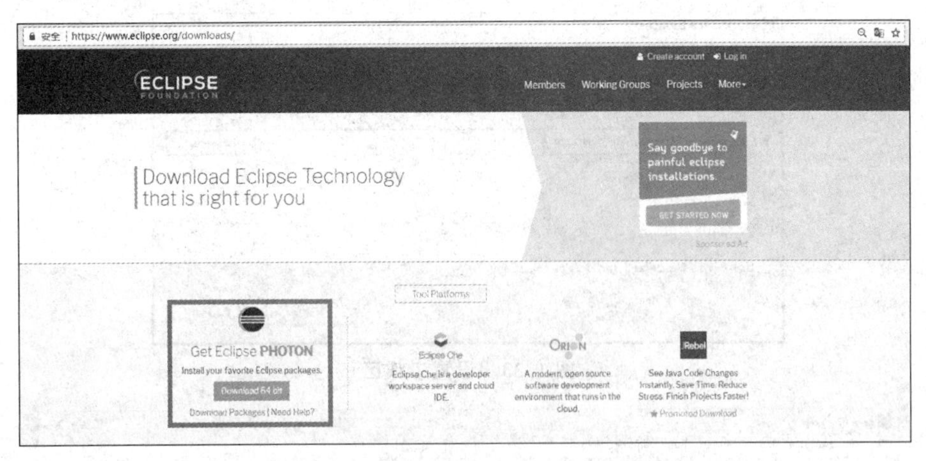

图 1.30 Eclipse 下载页面

(2) 下载完成后,会得到一个 ZIP 文件,将这个文件解压到计算机中的任意目录,如图 1.31 所示。然后打开这个目录,里面有一个 eclipse.exe 文件,双击这个文件,就可以启动 eclipse 了,如图 1.32 所示。

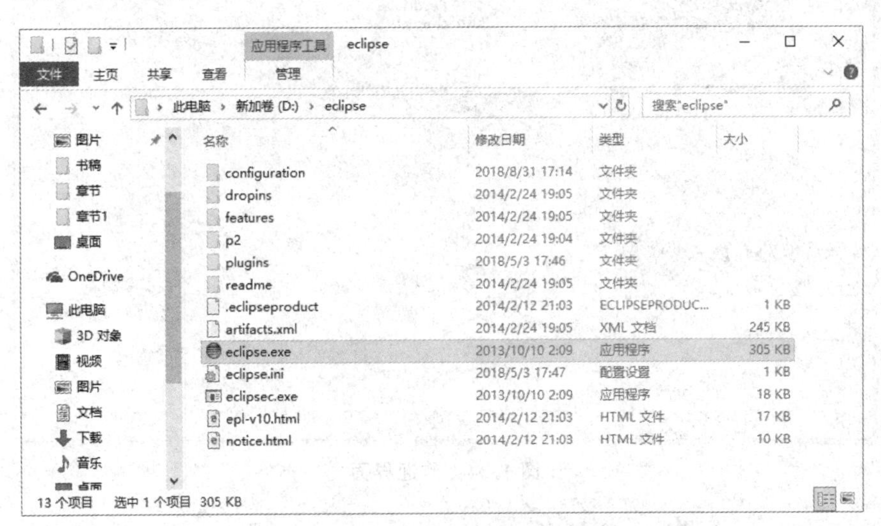

图 1.31 解压 eclipse

(3) 程序会显示一个工作空间的对话框,工作空间用来存放项目文件,这里可以使用程序默认,单击"确定"即可。也可以单击"浏览",重新指定项目文件存放的目录,如图 1.33 所示。

(4) 首次启动成功进入欢迎界面,如图 1.34 所示。

(5) 关闭欢迎界面,选择 File→New→Project,新建 Java 项目,然后选择 Java Project。如图 1.35 所示。

图 1.32 启动界面

(6) 在 Project name 处填入项目名称,注意项目名称通常采用英文小写的方式命名,jre 选择当前安装的 JDK 版本,单击 Finish 即可。如图 1.36 所示。

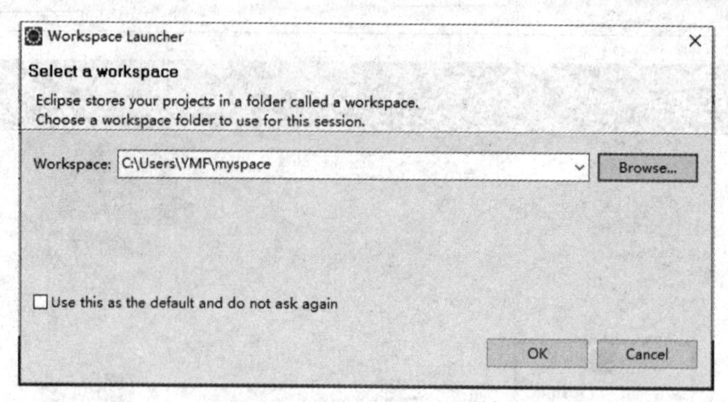

图 1.33 设置工作区

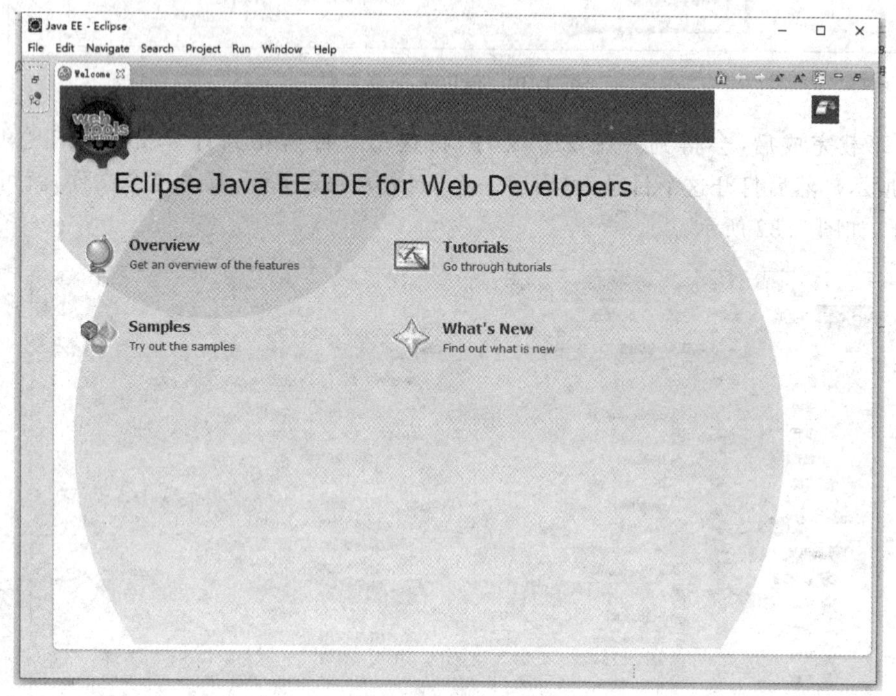

图 1.34 欢迎界面

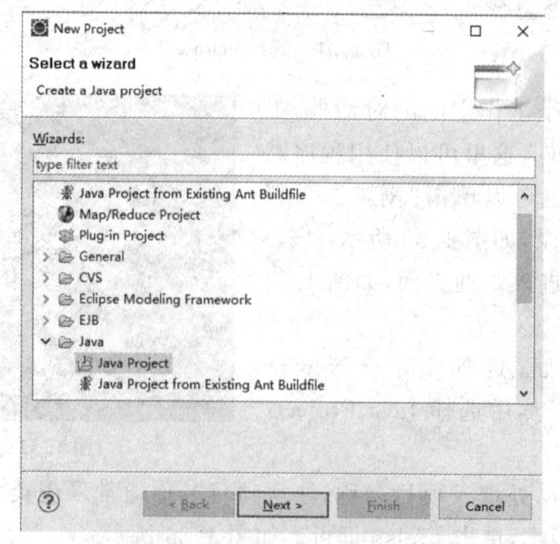

图 1.35 新建 Java 项目

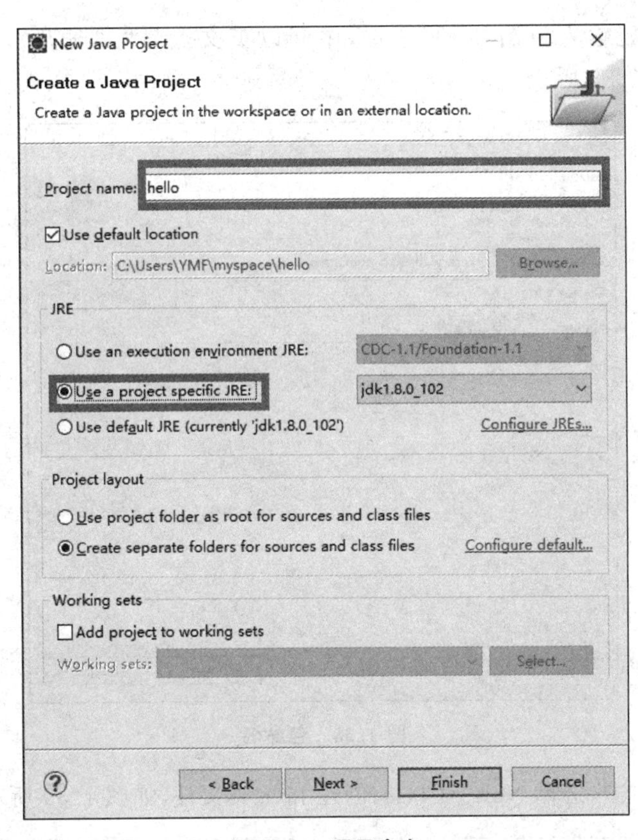

图 1.36 项目命名

(7) 在工程 hello 的 src 文件夹上右击,选择 New→Package,创建源程序所属包。如图 1.37 所示。

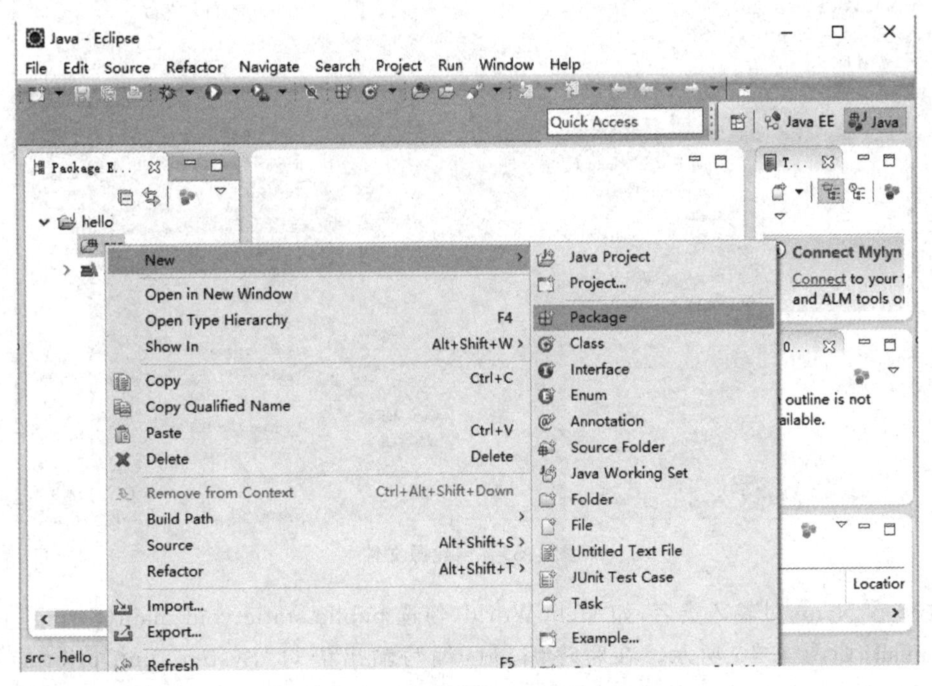

图 1.37 创建源程序所属包

(8) 在 Name 处输入包名(小写字母,中间以英文点号“.”隔开),如 com.hello,单击 Finish 即可。如图 1.38 所示。

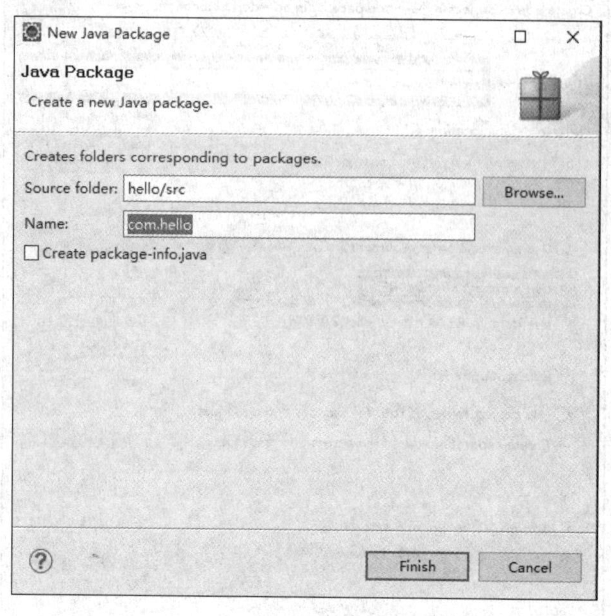

图 1.38 包命名

(9) 在包名上右击,选择 New→Class,创建 Java 类文件,如图 1.39 所示。

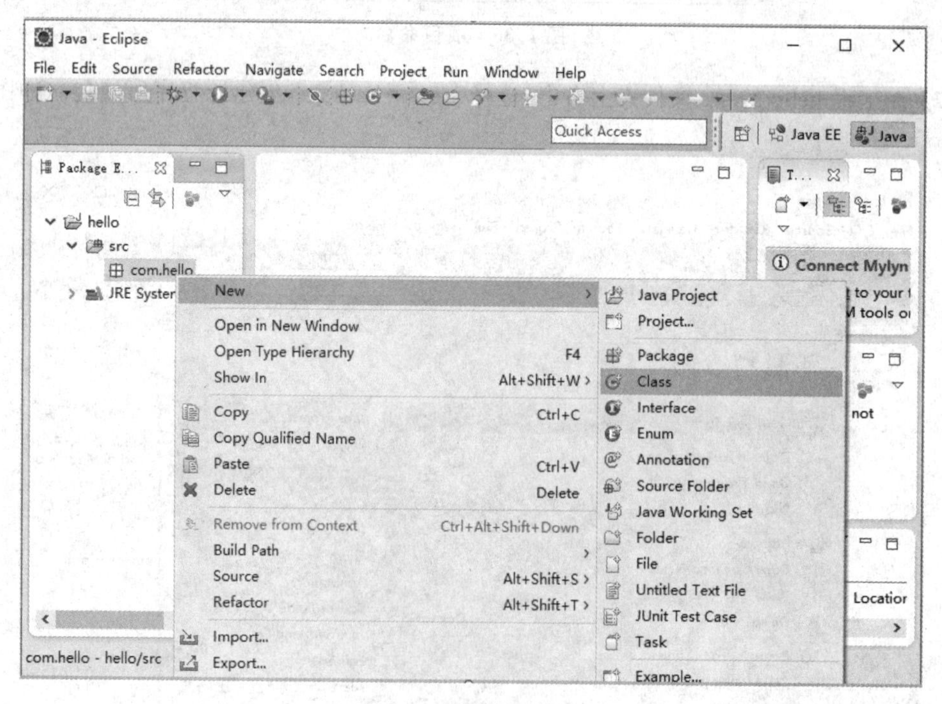

图 1.39 创建源文件

(10) 在 Name 处输入类名,如 HelloWorld,勾选 public static void main(String[]args),单击 Finish,如图 1.40 所示。在程序编辑区编写输出语句“System. out. println ("Hello World Java");”,至此,一个可以运行的 Java 程序就生成了,如图 1.41 所示。

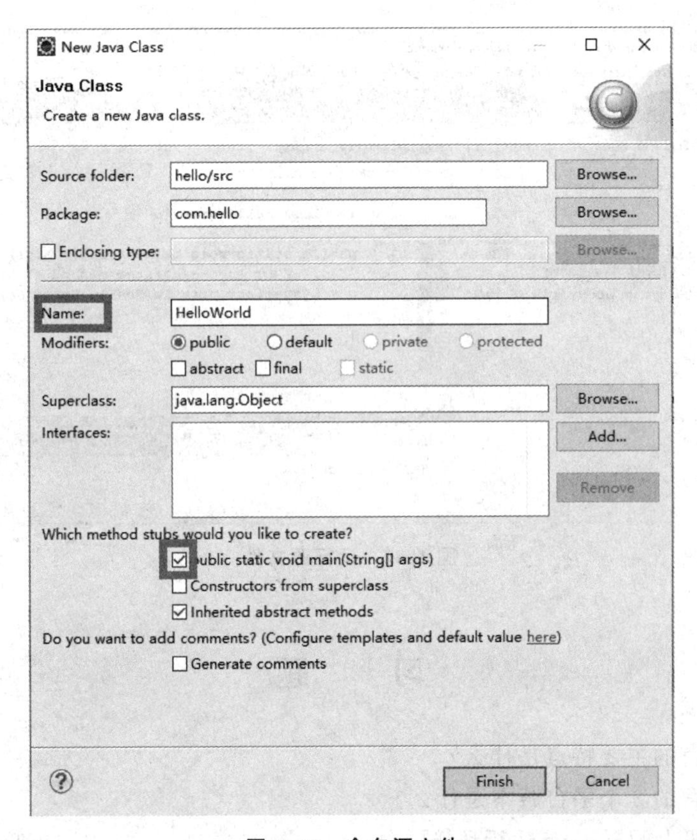

图 1.40 命名源文件

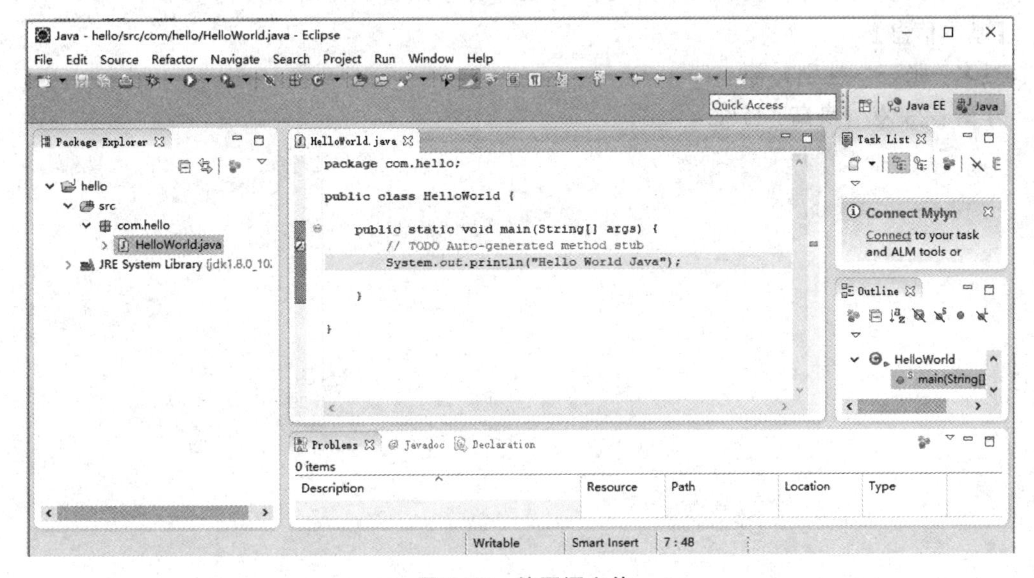

图 1.41 编写源文件

(11) 运行 Java 程序，在程序上右击，选择 Run As→Java Application，在 Console 控制台可以看到输出了“Hello World Java”。如图 1.42 所示。

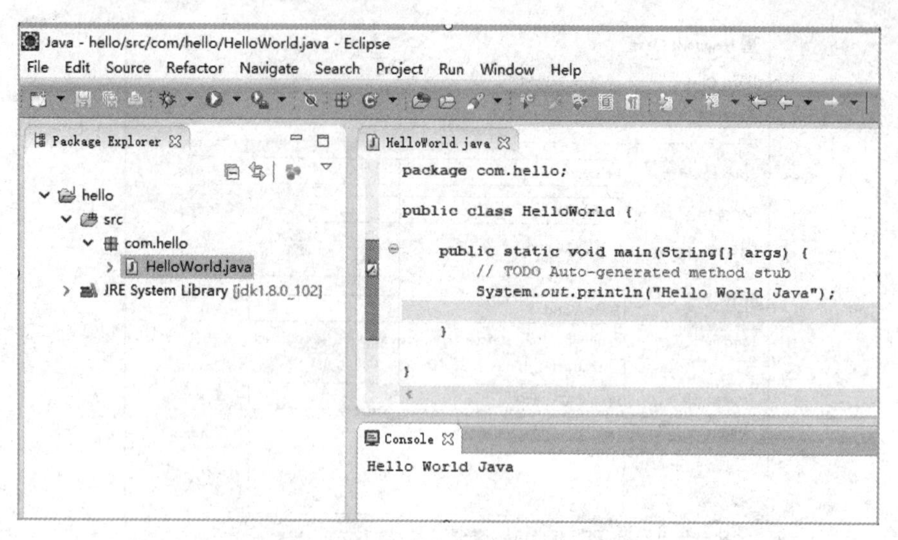

图 1.42 运行源文件

习 题

(1) Java 语言的主要特点是什么？

(2) Java 语言的 3 个平台版本是什么？

(3) 在计算机上配置 Java 运行环境

(4) 选择使用一种开发工具来开发 Java 程序并输出自我介绍，格式如下。

【基本信息】

姓名：张三　性别：男

年龄：23 岁　身高：178cm

第2章

Java基本语法

Chapter 2

实习学徒学习目标

(1) 掌握变量的概念。

(2) 熟练使用Java基本数据类型。

(3) 熟练使用Java各种运算符。

(4) 掌握使用if及switch语句判断程序逻辑。

(5) 掌握使用while及for循环解决程序问题。

在学习任何一门语言之前,都需要学习与它相关的语言基础。本章将对Java语言的标识符、关键字、数据类型、变量常量、运算符、数据类型转换和控制语句进行介绍和学习。

2.1 Java语言基本元素

Java语言不采用通常计算机语言系统所使用的ASCII代码集,而是采用更为国际化的Unicode字符集。在这种字符集中,每个字符用两个字节即16位表示。这样,整个字符集中共包含65535个字符。其中,前面256个字符表示ASCII码,使Java对ASCII码有兼容性;其他字符用来表示汉字等非拉丁字符。Unicode只用在Java平台内部,当涉及打印、屏幕显示、键盘输入等外部操作时,仍由计算机的具体操作系统决定其表示方式。

2.1.1 标识符

标识符是用来表示常量、变量、标号、方法、类、接口以及包的名字。用户都必须为自己程序中的每一个成分起一个唯一的名字(标识符)。在Java语言中对标识符的定义有如下规定。

(1) 标识符的长度不限,但在实际命名时不宜过长,否则会增加录入的工作量。

(2) 标识符可以由字母、数字、下划线"_"和美元符号"$"组成,但必须以字母、下划线或美元符号开头。

(3) 标识符中同一个字符的大小写被认为是不同的标识符,即标识符区分字母的大小写。例如:A1_A和a1_a是两个不同的标识符。

(4) 通常标识符开头或标识符出现的每个单词的首字母是大写,其余字母小写,如setArea。

2.1.2 关键字

Java关键字(也称为保留字)是一些具有特定含义和专门用途的单词,它们不能被用做标识符。Java关键字共计53个(Java的官方文档认为字面常量true、false、和null不是关键字,因此官方认定的关键字是50个)。按其作用可分为以下几类,如表2.1所示。

表 2.1 Java 关键字

关键字分类	关键字数量	关键字列表
数据类型	9	boolean、byte、char、short、int、long、float、double、void
字面常量	3	true、false、null
流程控制	11	if、else、switch、case、default、break、do、while、for、continue、return
访问范围修饰	3	private、protected、public
其他修饰	7	final、abstract、static、synchronized、transient、native、volatile
类、接口和包	6	class、interface、extend、implement、package、import
对象相关	4	new、this、super、instanceof
异常处理	5	try、catch、finally、throw、throws
保留不用	2	goto、const

2.1.3 分隔符

Java 语言的分隔符用于分隔标识符和关键字，共 6 种，即空格、分号、逗号、圆括号、方括号和花括号。如表 2.2 所示。

表 2.2 分隔符

分隔符名称	说　明
空格( )	这里指广义的空格，包括空格、换行、制表符等
分号(;)	半角的英文句点，用于方法或变量的引用
逗号(,)	表示一条语句的结束，一般一条语句占一行，一行写不下可以占多行
圆括号(())	一般用在表达式、方法的参数和控制语句的条件表达式中
方括号([])	用于声明数组，引用数组的元素值
花括号({})	用于定义一个语句块，一个语句块是零条或多条语句

2.1.4 注释

注释是程序中的说明性文字，是程序的非执行部分。在程序中加注释的目的是使程序更加易读易理解，有助于修饰程序以及方便他人阅读。程序（软件）的易读性和易理解性是软件质量评价的重要指标之一，程序中的注释对于学术交流和软件的维护具有重要作用。Java 语言中使用以下 3 种方式给程序加注释。

(1) //注释内容。表示从//开始，直到此行末尾均为注释。例如：

```
//定义变量
```

(2) /*注释内容*/。表示从/*开始，直到*/结束均作为注释，可占多行。例如：

```
/* 定义类
定义变量* /
```

(3) /**注释内容*/。表示从/**开始，直到*/结束均作为注释，可占多行。例如：

```
/** 定义类
定义方法
定义变量* /
```

2.2 常量和变量

常量和变量用于存储程序中的数据。这些数据可以是数字、字母以及其他数据项。常量是指程序执行过程中始终不变的量，而变量则是根据执行的情况可以改变的量。

2.2.1 常量

常量是指在程序运行过程中其值不变的量。

1. 字面常量

常量在表达式中用文字串表示，它有不同类型，如整型常量 123、－15，实型常量 12.1，字符常量'a'，布尔常量 true，字符串类型常量 Java。

2. 符号常量

符号常量是字面常量的别名，用 Java 标识符表示。声明符号常量的一般格式如下：

```
final 数据类型 符号常量名=常量值;
```

其中，数据类型可以是任意数据类型；符号常量名是常量的名字；常量值是与数据类型匹配的常量值；关键字 final 的含义是最终，即不能被修改的。例如：final double PI＝3.14159。

2.2.2 变量

变量是程序在运算过程中可以被修改的量。声明变量的一般格式如下：

```
[变量修饰符] 数据类型 变量名 [=初始值];
```

其中，变量修饰符在第 4 章介绍类的封装时会详细描述；数据类型可以是任意的数据类型；变量名是变量的名字；初始值是与数据类型匹配的值。例如：double x＝1.23。

变量的作用域是指程序可以访问该变量的范围。每一个变量都有其作用域范围，变量说明的位置及其修饰符就确定了其作用域。一个域在 Java 程序中用{和}来界定，它可以是类体、方法体和复合语句。变量在其作用域内不能重名。

局部变量是方法体内说明的变量，按局部变量说明的位置，它的作用域可以是整个说明它的方法体，也可以是方法体内的一个程序段。

2.3 Java 基本数据类型与封装类型

数据类型是指定一组值及其操作。这些值要以相同格式保存在内存中，并具有相同操作，因此这些值拥有特定的数据类型。

Java 拥有两种数据类型：基本数据类型和引用类型。引用类型是一种用于类对象的数据类型。基本类型的变量比对象(类类型的值)更简单，对象同时拥有数据和方法。基本数据类型的值是一个不可分割的值，比如一个整数或单个字符。

2.3.1 基本数据类型

Java 的基本数据类型有整型、实型、字符型和布尔型 4 种，如表 2.3 所示。

表 2.3 Java 基本数据类型

类型名称	值的类型	占用内存空间	数 值 范 围	默认值
byte(字节型)	整数	1 字节	－128～127	0
short(短整型)	整数	2 字节	－32 768～32 767	0
int(整型)	整数	4 字节	－2 147 483 648～2 147 483 647	0
long(长整型)	整数	8 字节	－9 223 372 036 845 775 808～9 223 372 036 845 775 807	0
float(浮点型)	浮点数	4 字节	±3.402 834 7E＋38～±1.402 398 46E－45	0.0f
double(双精度)	浮点数	8 字节	±1.797 693 134 862 315 70E＋308～4.940 656 458 412 465 44E－324	0.0d
char(字符型)	单个字符	2 字节	从 0～65535 的所有 Unicode 字符	\u0000
boolean(布尔型)		1 字节	true 或 false	false

由于字符类型较其他类型在使用的过程中复杂，在此做一些特别的讲解。

在 Java 中，一个 char 代表一个 16 位无符号的(不分正负)Unicode 字符，占 2 个字节。一个 char 常量必须包含在单引号内，如：

```
char c='a';        //指定变量 c 为 char 型，且赋初值为'a'
```

1. 整型

整型是指没有小数部分的数据类型，它分为 byte、short、int 和 long 不同的整数数据类型。这些不同整数数据类型的区别在于它们所需的内存空间大小不同，这也确定了它们所能表示的数值的范围不同。

采用不同的整数类型表达同一数值，在存储单元中的存储情况是不同的。如图 2.1 所示是数值为 10 的不同数据类型的存储形式。

00001010	byte							
00000000	00001010	short						
00000000	00000000	00000000	00001010	int				
00000000	00000000	00000000	00000000	00000000	00000000	00000000	00001010	long

图 2.1 数值为 10 的不同数据类型的存储形式

(1) 整型常量。整型常量有 3 种表示方式，最常用的是十进制数(无前缀)，也可以用八进制数(前缀为 0)和十六进制数(前缀为 0x 或 0X)。因此 12、012 和 0x12 这 3 个整型常量的值是不相同的。

(2) 整型变量。byte、short 型不太常用，通常是在内存容量有限的设备上使用。int 型最为常用，但若要表示如地球上的人数(20 亿以上的整数)这样的大数据，则要用到长整数。例如：

```
long person=6000000000L;
```

2. 浮点型

浮点型是带有小数部分的数据类型，也叫实型。Java 包括两种不同的实型：float 和

double。两种浮点数据类型的唯一区别是所占内存的大小不同。

Java 默认的浮点型是 double 型，如果要表示 float 型，要在数字后加后缀 F 或 f；如果要表示 double 型，也可以在数字后面加后缀 D 或 d。

(1) 浮点型常量。浮点型常量有两种表示方法，最常用的是小数表示法，用十进制数形式表示，由数字和小数点组成，必须包含小数点，如 123.45；另一种是科学计数法，如 1.2345E2，它表示 1.2345×10^2。

(2) 浮点型变量。浮点型变量分为两种，即单精度浮点型 float 和双精度浮点型 double。double 比 float 的精度更高，可以表示的数据范围更大。例如：

```
float f=3.1415927F;
double d=3.14159265358797;
```

3. 布尔型

(1) 布尔型常量。布尔型常量只有两个，即 true 和 false。它们是 Java 关键字。

(2) 布尔型变量。布尔型变量(boolean)的取值只能是 true 和 false，并且不能与整型或其他类型转换。布尔型变量的默认值是 false。

4. 字符型

Java 的字符使用 16 位的 Unicode 编码表示，它可以支持世界上所有的语言。一般计算机语言通常使用 ASCII 码，用 8 位表示一个字符。ASCII 码是 Unicode 码的一个子集，Unicode 表示 ASCII 码时，其高字节为 0，它是前 255 个字符。Unicode 字符通常用十六进制表示，例如\u0000～\u00ff 表示 ASCII 码集，\u 表示转义字符，用来表示其后 4 个十六进制数字是 Unicode 代码。

(1) 字符型常量。字符型常量就是用两个单引号括起来的一个字符。例如：'A'、'a'、'3'、' '，这里'A'和'a'分别表示大写字符 A(其 ASCII 码值为 65)及小写字符 a(其 ASCII 码值为 97)，即作为字符数据要区分大小写。'3'是字符 3(其 ASCII 码值为 51)，而不是整数 3。空格也是一个字符。

Java 允许使用一种特殊形式的字符常量值来表示一些特殊字符，这种特殊字符是一个以\开头的字符序列，称为转义字符。Java 中常用的转义字符及其所表示的意义如表 2.4 所示。

表 2.4 Java 中常用的转义字符

转义字符	含 义
\ddd	1～3 位 8 进制数所表示的字符
\uxxxx	1～4 位 16 进制数所表示的字符
\'	单引号
\"	双引号
\\	反斜杠
\b	退格
\r	回车
\n	换行
\t	制表符

(2) 字符型变量。字符型变量的类型是 char，计算机用 16 位来表示，其值范围为

0～65535。字符型变量说明如下：

```
char ch='a';        //变量 ch 类型是 char,并已赋初值'a'
```

(3) 字符串常量。一个字符串常量是括在两个双引号之间的字符序列，若两个双引号之间没有任何字符则为空串。

以下是字符串的一些例子：

"Java"

"How are you."

Java 语言把字符串常量当作 String 类型的一个对象进行处理。

2.3.2 引用类型

到 JDK 1.6 为止，Java 中有 5 种引用类型，存储在引用类型变量中的值是该变量表示的值的地址。表 2.5 列出了各种引用数据类型。

表 2.5 Java 中的引用类型

类　型	说　明
数组(array)	具有相同数据类型的变量的集合
类(class)	变量和方法的集合
接口(interface)	是一系列方法的声明，是一些方法特征的集合。可以实现 Java 中的多重继承
枚举(enum)	用于声明一组命名的常数
注解(Annotation)	Annotation 提供一种机制，将程序的元素如：类、方法、属性、参数、本地变量、包和元数据联系起来

2.3.3 封装类型

Java 语言认为一切皆为对象，8 个基本数据类型也应该具备对应的对象，通过封装类可以把 8 个基本类型的值封装成对象进行使用。从 JDK 1.5 开始，Java 允许将基本类型的值直接赋值给对应的封装类对象。Java 各个基本数据类型对应的封装类见表 2.6。

表 2.6 Java 中基本数据类型与封装类

基本数据类型	封装类
byte(字节型)	Byte
short(短整型)	Short
int(整型)	Integer
long(长整型)	Long
float(浮点型)	Float
double(双精度)	Double
char(字符型)	Char
boolean(布尔型)	Boolean

2.4 运算符及表达式

在 Java 编程语言里，运算符是一个符号，用来操作一个或多个表达式生成结果。所谓表达式是指包含符号与变量或常量组合的语句。在表达式中使用的符号就是运算符。这些运算符所操作的变量/常量称为操作数。

Java 中的运算符可分为单目、双目及三目运算符。要求一个操作数的运算符为单目运算符,要求两个操作数的运算符为双目运算符,三目运算符则要求有三个操作数。运算符将值或表达式组合成更为复杂的表达式,这些表达式将返回值。

2.4.1 表达式

表达式是由操作数和运算符按一定语法形式组成的符号序列,以下是合法的表达式例子:a＋b 、(a＋b) * (c－d)。

一个表达式经过运算后,可以产生一个确定的值,即表达式的值。表达式的值的数据类型称为表达式的类型。一个常量或一个变量是最简单的表达式。表达式作为一个整体还可以看成一个操作数参与到其他运算中,形成复杂的表达式。

2.4.2 运算符

运算符指明作用于操作数的运算符方式。

运算符按其操作数的个数分为 3 类。

- 单目运算符,如＋＋、－－;
- 双目运算符,如＋、－、* 、/、%;
- 三目运算符,如?:。

运算符按其功能分为 7 类。

- 算术运算符,如＋、－、* 、/、%、＋＋、－－;
- 关系运算符,如＞、＜、＞＝、＜＝、＝＝、! ＝;
- 逻辑运算符,如!、&&、||、^;
- 位运算符,如＞＞、＜＜、＞＞＞、&、|、^、~;
- 条件运算符,如?:;
- 赋值运算符,如＝、＋＝、－＝;
- 其他运算符,如分量运算符. 、下标运算符[]、实例运算符 instanceof。

2.4.3 算术运算符

算术运算符用于对整型数和实型数的运算。按操作数的个数可分为单目运算符和双目运算符两类。

单目运算符,如＋(单目加,取正直)、－(单目减,取负值)、＋＋(自加)、－－(自减)。

双目运算符,如＋(加)、－(减)、*(乘)、/(除)、%(取余数或取模)。

算术运算符的使用如表 2.7 所示。

表 2.7 算术运算符使用规则

操作数	运算符	功能	例子	运算结果
单目	＋	取正值	a=2; b=＋a	a=2; b=2
	－	取负值	a=2; b=－a	a=2; b=－2
	＋＋	前增量	a=2; b=＋＋a	a=3; b=3;
	＋＋	后增量	a=2; b=a＋＋	a=3; b=2
	－－	前减量	a=2; b=－－a	a=1; b=1
	－－	后减量	a=2; b=a－－	a=1; b=2

续表

操作数	运算符	功能	例子	运算结果
双目	+	加	a=2+3	a=5
	-	减	a=2-3	a=-1
	*	乘	a=2*3	a=6
	/	除	a=2/1	a=2
	%	取余	a=2%1	a=0

2.4.4 关系运算符

关系运算符有==(等于)、!=(不等于)、<(小于)、<=(小于等于)、>(大于)、>=(大于等于)及instanceof(对象运算符)7种。在一个关系运算符两边的数据类型应该一致,一个关系表达式的结果类型为布尔型,即关系式成立为true,不成立为false。

关系运算符的使用规则如表2.8所示。

表2.8 关系运算符使用规则

操作数	运算符	功能	例子	运算结果
双目	==	等于运算	2==3	false
	!=	不等于运算	2!=3	true
	<	小于运算	2<3	true
	<=	小于等于运算	2<=3	false
	>	大于运算	2>3	false
	>=	大于等于运算	2>=3	false

2.4.5 逻辑运算符

逻辑运算符有6个,它们是!(非)、&(与)、&&(简洁与)、|(或)、||(简洁或)、^(异或)。这些运算符操作的结果都要求是布尔型。

逻辑运算符的使用规则如表2.9所示。

表2.9 逻辑运算符使用规则

操作数	运算符	功能	例子	运算结果
单目	!	非	!true	false
双目	&	与	2>3&5<6	false
	|	或	2>3|5<6	true
	&&	简洁与	2>3&&5<6	false
	||	简洁或	2>3||5<6	true
	^	异或	2>3^5<6	true

普通与(&)和简洁与(&&)的区别在于,如果运算符的第一个表达式的值为false,那么可以断定运算结果为false,简洁与(&&)将直接返回结果,而普通与(&)还将进行第二个表达式的求值。虽然二者返回的结果相同,但普通与(&)对第二个表达式进行了运算,将能够实现第二个表达式求值过程中所完成的附加功能。

普通或(|)和简洁或(||)的区别在于,如果运算符的第一个表达式的值为true,那么,可以

断定运算结果为 true，简洁或(||)将直接返回结果，而普通或(|)还将进行第二个表达式的求值。虽然二者返回的结果相同，但普通或(|)对第二个表达式进行了运算，将能够实现第二个表达式求值过程中所完成的附加功能。

2.4.6 位运算符

位运算符对整数(int 或 long)的每一位进行运算。如果被操作数不是 int 型或 long 型，在运算前将被自动转换为 int 类型。

位运算符的使用规则如表 2.10 所示。

表 2.10 位运算符使用规则

操作数	运算符	功能	例子	运算结果
单目	~	按位非	9	-10
	<<	左移位	9<<1	18
	>>	右移位	9>>1	4
	>>>	无符号右移位	9>>>1	4
双目	&	按位与	9&7	1
	|	按位或	9|7	15
	^	按位异或	9^7	14

2.4.7 赋值运算符

赋值运算符“=”用来把右边表达式的值赋给左边的变量，即将右边表达式的值存放在变量名所表示的存储单元中，这样的语句又叫赋值语句。它的语法格式如下：

```
变量名= 表达式;
```

注意： 赋值运算符“=”与数学中的等号含义不同。

赋值运算符分为基本赋值运算符和复合赋值运算符两类。

赋值运算符的使用如表 2.11 所示。

表 2.11 赋值运算符使用规则

分类	运算符	功能	例子	运算结果
基本赋值	=	赋值	a=2; a=3	a=3
复合赋值	+=	加等于	a=2; a+=2	a=4
	-=	减等于	a=2; a-=2	a=0
	*=	乘等于	a=2; a*=2	a=4
	/=	除等于	a=2; a/=2	a=1
	%=	模除等于	a=2; a%=2	a=0

2.4.8 条件运算符

条件运算符“?:”是 Java 中唯一的三目运算符。它要求 3 个操作数，其格式如下。

```
<布尔表达式>?<表达式 1>:<表达式 2>
```

第一个操作数必须是布尔表达式，其他两个操作数可以是数值型或布尔型表达式。

条件运算符的含义是：＜布尔表达式＞为真时，整个表达式值为＜表达式 1＞的值，否则为表达式 2 的值。

例如：

```
int x=2,int y=3,max;
max=x>y?x:y;         //max=3
```

2.4.9 运算符的优先级

不同的运算符有不同的运算优先级。表达式的运算次序取决于表达式中各种运算符的优先级，优先级高的先运算，优先级低的后运算，小括号可以改变表达式的运算次序。

Java 语言规定的运算符优先级如表 2.12 所示。

表 2.12 Java 中运算符优先级规则

优先级	运 算 符	类型	结合性
1	()、[]		从左到右
2	!、~、++、--、+(正号)、-(负号)	单目运算符	从左到右
3	*、/、%	算数运算符	从左到右
4	+、-	算数运算符	从左到右
5	<<、>>	移位运算符	从左到右
6	<、<=、>、>=	关系运算符	从左到右
7	==、!=	关系运算符	从左到右
8	&&	逻辑运算符	从左到右
9	||	逻辑运算符	从左到右
10	?:	三目条件运算符	从左到右
11	=、+=、-=、*=、/=、%=、<<=、>>=	赋值运算符	从右到左

说明：表 2.12 所示的优先级按照从高到低的顺序书写，也就是优先级为 1 的优先级最高，优先级为 11 的优先级最低。如果表达式中既有括号，又有函数，则优先计算括号中的内容，然后再进行函数运算。

结合性是指运算符结合的顺序，通常都是从左到右。从右向左的运算符最典型的是负号，例如 3+-4，含义为 3 加-4，负号首先和运算符右侧的内容结合。

注意区分正负号和加减号，以及按位与和逻辑与的区别。

2.5 数据类型转换

很多时候都需要类型转换。例如：要把一个整型变量作为字符型变量来使用，就需要使用类型转换，即把整型变量转换为字符型变量。Java 的类型转换有自动类型转换和强制类型转换两种。

2.5.1 自动类型转换

整型、实型、字符型数据可以混合运算。运算过程中，不同类型的数据会自动转换为同一类型，然后进行运算。自动转换按低级类型数据转换成高级类型数据的规则进行，转换规则如下所示。

(1) (byte 或 short)op int→int。

(2) (byte 或 short 或 int)op long→long。

(3) (byte 或 short 或 int 或 long)op float→float。

(4) (byte 或 short 或 int 或 long 或 float)op double→double。

(5) char op int→int。

其中，箭头左边表示参与运算的数据类型，op 为运算符(如加、减、乘等)，右边表示运算结果的数据类型。如：3+4.5 是 double 型，所以 3 先被转换为 double 型，然后再与 4.5 相加，其结果也为 double 型。

2.5.2 强制类型转换

高级数据类型要转换成低级数据类型，需要用到强制类型转换。其一般形式为

```
(类型名)表达式
```

例如：

```
int i=15;                    //数字 15 没有超过 byte 的取值范围
byte b=(byte)i;              //这时 b 的值是 15,没有溢出
i=130;                       //数字 130 超过了 byte 的取值范围
b=(byte)i;                   //这时 b 的值是-126,发生了溢出
```

2.6 Java 控制语句

Java 程序通过控制语句来执行程序流，从而完成相应的任务。Java 中基本的控制结构有 3 种，即顺序结构、分支结构、循环结构。分支语句包括 if-else、switch；循环语句包括 while、do-while、for；转移语句包括 break、continue、return。

2.6.1 顺序结构

若程序中的语句是从上向下顺序执行的方式，这样的结构就是顺序结构。几乎所有的程序都是由顺序结构组成的，在顺序结构中，再嵌入分支结构和循环结构。

用一对花括号将多条语句括起来组织成一个语句块称为复合语句，在程序中一个复合语句可以被看作一个整体，其地位与一条语句相似。语句块广泛地应用在分支结构和循环结构中。

2.6.2 分支结构

分支结构是根据假设的条件成立与否，再决定执行什么样语句的结构，它的作用是让程序更有选择性。Java 语言提供两种分支结构：if 分支语句和 switch 分支语句。

1. if-else 语句

if-else 语句根据判定条件的真假来执行两种操作中的一种。

简单形式 if-else 语句的语法形式为

```
if(布尔表达式)
      语句 1;
[else
      语句 2;
]
```

其中,用[]括起来的 else 部分是可选的(可以有也可以没有)。

若无 else 部分,if 语句的流程如图 2.2 所示。

语句的执行过程是:首先计算布尔表达式,若布尔表达式的值为 true,则执行语句 1,否则就什么也不做,转去执行 if 语句的后续语句。

若有 else 部分,if 语句的流程图如图 2.3 所示。

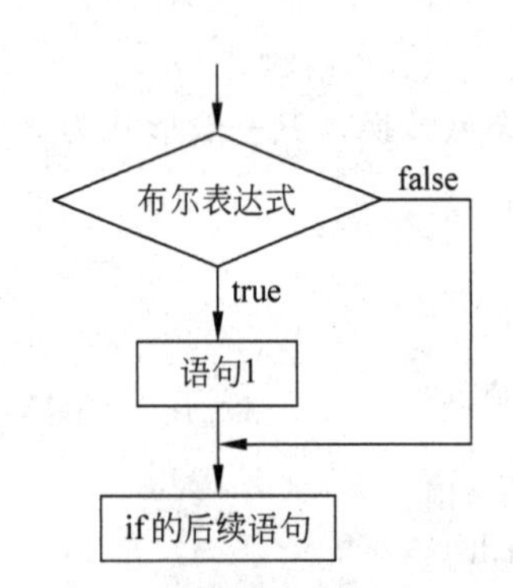

图 2.2 无 else 的 if 语句流程图

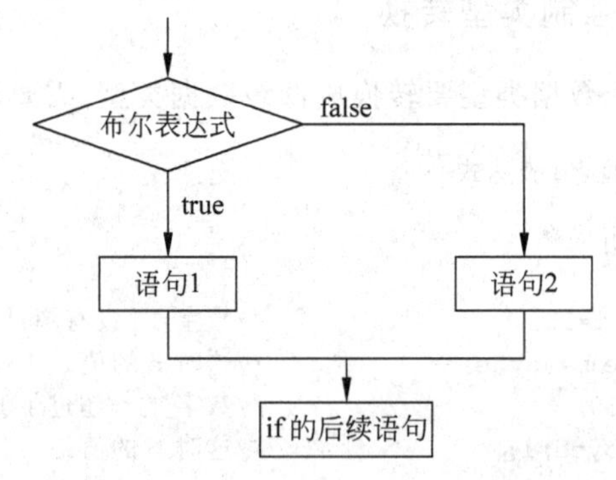

图 2.3 有 else 的 if 语句流程图

语句的执行过程是:首先计算布尔表达式,若布尔表达式的值为 true,则程序执行语句 1,否则执行语句 2,然后执行 if 语句的后续语句。但要注意以下 3 点。

(1) else 子句不能作为语句单独使用,它必须是 if 语句的一部分,与 if 配对使用。

(2) 语句 1、语句 2 后一定要有";"号。

(3) 语句 1 和语句 2 可以是复合语句。

2. if-else 语句的嵌套

if-else 语句中内嵌的语句 1 或语句 2 又是 if-else 语句的情况称为 if-else 语句的嵌套。如:

```
if(布尔表达式 1)
    语句 1;
else if(布尔表达式 2)
    语句 2;
…
else if(布尔表达式 n)
    语句 n;
else 语句 m;
```

程序从上往下依次判断布尔表达式的条件,一旦某个条件满足(即布尔表达式的值为 true),就执行相关的语句,然后不再判断其余的条件,直接执行 if 语句的后续语句。Java 规定,else 总是与离它最近的 if 配对。如果需要,可以通过使用花括号来改变配对关系。

例 2.1 找出三个数中最大的数,并且分别检测是奇数还是偶数。

```
import java.util.Scanner;
public class MaxNumber
{
  public static void main(String[] args)
  {
    // TODO Auto-generated method stub
    Scanner scanner=new Scanner(System.in);
    //从控制台输入三个整数
    System.out.println("请输入三个整数:");
    int num1=scanner.nextInt();
    int num2=scanner.nextInt();
    int num3=scanner.nextInt();
    //定义两个变量用于存储最大值和最小值
    int maxNum=0;
    int minNum=0;
    //将 num1 和 num2 进行比较找出较大和较小的数
    if(num1>num2)
    {
      maxNum=num1;
      minNum=num2;
    }else
    {
      maxNum=num2;
      minNum=num1;
    }
    //再将 maxNum 和 minNum 分别和 num3 进行比较,最终得出最大值和最小值
    if(maxNum<num3)
    {
      maxNum=num3;
    }
    if(minNum>num3)
    {
      minNum=num3;
    }
    //分别输出最大值和最小值
    System.out.println("最大值是:"+maxNum+"最小值是:"+minNum);
    if(maxNum%2==0)
    {
      System.out.println("最大值为偶数");
    }else
    {
      System.out.println("最大值为奇数");
    }
    if(minNum%2==0)
    {
      System.out.println("最小值为偶数");
    }else
    {
      System.out.println("最小值为奇数");
    }
  }
}
```

执行的结果为

```
2 7 4< Enter>
最大值是：7 最小值是：2
最大值为奇数
最小值为偶数
```

分支语句判断逻辑有时比较复杂，在一个布尔表达式中不能完全表示，这时可以采用嵌套分支语句实现。基于嵌套 if 语句的序列一般编程结构为 if-else-if 阶梯结构。

例 2.2 判断一个整型变量的符号，正、负或者为 0。

```
public class IfElseDemo
{
  public static void main(String[] args)
  {
    // TODO Auto-generated method stub
    int x;
    x=-3;
    if(x>0)
    {
      System.out.println("x 的符号是+;");
    }else
    {
      if(x<0)
      {
        System.out.println("x 的符号是-;");
      }else
      {
        System.out.println("x 是 0;");
      }
    }
  }
}
```

执行的结果为

```
x 的符号是-;
```

3. switch 语句

当要从多个分支中选择一个分支去执行时，虽然可用 if 嵌套语句来解决，但当嵌套层数较多时，程序的可读性大大降低。Java 提供的 switch 语句可清楚地处理多分支选择问题。switch 语句根据表达式的结果来执行多个可能操作中的一个，它的语法形式如下：

```
switch(表达式)
{
  case 常量 1:语句 1
    [break;]
  case 常量 2:语句 2
    [break;]
  …
  case 常量 n:语句 n
    [break;]
  [default:默认处理语句
  Break;]
}
```

switch 语句中的每个 case 常量称为一个 case 子句，代表一个 case 分支的入口。switch 语句的流程图如图 2.4 所示。

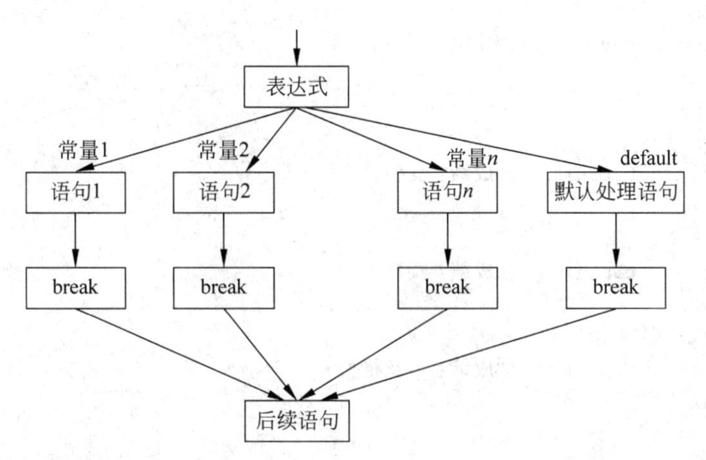

图 2.4 switch 语句的流程图

switch 语句应注意以下几点。

(1) switch 后面的表达式的类型可以是 byte、char、short 和 int(不能是浮点数类型和 long 类型，也不能是一个字符串)。

(2) switch 语句将表达式的值依次与每个 case 子句中的常量值相比较，如果匹配成功，则执行该 case 子句中常量值后的语句，直到遇到 break 语句为止。

(3) case 子语句后面的值 1、值 2……值 n 是与表达式类型相同的常量，但它们之间的值应各不相同，否则就会出现相互矛盾的情况。case 后面的语句块可以不用花括号括起来。

(4) default 语句可以省去不要。当表达式的值与所有 case 子句中的值都不匹配时，就执行 default 后的语句。如果表达式的值与所有 case 子句中的值都不匹配且没有 default 子句，则程序不执行任何操作，而是直接跳出 switch 语句，进入后续程序段。

(5) 当表达式的值与某个 case 后面的常量值相等时，执行 case 后面的语句块。

(6) 若去掉 break 语句，则执行完第一个匹配 case 后的语句块后，会继续执行其余 case 后的语句块，而不管这些语句块前的 case 值是否匹配。

(7) 通过 if-else 语句可以实现 switch 语句所有的功能。但通常使用 switch 语句更简练，且可读性更强，程序的执行效率也更高。

(8) if-else 语句可以基于一个范围内的值或一个条件来进行不同的操作，但 switch 语句中的每个 case 子句都必须对应一个单值。

例 2.3 通过 switch 判断成绩等级。

```
public class Demo
{
  public static void main(String[] args)
  {
    // TODO Auto-generated method stub
    int k;
    int grade=75;
    k=grade/10;
    switch(k)
```

```
        {
          case 10:
          case 9:
            System.out.println("成绩：优");
            break;
          case 8:
          case 7:
            System.out.println("成绩：良");
            break;
          case 6:
            System.out.println("成绩：及格");
            break;
          default:
            System.out.println("成绩：不及格");
            break;
        }
      }
    }
```

程序的执行结果为

```
成绩:良
```

2.6.3 循环结构

循环语句的作用是反复执行同一段代码直到满足结束条件为止。Java 语句的循环语句有 while、do-while 和 for 3 种。

一个循环一般包含 4 部分内容。

(1) 初始化部分：设置初始条件，一般只执行一次。

(2) 终止部分：设置终止条件。应该是一个布尔表达式，每次循环都要求值一次，用以判断是否满足终止条件。

(3) 循环体部分：被反复执行的语句块。

(4) 迭代部分：在当前循环结束，下一次循环开始前执行，通常是为影响终止条件的变量赋值。

1. while 语句

while 语句的语法格式如下：

```
while(布尔表达式)<语句>；
```

其中，while 是 while 语句的关键字；布尔表达式是循环条件；语句为循环体，当循环体为多个语句时构成复合语句。

while 语句执行的过程为：首先判断布尔表达式的值，若布尔表达式的值为 true，则执行循环体，然后再判断条件，直到布尔表达式的值为 false 时停止执行语句。使用 while 语句应注意以下两点。

(1) 执行该语句时先判断后执行，若一开始条件就不成立，则不执行循环体。

(2) 在循环体内一定要有改变条件的语句，否则就是死循环。

while 语句的流程图如图 2.5 所示。

例 2.4 计算 1～100 的累加。

```
public class WhileDemo
{
  public static void main(String[] args)
  {
    // TODO Auto-generated method stub
    int sum=0;
    int i=1;
    while (i<=100)
    {
      sum+=i;
      i++;
    }
    System.out.println("sum="+sum);
  }
}
```

图 2.5 while 语句的流程图

执行的结果为

```
sum= 5050
```

2. do-while 循环

do-while 循环在循环一次之后才进行终止条件的判断,do-while 语句的语法格式如下:

```
do{
  语句;
}while(布尔表达式);
```

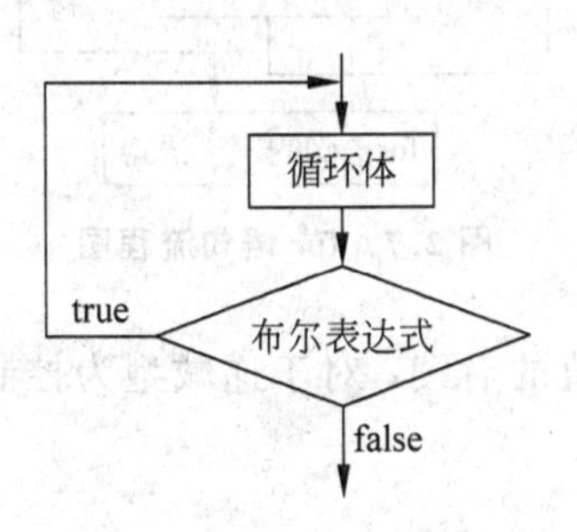

图 2.6 do-while 语句的流程图

do-while 语句执行的过程为:先执行一次循环体中的语句,然后测试布尔表达式的值,如果布尔表达式的值为 true,则继续执行循环体。do-while 语句将不断地测试布尔表达式的值并执行循环体中的内容,直到布尔表达式的值为 false 为止。do-while 语句的流程图如图 2.6 所示。

do-while 语句和 while 语句的不同之处是,do-while 语句总是先进入循环,执行一次循环语句之后,才会判断循环条件是否成立,再判定是否继续循环。而 while 语句是先判断条件,再判定是否进入循环,条件成立就进入循环,条件不成立就不进入循环。所以,do-while 语句的循环体会至少执行一次。while 循环可能一次循环体都不执行。

例 2.5 计算从 1 开始的连续 n 个自然数之和,当其和值刚好超过 100 时结束,求 n 的值。

```
public class DoWhileDemo
{
  public static void main(String[] args)
  {
    // TODO Auto-generated method stub
    int n=0;
    int sum=0;
    do
```

```
        {
          n++;
          sum+=n;
        }while(sum<=100);
        System.out.println("sum="+sum);
        System.out.println("n="+n);
      }
    }
```

程序执行的结果为

```
sum=105
n=14
```

3. for 语句

for 语句是循环的另一种表示形式。for 语句的语法格式如下：

```
for(表达式 1;表达式 2;表达式 3) 语句;
```

for 是 for 语句的关键字，语句为 for 语句的循环体，若有多个语句，需构成复合语句。

for 语句中循环控制变量必须是有序类型，常用的有整型、字符型、布尔型。循环控制变量初值和终值通常是一个与控制变量类型相一致的常量，也可以是表达式。循环次数由初值和终值决定。

for 语句的执行流程如图 2.7 所示。

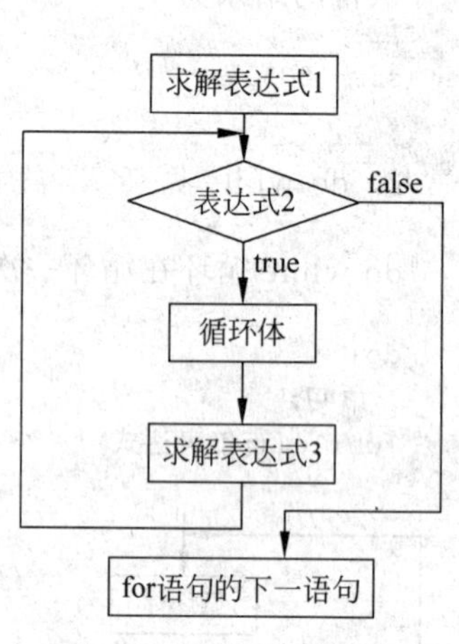

图 2.7　for 语句流程图

for 语句执行步骤如下。

(1) 按表达式 1 将初值赋给循环控制变量。

(2) 按表达式 2 判断循环是否成立，即判断控制变量的值是否符合条件。

(3) 若条件成立，则执行循环体。

(4) 按表达式 3 修改控制变量。对于递增型为原控制变量值的后续；对于递减型为控制变量值的前导。

(5) 返回步骤(2)。

(6) 结束循环。

例 2.6　用 for 循环求 1～100 之间的累加。

```
public class ForDemo1
{
  public static void main(String[] args)
  {
    // TODO Auto-generated method stub
    int i=1;
    int sum=0;
    for(i=1;i<=100;i++)
    {
      sum=sum+i;
```

```
    }
    System.out.println("sum="+sum);
  }
}
```

程序执行的结果为

```
sum=5050
```

for 循环非常灵活,可以有多重变化,例 2.6 也可以有另一种写法。

例 2.7 用 for 循环求 1～100 之间的累加。

```
public class ForDemo2
{
  public static void main(String[] args)
  {
    // TODO Auto-generated method stub
    int i=1;
    int sum=0;
    for(;;)
    {
      sum+=i++;
      if(i>100)
        break;
    }
    System.out.println("sum="+sum);
  }
}
```

程序执行的结果为

```
sum=5050
```

for 循环可以有以下 3 种省略的写法。

(1) 省略初始化部分。将初始化部分提前到 for 循环之前。

```
int sum=0;
int i=1;
for(;i<=100;i++)
{
  sum+=i;
}
```

(2) 省略终止条件部分。解决办法是将终止条件的判断放在循环体中进行。

```
int sum=0;
for(int i=1;;i++)
{
  sum+=i;
  for(i>=100)
  {
    break;
  }
}
```

(3) 省略迭代部分。解决办法是将迭代部分放在循环体部分的最后。

```
int sum=0;
for(int i=1;i<=100;)
{
  sum+=i;
  i++;
}
```

有时,for语句在“表达式1”和“表达式3”的位置上需要包含多个语句,由于不能在for语句()中使用{}来定义复合语句,Java提供了另一种表达多个语句的方法——逗号语句。逗号语句是用逗号(,)分隔的语句系列,这样就可以在不能使用复合语句的地方放任意多个语句,只需用逗号将它们分隔开即可。如:

```
for(i=0,j=10;i<j;i++,j--)
{
  …
}
```

for语句在“表达式1”“表达式2”“表达式3”和“语句”都可以为空语句(但分号不能省略),当以上四项都为空时,相当于一个无限循环。如:for(;;)。一般来说,在循环次数已知的情况下,用for循环比较方便,而while循环和do-while循环是用在循环次数不能确定的情况下。

4. 循环的嵌套

一个循环体内包含另一个完整的循环结构,称为循环的嵌套。内嵌的循环中还可以嵌套循环,这就是多重循环。

例2.8 打印以下规律的数字图案(每行打印5个数字,每行各列数的值等于第一列数乘自己所在列号)。

```
public class Demo
{
  public static void main(String[] args)
  {
    // TODO Auto-generated method stub
    int i,j,k;
    for(i=1;i<=5;i++)
    {
      for(j=1;j<=5;j++)
      {
        k=i*j;
        System.out.print(k+" ");
      }
      System.out.println( );
    }
  }
}
```

运行结果为

```
1  2  3  4  5
```

```
2   4   6   8   10
3   6   9   12  15
4   8   12  16  20
5   10  15  20  25
```

例 2.9 已知公鸡 5 元 1 只,母鸡 3 元,小鸡 1 元 3 只,要求用 100 元刚好买 100 只鸡,问有多少种采购方案?

分析:设 i、j、k 分别代表公鸡数、母鸡数及小鸡数,则 $i+j+k=100$ 只应是满足的第一个条件。要满足的第二个条件是 $5i+3j+k/3=100$ 元,若用 100 元全部买公鸡,最多只能买 20 只,若全部买母鸡最多只能买 33 只,况且在已确定了购买的公鸡数后,母鸡最多还不能买 33 只,应扣除相应的公鸡数。根据以上分析,程序如下。

```
public class Demo
{
  public static void main(String[] args)
  {
    // TODO Auto-generated method stub
    int i,j,k;
    System.out.println(" i j k");
    for(i=0;i<=20;i++)
    {
      for(j=0;j<=33;j++)
      {
        k=100-i-j;
        if(5*i+3*j+k/3.0==100)
          System.out.println(" "+i+" "+j+" "+k);
      }
    }
  }
}
```

程序执行的结果为

```
 i   j   k
 0  25  75
 4  18  78
 8  11  81
12   4  84
```

2.6.4 跳转控制语句

1. break

break 不但可以用在 switch 语句中,也可以用于循环语句中,这时它与 continue 语句一样,对循环的执行起限定转向的作用。

break 语句的一般语法格式为

```
break[标号];
```

其中,用“[]”括起来的标号部分是可选的。break 语句不能用在循环语句和 switch 语句之外的其他语句中,不带标号的应用有以下两种情况。

(1) break 语句用在 switch 语句中,其作用是强制退出 switch 结构,执行 switch 结构后的语句。

(2) break 语句用在单层循环结构的循环体中,其作用是强制退出循环结构。若程序中有内外双重循环,而 break 语句写在内层循环中,则执行 break 语句只能退出内循环,而不能退出外循环。若想要退出外循环,可使用带标号的 break 语句。

带标号的情况:break 语句的功能是终止由标号指出的语句块的执行。它的一种典型用法是实现从其他多重循环的内部直接跳出来,只要在欲跳出的循环开始处加上标号即可。

例 2.10 求 1～100 之间的素数。

素数也称为质数,对于大于 1 的自然数,除了 1 和它自身外,不能被其他自然数整除,即不能被 2 到比它自身小 1 的任何正整数整除的自然数,如 3、5、7 等都是素数。解决该问题的算法可用伪代码描述:

(1) 构造外循环得到一个 1～100 之间的数 i,为减少循环次数,可跳过所有偶数。

(2) 构造内循环得到一个 2～m 之间的数 j,看 i 是否能被 j 整除,若能整除则 i 不是素数,结束内循环;

(3) 内循环结束后,判断 j 是否大于等于 m,若是,则 i 必为素数,打印输出值;否则,再次进行外循环。

```
public class BreakDemo
{
  public static void main(String[] args)
  {
    // TODO Auto-generated method stub
    int n=0,m,j,i;
    for(i=3;i<=100;i+=2)
    {
      m=(int)Math.sqrt((double)i);
      for(j=2;j<=m;j++)
      {
        if((i%j)==0)break;
        if(j>=m)
        {
          if(n%6==0)System.out.println("\n");
          System.out.print(i+" ");
          n++;
        }
      }
    }
  }
}
```

程序执行的结果为

```
 5   7   11   13   17   19
23  29   31   37   41   43
47  53   59   61   67   71
73  79   83   89   97
```

2. continue

continue 语句只能在循环语句中使用。它和 break 语句的区别在于 continue 语句只结束

本次循环,而不是终止整个循环的执行;而 break 语句则是结束整个循环语句的执行。continue 语句的格式为

```
continue[标号];
```

其中,用"[ ]"括起来的标号部分是可选的。

continue 语句通常有以下两种使用情况。

(1) 不带标号的情况。此时,continue 语句用来结束本次循环,即跳过循环体中 continue 语句后面的语句,回到循环体的条件测试部分继续执行。

(2) 带标号的情况。此时,continue 语句跳过标号所指语句块中的所有余下部分的语句,回到标号所指语句块的条件测试部分继续执行。

例 2.11 跳过 40,输出 100 以内其他为 10 的倍数的数据。

```
public class ContinueDemo
{
 public static void main(String[] args)
 {
   // TODO Auto-generated method stub
   int index=0;
   while(index<=99)
   {
     index+=10;
     if(index==40)
       continue;
     System.out.println("数据为"+" "+index);
   }
 }
}
```

该程序执行的结果为

```
数据为 10
数据为 20
数据为 30
数据为 50
数据为 60
数据为 70
数据为 80
数据为 90
数据为 100
```

3. return 语句

return 语句用于方法的返回,当程序执行到 return 语句时,终止当前方法的执行,返回到调用这个方法的语句。return 语句通常位于一个方法体的最后一行,有带参数和不带参数两种形式,带参数形式的 return 语句在退出该方法时会返回一个值。

当方法用 void 声明时,说明不需要返回值(返回值类型为空),应使用不带参数的 return 语句。不带参数的 return 语句也可以省略,当程序执行到这个方法的最后一条语句时,遇到方法结束标志"}",自动返回到调用这个方法的程序中。

若方法有返回值,则在方法体中用 return 语句指明要返回的值。其格式为

```
return 表达式;
```

或

```
return(表达式);
```

其中表达式可以是常量、变量、对象等，且上述两种形式是等价的。此外，return 语句后面表达式的数据类型必须与成员方法头中给出的返回值的类型一致。

例 2.12 返回圆的面积。

```
public class ReturnDemo
{
  final static double PI=3.14159;
  public static void main(String[] args)
  {
    // TODO Auto-generated method stub
    double r1=7.0,r2=4.0;
    System.out.println("半径为"+r1+"的圆面积="+area(r1));
    System.out.println("半径为"+r2+"的圆面积="+area(r2));
  }
  static double area(double r)
  {
    return (PI*r*r);
  }
}
```

程序执行的结果为

```
半径为 7.0 的圆面积=153.93791
半径为 4.0 的圆面积=50.26544
```

习　　题

(1) Java 语言基本数据类型有哪些？

(2) 判断下面的标识符(　　)是错的。

A. MyGame　　B. _isHere

C. 2JavaProgram　　D. Java-Visual-Machine

(3) 判断下面(　　)表达式值为 false。

A. !false　　B. false&&false||true

C. 3>5?false：true　　D. 15%5!=0

(4) 下面 for 循环语句的循环次数为(　　)。

```
for(int i=0,int j=0;i=j=10;i++,j++);
```

A. 0　　B. 1　　C. 10　　D. 无限次

第3章 数组与字符串

Chapter 3

实习学徒学习目标

(1) 掌握数组在内存中的分配状态。

(2) 掌握一维及二维数组的基本用法。

(3) 熟练使用 String 类型的常用方法。

数组是 Java 中一种重要的数据结构。数组是同类型数据的有序集合，同一数组里的每一个元素都具有一个相同的类型，先后顺序也是固定的。它的数据类型既可以是简单类型，也可以是类。对象数组和原始数据类型数组在使用方法上几乎完全一致。唯一的差别在于对象数组存储的是引用，而原始数据类型数组存储的是具体的数值。

声明一个数组是通过数组名进行的，而使用数组中存储的值时只能以数组元素为单位进行。一个数组中所拥有的元素数目称为该数组的长度。数组是一种高效的存储和随机访问对象引用序列的方式，使用数组可以快速访问数组中的元素。对于 Java 来说，为保存和访问一系列对象，最有效的方式就是数组。数组实际代表一个简单的线性序列，它使得元素的访问速度非常快，但我们也要为这种速度付出存储空间的代价。创建一个数组对象时，它的大小是固定的，而且不能在那个数组对象的“存储时间”内发生改变。

3.1 一维数组

数组是一个独立的对象，数组在定义、分配内存和赋值后才可以使用。

3.1.1 数组的说明与构造

同其他类型变量一样，在使用数组前，必须先声明它。数组声明的格式为

类型 数组名[];

其中类型指出了数组中各元素的数据类型，它可以是基本类型和构造类型(类)；数组名为 Java 标识符；[]部分指明该变量是一个数组类型变量。

例如：

```
int arry[ ];
```

说明是一个整数数组，数组中的每个元素为 int 整型数据。

数组声明时，也可以将[ ]放在类型之后；

例如：

```
int[ ] arry;
```

它的效果和上面的例子一样。

在说明数组时，不直接指出数组中元素的个数（即数组长度）。数组说明之后不能立即被访问，因为还没有为数组元素分配内存空间。需要使用 new 操作来构造数组，即在数组说明之后为数组元素分配内存空间，同时对数组元素进行初始化。其格式如下：

```
数组名=new 类型[数组长度];
```

例如：

```
arry=new int[5];
```

它为整型数组 arry 分配 5 个整数元素的内存空间，并使每个元素初值为 0。为简化起见，还可以把数组的说明和构造合并在一起，其格式如下：

```
类型 数组名[ ]=new 类型[数组长度];
```

例如：

```
int arry[ ]=new int[5];
```

这个语句等同于下面两个语句

```
int arry[ ];
arry=new int[5];
```

用 new 关键字为一个数组分配内存空间后，系统将为每个数组元素都赋予一个初值，这个初值取决于数组的类型。所有数值型数组元素的初值为 0，字符型数组元素的初值为一个不可见的 ISO 时控制符，布尔型数组元素的初值为 false，字符串数组和所有其他对象数组在构造该元素时的初始值为 null。在实际应用中，用户应根据具体情况对数组元素重新进行赋值。数组一旦创建之后，就不能再改变其长度。

3.1.2 数组的初始化

数组初始化就是为数组元素指定初始值。通常在构造数组时，Java 会使每个数组元素初始化为一个默认值。但在许多情况下，并不希望数组的初始值为默认值，此时，就需要用赋值语句来对数组进行初始化。

数组的初始化有两种方式：一种方式是像初始化简单类型一样自动初始化数组，即在说明数组的同时进行初始化；另一种方式是在声明之后再构造数组，然后为每个元素赋值。

例如：

```
int a[ ]={1,2,3,4,5};
```

上述语句声明并创建了数组 a，并且为数组的每个元素赋值，即初始化，使 a[0]=1，a[1]=2，a[2]=3，a[3]=4，a[4]=5。

由上可见，数组初始化可由花括号{ }括起来的一串由逗号分隔的表达式组成，逗号分隔数组元素中的值。在语句中不必明确指明数组的长度，因为已经体现在所给出的数组元素个数中了，系统会自动根据所给的元素个数为数组分配一定的内存空间，如上例中数组 a 的长度自动设置为 5。

3.1.3 数组元素的使用

声明了一个数组，并用 new 语句为它分配了内存空间后，就可以在程序中像使用任何变量一样来使用数组元素，即可以在任何允许使用变量的地方使用数组元素。数组元素的表示方式为

数组名[下标]

其中下标为非负的整数或表达式，其数据类型只能为 byte、short 和 int，而不能为 long。下标的取值范围从 0 开始，一直到数组的长度减 1。

Java 在对数组元素操作时会对数组下标进行越界检查，以保证安全性。若在 Java 程序中超出了对数组下标的使用范围，程序会有出错提示。在 Java 中，数组也是一种对象。数组经初始化后就确定了它的长度，对于每一个已分配了存储空间的数组，常用属性和方法表现在以下几个方面。

(1) 数组的复制：System. arraycopy( )。

(2) 数组的排序：Arrays. sort( )。

(3) 在已排序的数组中查找某个元素：Arrays. binarySearch( )。

(4) 数组中特定元素的寻找：binarySearch( )。

(5) 比较两个数组是否相等(在相同位置上的元素是否相等)：equals( )。

(6) 数组填充：fill( )。

(7) 数组排序：sort( )。

在 Java 中，所有的数组都有一个默认的属性 length，用于获取数组中元素的个数。例如 intArray. length 指明 intArray 的长度。

例 3.1 数组长度测定。

```
public class ArrayDemo1
{
  public static void main(String[] args)
  {
    // TODO Auto-generated method stub
    int i;
    double a1[];
    char [] a2;
    a1=new double[8];
    a2=new char[8];
    int a3[]=new int[8];
    byte[] a4=new byte[8];
    char a5[]={'A','B','C','D','E','F','H','I'};
    System.out.println("a1.length="+a1.length);
    System.out.println("a2.length="+a2.length);
    System.out.println("a3.length="+a3.length);
    System.out.println("a4.length="+a4.length);
    for(i=0;i<8;i++)
    {
      a1[i]=100.0+i;
      a2[i]=(char)(i+97);
      a3[i]=i;
    }
    System.out.println("a1\ta2\ta3\ta4\ta5");
    System.out.println("double\tchar\tint\tbtye\tchar");
```

```
      for(i=0;i<8;i++)
        System.out.println(a1[i]+"\t"+a2[i]+"\t"+a3[i]+"\t"+a4[i]+"\t"+a5[i]);
    }
}
```

程序执行结果如图 3.1 所示。

```
a1.length=8
a2.length=8
a3.length=8
a4.length=8
a1      a2      a3      a4      a5
double  char    int     btye    char
100.0   a       0       0       A
101.0   b       1       0       B
102.0   c       2       0       C
103.0   d       3       0       D
104.0   e       4       0       E
105.0   f       5       0       F
106.0   g       6       0       H
107.0   h       7       0       I
```

图 3.1　例 3.1 的运行结果

例 3.2　数组的循环遍历,求数组的最大值和最小值。

```
public class ArrayForDemo
{
  public static void main(String[] args)
  {
    // TODO Auto-generated method stub
    int [] score={88,78,87,96,60,93};
    int max;
    int sum;
    max=score[0];
    for(int i=1;i<score.length;i++)
    {
      if(score[i]>max)
      {
        max=score[i];
      }
    }
    System.out.println("最高成绩是:"+max);
    sum=0;
    for(int i=0;i<score.length;i++)
    {
      sum+=score[i];
    }
    System.out.println("平均成绩是:"+sum/score.length);
  }
}
```

程序执行的结果为

```
最高成绩是:96
平均成绩是:83
```

3.2 多维数组

Java 语言提供了支持多维数组的语法，但 Java 中只有一维数组，没有“多维数组”的明确的结构。然而对于一个一维数组而言，其数组元素可以是数组，这就是概念上的多维数组，也就是说，在 Java 语言中，把二维数组实际上看成每个数组元素是一个一维数组。这样的根本原因是计算机存储器的编址是一维的，即存储单元的编号是从 0 开始一直连续编到最后一个编号。在 Java 中，多维数组实际是数组的数组。定义多维数组变量要将每个维数放在它们各自的方括号中。

3.2.1 二维数组的声明

声明二维数组的方法有以下 3 种。这 3 种方法是等价的，一般使用第 3 种方法。

```
数据类型 数组名[ ][ ];
数据类型[ ] 数组名[ ];
数据类型[ ][ ] 数组名;
```

例如：

```
int [ ][ ] arry;
```

与一维数组一样，此时还没有为数组元素分配内存空间，还需要用 new 关键字来创建数组，然后才可以使用该数组的每个元素。

对二维数组来说，分配内存空间有下面两种方式。

(1) 直接为每一维数组分配空间，如：

```
int arry [ ][ ]=new int[2][3];
```

该语句创建了一个二维数组 arry，其较高一维数组含有两个元素，每个元素都是由三个整型数构成的整型数组。如图 3.2 所示。

arry[0][0]	arry[0][1]	arry[0][2]
arry[1][0]	arry[1][1]	arry[1][2]

图 3.2 二维数组 arry

(2) 从最高维开始，分别为每一维数组分配空间，如：

```
int score[ ][ ]=new int[ ][ ];          //最高维数组含 2 个元素，每个元素为一个整型数组
score[0]=new int[3];                    //最高维数组第一个元素是一个长度为 3 的整型数组
score[1]=new int[5];                    //最高维数组第二个元素是一个长度为 5 的整型数组
```

如图 3.3 所示。

score[0][0]	score[0][1]	score[0][2]		
score[1][0]	score[1][1]	score[1][2]	score[1][3]	score[1][4]

图 3.3 为数组分配空间

注意：在使用运算符 new 来分配内存时，对于多维数组至少要给出最高维数组的大小。如果程序中出现如下语句：

```
int score[ ][ ]=new int [ ][ ];
```

则编译出现问题。

3.2.2 二维数组的初始化

二维数组元素的初始化有以下两种。

(1) 直接对每个元素进行赋值。

(2) 在说明数组的同时进行初始化。

例如，如下语句：

```
int arry[ ][ ]={{1,4},{2,3},{6,7}};
```

声明了一个 2×3 的数组，并对每个元素赋值。即

```
arry[0][0]=1
arry[0][1]=4
arry[1][0]=2
arry[1][1]=3
arry[2][0]=6
arry[2][1]=7
```

3.2.3 二维数组的使用

对二维数组中的每个元素，其引用格式为

```
数组名[下标 1][下标 2];
```

其中，下标 1、下标 2 分别是第一维数组和第二维数组的下标。

例 3.3 使用二维数组，存放乘法表的结果。

```
public class ArrayDemo2
{
  public static void main(String[] args)
  {
    // TODO Auto-generated method stub
    int [][] triangleArray=new int[9][];
    for(int i=0;i<triangleArray.length;i++)
    {
      triangleArray[i]=new int[i+1];
    }
    for(int i=0;i<triangleArray.length;i++)
    {
      for(int j=0;j<triangleArray[i].length;j++)
      {
        triangleArray[i][j]=(i+1)*(j+1);
      }
    }
    for(int i=0;i<triangleArray.length;i++)
    {
      for(int j=0;j<triangleArray[i].length;j++)
```

```
        {
          System.out.print("\t"+triangleArray[i][j]);
        }
        System.out.println();
      }
    }
}
```

程序执行结果如图 3.4 所示。

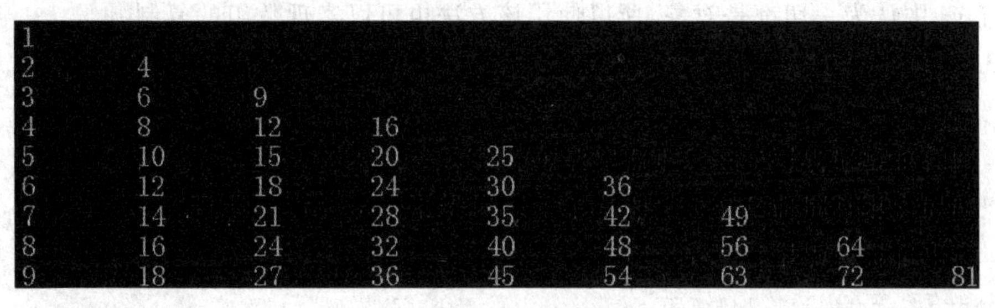

1								
2	4							
3	6	9						
4	8	12	16					
5	10	15	20	25				
6	12	18	24	30	36			
7	14	21	28	35	42	49		
8	16	24	32	40	48	56	64	
9	18	27	36	45	54	63	72	81

图 3.4　例 3.3 的运行结果

3.2.4　数组复制

在 Java 中,经常会用到数组的复制操作。一般来说,数组的复制是指将源数组的元素做副本,赋值到目标数组的对应位置。常用的数组复制方法有以下 3 种。

- 使用循环语句复制;
- 使用 clone()方法;
- 使用 System.arraycopy()方法。

1. 使用循环语句复制

使用循环语句访问数组,对其中每个元素进行访问操作,这是最容易理解、也是最常用的数组复制方式。例 3.4 中使用 for 循环实现数组复制功能。

例 3.4　使用 for 循环实现数组复制功能。

```
public class ArrayCopyFor
{
  public static void main(String[] args)
  {
    // TODO Auto-generated method stub
    int [] array1={1,2,3,4,5};
    int [] array2=new int[array1.length];
    for(int i=0;i<array1.length;i++)
    {
      array2[i]=array1[i];
    }
    System.out.println("复制结果:");
    for(int i=0;i<array2.length;i++)
    {
      System.out.print(array2[i]+",");
    }
  }
}
```

执行结果为

```
复制结果:
1,2,3,4,5,
```

2. 使用 clone()方法

在 Java 中,Object 类是所有类的父类,其中 clone()方法一般用于创建并返回此对象的一个副本,Java 中认为一切都是对象,所以使用该方法也可以实现数组的复制。

例 3.5 使用 clone()方法实现数组复制。

```
public class ArrayCopyClone
{
  public static void main(String[] args)
  {
    // TODO Auto-generated method stub
    int [] array1={1,2,3,4,5};
    int [] array2=array1.clone();
    System.out.println("复制结果:");
    for(int i=0;i<array2.length;i++)
    {
      System.out.print(array2[i]+",");
    }
  }
}
```

执行结果为

```
复制结果:
1,2,3,4,5,
```

3. 使用 System.arraycopy()方法

System.arraycopy()方法是 System 类的一个静态方法,可以方便地实现数组复制功能,System.arraycopy()方法的格式如下:

```
System.arraycopy(from,fromIndex,to,toIndex,count)
```

该方法共有 5 个参数:from、fromIndex、to、toIndex、count,其含义是将数组 from 中的索引为 fromIndex 开始的元素,复制到数组 to 中索引为 toIndex 的位置,总共复制的元素个数为 count 个。

例 3.6 使用 System.arraycopy()方法实现数组复制。

```
public class ArrayCopySystem
{
  public static void main(String[] args)
  {
    int [] array1={1,2,3,4,5};
    int [] array2=new int[array1.length];
    System.arraycopy(array1, 0, array2, 0, array1.length);
    System.out.println("复制结果:");
```

```
    for(int i=0;i<array2.length;i++)
    {
      System.out.print(array2[i]+",");
    }
  }
}
```

执行结果为

```
复制结果:
1,2,3,4,5,
```

3.2.5 数组应用实例

例 3.7 冒泡排序。

排序是把一组数据按照值的递增(由小到大)或递减(由大到小)的次序重新排列的过程。冒泡排序的关键点是从后向前对相邻的两个数组元素进行比较,若后面元素的值小于前面元素的值,则将这两个元素交换位置;否则不进行交换。依次进行下去,第一趟排序可将数组中值最小的元素移至下标为 0 的位置。对于有 n 个元素的数组,循环执行 $n-1$ 趟扫描便可完成排序。也可从前向后对相邻的两个数组元素进行比较,但此时应注意将大数向后移,与小数前移的冒泡法相对应。

```
import java.io.BufferedReader;
import java.io.IOException;
import java.io.InputStreamReader;
class SortClass
{
  void sort(int arr[])
  {
    int i,j,temp;
    int len=arr.length;
    for(i=0;i<len-1;i++)
    for(j=len-1;j>i;j--)
    if(arr[j]<arr[j-1])
    {
      temp=arr[j-1];
      arr[j-1]=arr[j];
      arr[j]=temp;
    }
  }
}
public class Demo
{
  public static void main(String[] args) throws IOException
  {
    // TODO Auto-generated method stub
    BufferedReader keyin=new BufferedReader(new InputStreamReader(System.in));
    int i,j,temp;
    String c1;
    int arr[]=new int[5];
    int len=arr.length;
    System.out.println("请从键盘输入 5 个数据");
    for(i=0;i<len;i++)
```

```
    {
      c1=keyin.readLine();
      arr[i]=Integer.parseInt(c1);
    }
    System.out.print("原始数据为");
    for(i=0;i<len;i++)
    System.out.print(" "+arr[i]);
    System.out.println("\n");
    SortClass p1=new SortClass();
    p1.sort(arr);
    System.out.println("冒泡法排序的结果");
    for(i=0;i<len;i++)
      System.out.print(" "+arr[i]);
      System.out.println("\n");
  }
}
```

```
请从键盘输入5个数据
213
345
23
546
56
原始数据为 213 345 23 546 56

冒泡法排序的结果
 23 56 213 345 546
```

图 3.5 例 3.7 的运行结果

程序执行的结果如图 3.5 所示。

例 3.8 杨辉三角形。

杨辉三角形是宋朝数学家杨辉在公元 1261 年所著《详解九章算法》里面的一张图。

```
public class Demo
{
  public static void main(String[] args)
  {
    int triangle[][]=new int[10][];
    for (int i = 0; i < triangle.length; i++)
    {
      triangle[i]=new int[i+1];
      for(int j=0;j<=i;j++)
      {
        if(i==0||j==0||j==i)
        {
          triangle[i][j]=1;
        }else
        {
          triangle[i][j]=triangle[i-1][j]+triangle[i-1][j-1];
        }
        System.out.print(triangle[i][j]+"\t");
      }
      System.out.println();
    }
  }
}
```

执行结果如图 3.6 所示。

```
1
1	1
1	2	1
1	3	3	1
1	4	6	4	1
1	5	10	10	5	1
1	6	15	20	15	6	1
1	7	21	35	35	21	7	1
1	8	28	56	70	56	28	8	1
1	9	36	84	126	126	84	36	9	1
```

图 3.6 例 3.8 的运行结果

3.3 字 符 串

任何编程语言都支持对字符串信息的处理，其中大部分都将字符串作为一种基本类型，或者干脆用字符数组来代替。但 Java 中处理字符串的机制与别的语言不大相同，设计十分巧妙，可以说是 Java 语言的亮点之一。

3.3.1 String 类

String 类是 Java 处理字符串的标准格式，也是表示定长字符串的常用方式。String 对象一旦被创建了，就不能被改变。如果需要大量改变字符串的内容，应该使用 StringBuffer 类或者字符数组，其最终结果可以被转换成 String 格式。

创建 String 字符串，就是创建 String 类的对象，方式是使用 new 关键字和 String 类的构造函数来完成。Java 重载了 String 类的构造函数，以方便建立字符串。表 3.1 是 String 类的构造方法，表 3.2 是 String 类的常用方法。

表 3.1 String 类的构造方法

名 称	描 述
public String()	初始化一个创新的 String 对象，它表示一个空字符序列
public String(byte[]bytes)	把字节数组转换成字符串
public String(byte[]bytes,int index,int length)	把字节数组的一部分转换成字符串
public String(char[]value)	把字符数组转换成字符串
public String(char[]value,int index,int count)	把字符数组的一部分转换成字符串
public String(String original)	把字符串常量值转换成字符串

表 3.2 String 类的常用方法

名 称	描 述
char charAt(int index)	返回指定索引处的 char 值
int compareTo(Object o)	把这个字符串和另一个对象进行比较
int compareTo(String anotherString)	按字典顺序比较两个字符串
int compareToIgnoreCase(String str)	按字典顺序比较两个字符串，不考虑大小写
String concat(String str)	将指定字符串连接到此字符串的末尾
boolean contentEquals(StringBuffer sb)	当且仅当字符串与指定的 StringBuffer 有相同顺序的字符时返回真
static String copyValueOf(char[]data)	返回指定数组中表示该字符序列的 String
static String copyValueOf(char[]data,int offset,int count)	返回指定数组中表示该字符序列的 String
boolean endsWith(String suffix)	测试此字符串是否以指定的后缀结束
boolean equals(Object anObject)	将此字符串与指定的对象比较
boolean equalsIgnoreCase(String anotherString)	将此 String 与另一个 String 比较，不考虑大小写
byte[]getBytes()	使用平台的默认字符集将此 String 编码为 byte 序列，并将结果存储到一个新的 byte 数组中
byte[]getBytes(String charsetName)	使用指定的字符集将此 String 编码为 byte 序列，并将结果存储到一个新的 byte 数组中

续表

名　　称	描　　述
void getChars(int srcBegin, int srcEnd, char[] dst,int dstBegin)	将字符从此字符串复制到目标字符数组
int hashCode()	返回此字符串的哈希码
int indexOf(int ch)	返回指定字符在此字符串中第一次出现处的索引
int indexOf(int ch,int fromIndex)	返回在此字符串中第一次出现指定字符处的索引,从指定的索引开始搜索
int indexOf(String str)	返回指定子字符串在此字符串中第一次出现处的索引
int indexOf(String str,int fromIndex)	返回指定子字符串在此字符串中第一次出现处的索引,从指定的索引开始
String intern()	返回字符串对象的规范化表示形式
int lastIndexOf(int ch)	返回指定字符在此字符串中最后一次出现处的索引
int lastIndexOf(int ch,int fromIndex)	返回指定字符在此字符串中最后一次出现处的索引,从指定的索引处开始进行反向搜索
int lastIndexOf(String str)	返回指定子字符串在此字符串中最右边出现处的索引
int lastIndexOf(String str,int fromIndex)	返回指定子字符串在此字符串中最后一次出现处的索引,从指定的索引开始反向搜索
int length()	返回此字符串的长度
boolean matches(String regex)	告知此字符串是否匹配给定的正则表达式
boolean regionMatches(boolean ignoreCase, int toffset,String other,int ooffset,int len)	测试两个字符串区域是否相等
boolean regionMatches(int toffset, String other, int ooffset,int len)	测试两个字符串区域是否相等
String replace(char oldChar,char newChar)	返回一个新的字符串,它是通过用 newChar 替换此字符串中出现的所有 oldChar 得到的
String replaceAll(String regex,String replacement)	使用给定的 replacement 替换此字符串所有匹配给定的正则表达式的子字符串
String replaceFirst(String regex,String replacement)	使用给定的 replacement 替换此字符串匹配给定的正则表达式的第一个子字符串
String[]split(String regex)	根据给定正则表达式的匹配拆分此字符串
String[]split(String regex,int limit)	根据匹配给定的正则表达式拆分此字符串
boolean startsWith(String prefix)	测试此字符串是否以指定的前缀开始
boolean startsWith(String prefix,int toffset)	测试此字符串从指定索引处开始的子字符串是否以指定前缀开始
CharSequence subSequence(int beginIndex, int endIndex)	返回一个新的字符序列,它是此序列的一个子序列
String substring(int beginIndex)	返回一个新的字符串,它是此字符串的一个子字符串
String substring(int beginIndex,int endIndex)	返回一个新字符串,它是此字符串的一个子字符串
char[]toCharArray()	将此字符串转换为一个新的字符数组
String toLowerCase()	使用默认语言环境的规则将此 String 中的所有字符都转换为小写
String toLowerCase(Locale locale)	使用给定 Locale 的规则将此 String 中的所有字符都转换为小写
String toString()	返回此对象本身(它已经是一个字符串)

续表

名　称	描　述
String toUpperCase()	使用默认语言环境的规则将此 String 中的所有字符都转换为大写
String toUpperCase(Locale locale)	使用给定 Locale 的规则将此 String 中的所有字符都转换为大写
String trim()	返回字符串的副本，忽略前导空白和尾部空白
static String valueOf(primitive data type x)	返回给定 data type 类型 x 参数的字符串表示形式

例 3.9 创建字符串对象并输出长度。

```
public class Demo
{
  public static void main(String[]args)
  {
    // public String():空构造
    String s1 = new String();
    System.out.println("s1:" + s1);
    System.out.println("s1.length():" + s1.length());
    System.out.println("--------------------------");
    // public String(byte[] bytes):把字节数组转换成字符串
    byte[] bys = {97, 98, 99, 100, 101};
    String s2 = new String(bys);
    System.out.println("s2:" + s2);
    System.out.println("s2.length():" + s2.length());
    System.out.println("--------------------------");
    // public String(byte[] bytes,int index,int length):把字节数组的一部分转换成字符串
    // 我想得到字符串"bcd"
    String s3 = new String(bys, 1, 3);
    System.out.println("s3:" + s3);
    System.out.println("s3.length():" + s3.length());
    System.out.println("--------------------------");
    // public String(char[] value):把字符数组转换成字符串
    char[] chs = { 'a', 'b', 'c', 'd', 'e', '爱', '中', '国' };
    String s4 = new String(chs);
    System.out.println("s4:" + s4);
    System.out.println("s4.length():" + s4.length());
    System.out.println("--------------------------");
    // public String(char[] value,int index,int count):把字符数组的一部分转换成字符串
    String s5 = new String(chs, 2, 4);
    System.out.println("s5:" + s5);
    System.out.println("s5.length():" + s5.length());
    System.out.println("--------------------------");
    //public String(String original):把字符串常量值转换成字符串
    String s6 = new String("abcde");
    System.out.println("s6:" + s6);
    System.out.println("s6.length():" + s6.length());
    System.out.println("--------------------------");
    //字符串字面值"abc"也可以看成是一个字符串对象。
    String s7 = "abcde";
```

```
        System.out.println("s7:"+s7);
        System.out.println("s7.length():"+s7.length());
    }
}
```

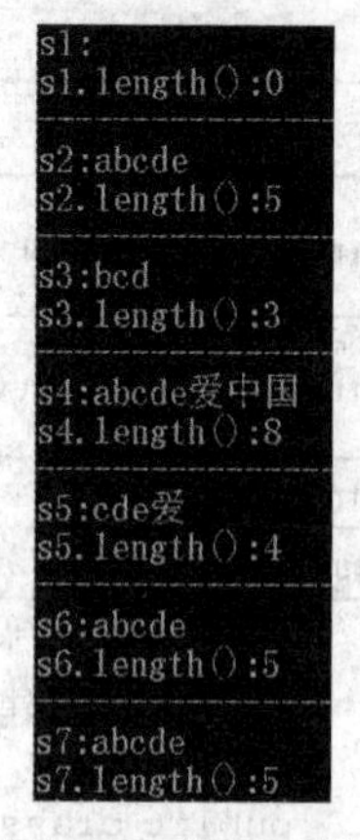

图 3.7 例 3.9 的运行结果

运行结果如图 3.7 所示。

例 3.10 统计一个字符串中大写字母、小写字母和数字出现的次数(不考虑其他字符)。

```
public class Demo
{
  public static void main(String[] args)
  {
    //定义一个字符串
    String s = "Hello123World";
    //定义三个统计变量
    int bigCount = 0;
    int smallCount = 0;
    int numberCount = 0;
    //遍历字符串,得到每一个字符。
    for(int x=0; x<s.length(); x++)
    {
      char ch = s.charAt(x);
      //判断该字符属于哪种类型
      if(ch>='a' && ch<='z')
      {
        smallCount++;
      }else if(ch>='A' && ch<='Z')
      {
        bigCount++;
      }else if(ch>='0' && ch<='9')
      {
        numberCount++;
      }
    }
    //输出结果。
    System.out.println("大写字母"+bigCount+"个");
    System.out.println("小写字母"+smallCount+"个");
    System.out.println("数字"+numberCount+"个");
  }
}
```

运行结果为

```
大写字母 2 个
小写字母 8 个
数字 3 个
```

Java 中关于字符串处理的方法还有很多,读者可以参考 String 类的帮助文档。

3.3.2 StringBuffer 类和 StringBuilder 类

当对字符串进行修改时,需要使用 StringBuffer 和 StringBuilder 类。

和 String 类不同的是，StringBuffer 和 StringBuilder 类的对象能够被多次修改，并且不产生新的未使用对象。

StringBuffer 与 StringBuilder 中的方法和功能完全是等价的，只是 StringBuffer 中的方法大都采用了 synchronized 关键字进行修饰，因此是线程安全的，而 StringBuilder 没有这个修饰，所以可以被认为是线程不安全的。在单线程程序下，StringBuilder 效率更快，因为它不需要加锁，不具备多线程安全，而 StringBuffer 则每次都需要判断锁，效率相对较低。

由于 StringBuilder 相较于 StringBuffer 有速度优势，所以多数情况下建议使用 StringBuilder 类。在应用程序要求线程安全的情况下，必须使用 StringBuffer 类。StringBuffer 类支持的主要方法见表 3.3。

表 3.3 StringBuffer 类支持的主要方法

名　称	描　述
public StringBuffer append(String s)	将指定的字符串追加到此字符序列
public StringBuffer reverse()	将此字符序列用其反转形式取代
public delete(int start,int end)	移除此序列子字符串中的字符
public insert(int offset,int i)	将 int 参数的字符串表示形式插入此序列中
replace(int start,int end,String str)	使用给定 String 中的字符替换此序列的子字符串中的字符

表 3.4 所示为其他方法(除了 set 方法)，它是非常相似的 String 类的方法。

表 3.4 其他方法

名　称	描　述
int capacity()	返回字符串缓冲区的当前容量
char charAt(int index)	返回指定索引处的 char 值，索引范围为 0 到 length-1
void ensureCapacity(int minimumCapacity)	保证了缓冲器的容量至少等于指定的最小值
void getChars(int srcBegin,int srcEnd,char []dst,int dstBegin)	字符从字符串缓冲区复制到目标字符数组 dst
int indexOf(String str)	返回第一次出现的指定的子字符串在该字符串中的索引
int indexOf(String str,int fromIndex)	从指定的索引处开始，返回第一次出现的指定字符串在该字符串中的索引
int lastIndexOf(String str)	返回最右边出现的指定子字符串在该字符串中的索引
int lastIndexOf(String str,int fromIndex)	返回最后一次出现的指定子字符串的在该字符串中的索引
int length()	返回此字符串缓冲区的长度(字符数)
void setCharAt(int index,char ch)	该字符串缓冲区的指定索引处的字符设置为 ch
void setLength(int newLength)	设置此字符串缓冲区的长度
CharSequence subSequence(int start,int end)	返回一个新的字符序列，这个序列的子序列
String substring(int start)	返回一个新的 String，它包含字符序列当前所包含的字符子序列。该子字符串从指定的索引处开始，并延伸到 StringBuffer 的末尾
String substring(int start,int end)	返回一个新的 String，它包含序列当前所包含的字符子序列
String toString()	转换为代表该字符串缓冲区的数据的字符串

例 3.11 StringBuffer 对字符串的连接操作。

```
public class Demo
{
  public static void main(String args[])
  {
    StringBuffer sBuffer = new StringBuffer("java 字符串-");
    sBuffer.append("你好-");
    sBuffer.append("java-");
    sBuffer.append("世界");
    System.out.println(sBuffer);
  }
}
```

运行结果：

```
java 字符串-你好-java-世界
```

3.3.3 String 和 StringBuffer 互相转换

(1) String 转换为 StringBuffer 有两种方法：构造方法转换和 append()方法。

例 3.12 String 转换为 StringBuffer。

```
public class StringBufferDemo
{
  public static void main(String[] args)
  {
    //String --> StringBuffer
    String string = "Hello";
    //构造方法转换
    StringBuffer buffer = new StringBuffer(string);
    System.out.println("构造方法转换:"+buffer);
    //append()方法
    StringBuffer buffer2 = new StringBuffer();
    buffer2.append(string);
    System.out.println("append()方法转换:"+buffer2);
  }
}
```

运行结果：

```
构造方法转换:Hello
append()方法转换:Hello
```

(2) StringBuffer 转换为 String 有两种方法：构造方法转换和 toString()方法。

例 3.13 StringBuffer 转换为 String。

```
public class StringBufferDemo
{
  public static void main(String[] args)
  {
    //StringBuffer --> String
    StringBuffer buffer = new StringBuffer("Java");
```

```
        //构造方法转换
        String string = new String(buffer);
        System.out.println("string:"+string);
        //toSting()方法
        //通过 toString 方法
        String string2 = buffer.toString();
        System.out.println("string2 : "+string2);
    }
}
```

运行结果为

```
构造方法转换:Java
toString()方法转换:Java
```

习 题

(1) 创建长度为 10 的 int 型数组,初始值为 23,45,67,89,4,5,67,89,234,43,计算最大值、最小值、平均值和所有元素的和,要求只使用一次循环。

(2) 下面(　　)语句能够正确生成 5 个空字符串。

A. String a[]=new String[5];for(int i=0;i<5;a[i++]="");

B. String a[]={"","","","",""};

C. String a[5];

D. String [5]a;

(3) 下面(　　)语句正确声明了一个整型的二维数组。

A. int a[][]=new int[][];

B. int a[10][10]=new int[][];

C. int a[][]=new int[10][10];

D. int []a[]=new int[10][10];

第4章 类与对象

Chapter 4

实习学徒学习目标

(1) 能够定义类,实例化对象。

(2) 理解构造函数的作用。

(3) 掌握包的用法。

(4) 掌握类成员的访问控制权限。

4.1 面向过程和面向对象

面向过程和面向对象是编程界的两大思想,一直贯穿在学习和工作当中。本文通过一个实例,简单阐述了面向过程和面向对象两大思想。希望能对读者的学习和工作有所帮助。

4.1.1 面向过程

面向过程就是面向解决问题的过程进行编程。仔细思考一下,在学习和工作中,当我们去实现某项功能或完成某项任务时,是不是会按部就班地罗列出我们要做的事情?当我们按着所罗列的步骤去解决问题时,实质上就是按照面向过程的思想去解决问题。我们罗列的步骤就是过程,按照步骤解决问题就是面向过程。

传统的面向过程的编程思想可以总结为8个字——自顶向下、逐步细化,实现步骤如下。

(1) 将要实现的功能描述为一个从开始到结束连续的步骤(过程)。

(2) 依次逐步完成这些步骤,如果某一步的难度较大,可以将该步骤再次细化为若干子步骤,以此类推,一直到结束得到想要的结果。

(3) 程序的主体是函数,一个函数就是一个封装起来的模块,可以实现一定的功能,各个子步骤就是通过各个函数来完成的,从而实现代码的重用和模块化编程。

例如把大象装冰箱。为了把大象装进冰箱,需要3个过程:

① 把冰箱门打开(得到打开门的冰箱);

② 把大象装进去(打开门后,得到里面装着大象的冰箱);

③ 把冰箱门关上(打开门、装好大象后,获得关好门的冰箱)。

每个过程有一个阶段性的目标,依次完成这些过程,就能把大象装进冰箱。

面向过程,就是按照我们分析好的步骤,按部就班依次执行完成任务。所以当我们用面向过程的思想去编程或解决问题时,首先一定要把详细的实现过程弄清楚。一旦过程设计清楚了,代码的实现轻而易举。

4.1.2 面向对象

讨论完面向过程,我们再来认识面向对象。所谓的面向对象,就是在编程时尽可能地去模拟真实的现实世界，按照现实世界中的逻辑去处理问题，分析问题中有哪些实体，这些实体应该有什么属性和方法，我们如何通过调用这些实体的属性和方法去解决问题。

现实世界中，任何一个操作或者业务逻辑的实现都需要一个实体来完成，也就是说，实体就是动作的支配者，没有实体，就没有动作发生！

现在让我们思考一下，上述装大象的每一个步骤的动词为开门、装进、关门，有动词就一定有实现这个动作的实体。

所谓的模拟现实世界，就是使计算机的编程语言在解决相关业务逻辑的方式时，与真实的业务逻辑的发生保持一致，需要使每一个动作的背后都有一个完成这个动作的实体。

因为任何功能的实现都依赖一个具体的实体，可以看作是一个又一个的实体在发挥其各自的“能力”，并在内部进行协调有序的调用过程。

当采用面向对象的思想解决问题时，可分为下面几步来完成。

(1) 分析各个动作是由哪些实体发出的。

(2) 定义这些实体，为其增加相应的属性和功能。

(3) 让实体去执行相应的功能或动作。

采用面向对象的思想，解决上面的装大象问题，步骤如下。

第一步，分析各个动作是由哪些实体发出的，即开冰箱门、把大象装进冰箱(或者大象走进冰箱)、关冰箱门。于是，在整个过程中，一共有两个实体：冰箱和大象。在现实中的一个具体的实体，就是计算机编程中的一个对象。第二步，定义这些实体，为其增加相应的属性和功能。属性就是实体在现实世界中的一些特征表现，如大象的属性包括品种、性别、身高、体重等；冰箱的属性包括品牌、价格、颜色、尺寸、生产厂家等。功能是指能完成的动作，在面向对象的术语中，动作称为方法或者函数，如大象的动作(功能)包括吃饭、睡觉、走、跑等；冰箱的动作(功能)包括开门、关门、调温、装东西等。第三步，让实体去执行相应的功能或动作，即执行开冰箱门、冰箱装入大象(或者大象走进冰箱)和关冰箱门。

所以面向过程主要是针对功能，而面向对象主要是针对能够实现该功能的背后的实体。面向对象实质上就是面向实体，所以当我们使用面向对象进行编程时，一定要建立这样一个观念：万物皆对象！

4.1.3 面向过程和面向对象的比较

明白了面向过程和面向对象之后，会明显感觉两者之间有很大的区别。面向过程简单直接，易于入门理解，模块化程度较低；而面向对象相对较为复杂，不易理解，模块化程度较高。两者之间的不同可总结为以下 3 点：

(1) 两者都可以实现代码重用和模块化编程，但是面向对象的模块化更深入，数据更封闭，也更安全，因为面向对象的封装性更强；

(2) 面向对象的思维方式更加贴近现实生活，更容易解决大型的、复杂的业务逻辑；

(3) 从前期开发角度来看，面向对象远比面向过程复杂；但是从维护和扩展功能的角度来看，面向对象远比面向过程简单。

选择面向对象还是面向过程，对一个有着丰富开发经验的程序员来说很容易。而对一个新手而言，其实从两者的对比就可以看出，当业务逻辑比较简单时，使用面向过程能更快地实现；但是当业务逻辑比较复杂时，为了方便将来的维护和扩展，还是应该选择面向对象。

4.2 类与对象

Java是面向对象的语言,Java语言提供了定义类、成员变量、方法等最基本的功能。类本质上是一种自定义的数据类型,可以使用类来定义变量,所有使用类定义的变量都是引用变量,它们将会引用到类的对象。类用于描述客观世界里某一类对象的共同特征,而对象则是类的具体存在,类是Java的基础,可以通过类创建对象,Java程序就是由各种相互交互的类和对象组成。

4.2.1 定义类

Java语言里定义类的语法格式如下:

```
[修饰符] class 类名 [extends 父类名] [implements 接口列表]
{
  属性
  方法
}
```

类的声明包括类头和类体两部分。

(1) 类头确定类名、访问权限和与其他类的继承关系。其中,class是声明类的关键字;extends表示该类继承自哪个父类;implements表示该类实现了哪些接口;修饰符分访问控制修饰符和非访问控制修饰符,说明类的访问权限,是否为抽象类(abstract)或最终类(final)。

(2) 类体中定义类的属性及方法,属性是用来记录该类特征值的变量,方法是用来定义该类可以执行的操作的函数。

例4.1 定义一个Person类。

```
public class Person
{
  String personID;
  String personName;
  int personAge;
  public void showPersonInfo(){
    System.out.println("身份证号:"+personID+" 姓名:"+personName+" 年龄:"+personAge);
  }
}
```

说明:

(1) 定义了一个类,类名为Person,定义的类可以理解为一个新的数据类型。

(2) 在Person类中定义了名称为personID的属性和personName的属性,以及名称为showPersonInfo()的方法。

注意: 类名的命名首字母大写,如果一个类由多个单词构成,那么每个单词的首字母都大写,而且中间不使用任何连接符。

属性名和方法名首单词全部小写,如果一个方法由多个单词构成,那么从第二个单词开始首字母大写,不使用连接符。如personName、showPersonInfo。

4.2.2 定义属性

定义属性的语法格式如下:

```
[修饰符] 属性类型 属性名 [=默认值]
```

(1) 修饰符。修饰符可以省略，也可以是 public、protected、private、static、final，其中 public、protected、private 只能出现其中 1 个，可以与 static、final 组合起来修饰属性。

(2) 属性类型。属性类型可以是 Java 语言允许的任何数据类型，包括基本类型和引用类型。

(3) 属性名。从语法角度来说，只要是一个合法的标识符都可为属性名；如果从程序可读性角度来看，属性名应该由一个或多个有意义的单词组成，第一个单词首字母小写，后面每个单词首字母大写，其他字母全部小写，单词与单词之间不需使用任何分隔符。

(4) 默认值。定义属性还可以定义一个可选的默认值。

提示：属性是一种比较传统、也比较符合汉语习惯的说法，在 Java 的官方说法里，属性被称为 field，因此有的书中也把属性翻译为字段。

4.2.3 定义方法

方法是完成特定功能的、相对独立的程序段，与其他编程语言中的子程序、函数等概念相同。方法一旦定义，就可以在不同的程序段中多次调用，因此方法可以增强程序结构的清晰度，提高编程效率。

Java 定义方法的语法格式如下：

```
[修饰符] 方法返回值类型 方法名([形参列表])
{
  //由零条到多条可执行语句组成的方法体
}
```

(1) 方法声明包括方法头和方法体两部分。其中方法头确定方法的访问权限、调用该方法返回的数据类型、方法名称以及形式参数的类型、名称及数量。方法体由大括号中的零条或多条语句组成，这些语句实现方法的功能。

(2) 修饰符可以省略，也可以是 public、protected、private、static、final、abstract，其中 public、protected、private 最多只能出现 1 个，static、final、abstract 修饰的方法在第五章类的继承中会详细介绍。

(3) 返回值类型反映方法完成其功能后返回的运算结果的数据类型。如果方法不需要返回值，则使用 void 关键字声明。

(4) 对于有返回值的方法，其方法体中至少有 1 条 return 语句，格式为

```
return 表达式;
```

当调用该方法时，方法的返回值就是 return 后面的表达式。return 返回值的类型必须与方法声明的返回值类型一致。

(5) 方法名称命名规则与属性命名规则一致，注意不要与 Java 中的关键字重名。

(6) 参数列表指定在调用该方法时，应该传递的参数的个数和数据类型。参数表中可以包含多个参数，参数之间用逗号隔开。方法也可以没有参数，称为无参方法。

(7) 方法定义不能嵌套，即不能在一个方法中声明另外一个方法。

4.2.4 对象的创建及使用

定义了类后就可以创建类的对象，也叫实例化对象。对象的创建分为两步，第 1 步是对象

的声明,第2步是对象的实例化。

创建对象一般语法如下:

```
类名 对象名=new 对象名();
```

如:

```
Person p = new Person();
```

该语句计算机分两步执行。

(1) Person p;声明一个Person类型的对象,对象名为p。

(2) P=new Person();使用new运算符实例化Person类的对象p,并为其属性分配内存空间,Person()是一个和类名同名的方法,称为构造方法。

说明:

(1) Person p表示定义Person类的对象p,大家可以类比int i,本质上都是声明变量的指令,只不过Person是自定义的一个类型。变量p和i的不同之处在于p是引用类型的变量,该变量本身不存储数据,只存储内存的首地址,该内存才是真正存储对象数据的内存空间。

(2) P=new Person()表示对p对象实例化,实例化的过程就是为对象p的personID和personName两个属性分配内存。

类中定义的属性和方法,一般情况下只有创建了该类的对象后,该对象才可以使用类中定义的属性及方法,就像木匠能做家具,木匠是一个抽象的集合概念,我们要做家具,必须找一个是木匠的人,比如张三是木匠,那么张三就能做家具,找到张三就是木匠的对象实例化。

Java中对象调用属性和方法使用运算符“.”。

例4.2 创建Person类对象。

```
public class Demo
{
  public static void main(String [] args)
  {
    Person p = new Perosn();                 //声明并实例化 Person 类型的对象 p
    p.personID="123456789";                  //p 对象调用 personID 属性并赋值 12345678
    p.personName="李强";                      //p 调用 personName 属性并赋值李强
    p.personAge=19;                          //p 调用 personAge 属性并赋值 19
    p.showPersonInfo();                      //p 调用 showPersonInfo 方法
  }
}
```

运行结果为

```
身份证号:123456789 姓名:李强 年龄:19
```

4.3 构造方法与对象的初始化

4.3.1 类的构造方法

前面介绍了如何创建一个类,以及如何创建该类的对象,在创建对象的时候,使用new #类名()的形式实例化对象,如new Person()。这里的Person()按调用形式是一个方法,可是方法的名称命名很特殊,是和类名同名,同时注意到,这个方法在Person类中并没有定义,那么,这个特殊的方法是哪里来的呢?

在 java 类的定义中,有一种特殊的方法,方法名和类名同名且无返回值类型,这种方法叫构造方法,构造方法必须满足以下语法规则:

(1) 方法名必须与类名相同;

(2) 不需要声明返回类型。

如果在类中没有显式的定义构造方法,系统会提供一个默认形式的构造方法,该默认构造方法没有形参列表,方法体中没有指令代码。形式如下:

```
public Person(){}
```

注意:*构造方法不需要声明返回值类型,即使是 void 也不行,如果写成 public void Person(){},那么该方法只能作为普通的实例方法,不能成为构造方法。*

我们也可以自己定义类的构造方法,这样系统就不再提供默认的构造方法。

例 4.3　Person 类自定义构造方法。

```
public class Person
{
  String personID;
  String personName;
  int personage;
  public Person(Sting id,String name,int age)
  {
    personID=id;
    personName=name;
    personAge=age;
  }
  public void showPersonInfo(){
    System.out.println("身份证号:"+personID+" 姓名:"+personName+" 年龄:"+personAge);
  }
}
```

这里定义了带有 3 个形式参数的构造方法 person(String id,String name,int age),那么在创建 Person 类的对象时,就不能再使用

```
Person p = new Person();
```

而是要用自定义的构造方法

```
Person p = new Person("123456789","李强",19);
```

一个类中可以声明多个构造方法,各个构造方法的参数不允许相同,这样,在使用 new 运算符实例化对象时,系统会根据参数匹配原则调用相应的构造方法。

4.3.2　对象的初始化过程

Java 中,对象的初始化过程包括默认初始化、显式初始化以及构造方法中的初始化。当一个对象被实例化时,对象的属性值先被系统进行默认初始化,如果属性在类文件中被赋予初值,则系统再进行显式初始化,如果构造方法中对属性又进行了赋值,系统最后再进行赋值初始化。属性的默认初始化根据类型不同,被赋予不同的初始值,规则见表 4.1。

表 4.1 默认初始化

属性类型	默认值
整型	0
浮点型	0.0
布尔型	False
字符型	\u0000
引用类型	null

以 Person 类为例,看一看对象的创建及初始化过程。

例 4.4 改写 Person 类。

```
public class Person
{
  private String personName = "张三";
  private int personAge = 23;
  public Person()
  {
    personName = "李四";
    personAge = 24;
  }
  public void showPersonInfo()
  {
    System.out.println(" 姓名:"+personName+" 年龄:"+personAge);
  }
}
public class PersonDemo
{
  public static void main(String[] args)
  {
    Person p = new Person();
    p. showPersonInfo ();
  }
}
```

Java 把内存分成栈内存和堆内存两种,在函数中定义的一些基本类型的变量和对象的引用变量都是在函数的栈内存中分配。当在一段代码中定义一个变量时,Java 就在栈中为这个变量分配内存空间,当超过变量的作用域后,Java 会自动释放为该变量分配的内存空间,该内存空间可以立刻被另作他用。

堆内存用于存放由 new 创建的对象和数组。在堆中分配的内存由 Java 虚拟机自动垃圾回收器来管理。在堆中产生了一个数组或者对象后,还可以在栈中定义一个特殊的变量,这个变量的取值等于数组或者对象在堆内存中的首地址,在栈中的这个特殊的变量就变成了数组或者对象的引用变量,以后就可以在程序中使用栈内存中的引用变量来访问堆中的数组或者对象。引用变量相当于为数组或者对象起的一个别名。

引用变量是普通变量,定义时在栈中分配内存,引用变量在程序运行到作用域外时释放。而数组和类的对象本身在堆中分配,即使程序运行到使用 new 产生数组和对象的语句所在的代码块之外,数组和对象本身占用的堆内存也不会被释放,数组和对象在没有引用变量指向它的时候,变成垃圾,不能再被使用,但是仍然占着内存,在随后的一个不确定的时间被垃圾回收器释放掉,这也是 java 比较占内存的主要原因。实际上,栈中的变量指向堆内存中的变量即为 Java 中的指针。

对于 PersonDemo 这个程序,计算机是如何进行内存分配并初始化的呢?

首先,PersonDemo 运行时,计算机先在栈内存中为 main 方法分配空间,如图 4.1 所示。

然后执行"Person p=new Person()"命令。

(1) 在创建对象 p 时,使用 new 开辟堆内存空间,对属性 personName 和 personAge 进行默认初始化,如图 4.2 所示。

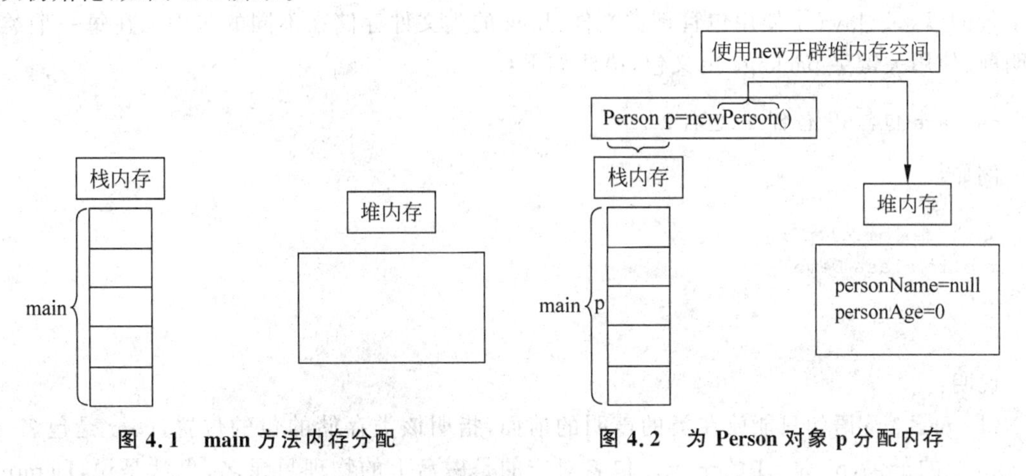

图 4.1 main 方法内存分配　　图 4.2 为 Person 对象 p 分配内存

(2) 根据 Person 类中的属性声明,进行显式初始化,如图 4.3 所示。

```
private String personName = "张三";
private int personAge = 23;
```

(3) 执行构造方法中的赋值语句,并把堆内存的首地址赋值给 p 变量,如图 4.4 所示。

```
personName = "李四";
personAge = 24;
```

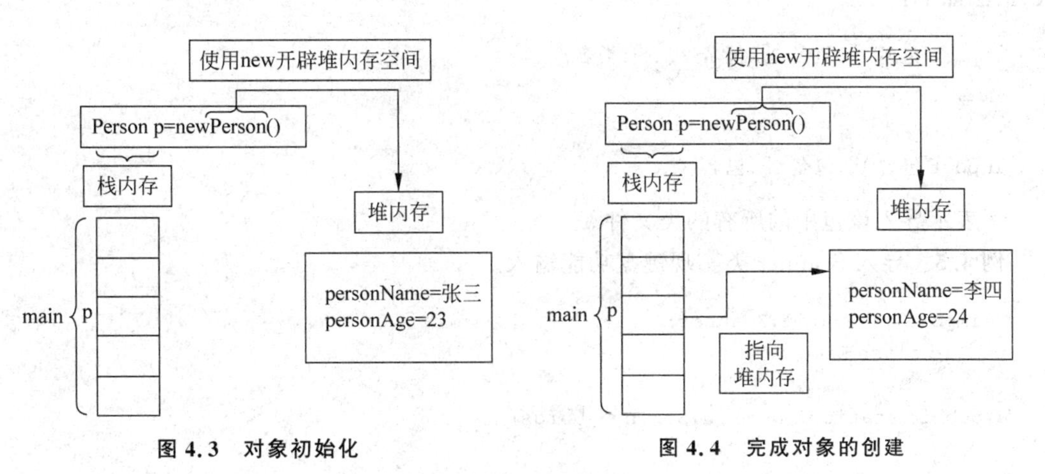

图 4.3 对象初始化　　图 4.4 完成对象的创建

至此,对象 p 创建完成,p 变量中存储的是堆内存地址,该地址表示内存区域存储对象的属性数据。

4.4 包

4.4.1 包的概念

在程序开发过程中，一个系统工程需要编写成百上千个类文件，这些类文件由不同的程序员编写，在定义类名时，不可避免地会出现重名的现象，为了解决文件重名的问题，Java 中引入了包的概念。Java 中使用包管理类文件，Java 的类文件存储在不同的包中。在每一个类的声明前，使用关键字 package 定义包，语法如下：

```
package 包名 1[.包名 2[.包名 3...]]
```

例如：

```
package com.p1.p2;
public class Demo{
  //...
}
```

说明：

(1) package 语句只能放在类的声明的前面，指明该类存储的包的位置，com 是包名，p1 是 com 包的子包，p2 是 p1 的子包。包名对应的是磁盘上的物理目录名，也就是说，Demo 这个类文件存放在 com 文件夹下的 p1 文件夹下的 p2 文件夹中。

(2) 一个类文件只能有一个 package 语句。

(3) 包名的命名全部为小写字母。

4.4.2 使用其他包中的类

在程序开发过程中，如果要使用一个包中的类，需要在当前环境中使用 import 关键字导入，语法如下：

```
import 包名 1[.包名 2[.包名 3...]].类名;
```

或者

```
import 包名 1[.包名 2[.包名 3...]].*;
```

* 表示导入该包中的所有的类文件。

例 4.5 导入 Scanner 类实现键盘功能输入。

```
//import java.util.Scanner;
public class Demo
{
  public static void main(String [] args)
  {
    Scanner input = new Scanner(System.in);
    String s = input.next();
    System.out.println("输入的是："+s);
  }
}
```

这里使用了 java. util 包中的 Scanner 类，如果不导入该类，编译时程序会因为找不到 Scanner 的类文件出错，错误信息如图 4.5 所示。

```
Demo.java:4: 错误: 找不到符号
            Scanner input = new Scanner(System.in);
            ^
  符号:   类 Scanner
  位置: 类 Demo
```

图 4.5 未导入 Scanner 的运行结果

4.4.3 Java 系统包

我们可以把自己设计的类用包进行管理，供自己或他人使用。Java 官方也提供了很多类供我们开发时使用，称为类库，也叫 javaAPI(应用程序接口)。Java 官方将功能相关的类组织在一个包中，方便程序员使用。常用的包有以下几种。

(1) java. lang 包。该包提供了 Java 语言进行程序设计的基础类，它是默认导入的包。该包里面的 Runnable 接口和 Object、Math、String、StringBuffer、System、Thread 以及 Throwable 类需要重点掌握，因为它们应用很广。

(2) java. util 包。该包提供了包含集合框架、遗留的集合类、事件模型、日期和时间实施、国际化和各种实用工具类(字符串标记生成器、随机数生成器和位数组)。

(3) java. io 包。该包通过文件系统、数据流和序列化提供系统的输入与输出。

(4) java. net。该包提供实现网络应用与开发的类。

(5) java. sql 包。该包提供了使用 Java 语言访问并处理存储在数据源(通常是一个关系型数据库)中的数据 API。

(6) java. text 包。提供了与自然语言无关的方式来处理文本、日期、数字和消息的类和接口。

(7) java. awt 包和 javax. swing 包。这两个包提供了 GUI 设计与开发的类。java. awt 包提供了创建界面和绘制图形图像的所有类，而 javax. swing 包提供了一组“轻量级”的组件，尽量让这些组件在所有平台上的工作方式相同。

关于上述这些包结构，除了 java. lang 包是自动导入外，其余的包都需要使用 import 语句导入，才能使用其包里面的类与接口。若想深入了解，请仔细阅读 JDK API 文档，同时多使用这些包里的类与接口来解决问题和满足需求。

4.5 类的封装

封装是面向对象的核心特征之一，它提供了一种信息隐藏技术。类的封装包含两层含义：①将数据和对数据的操作组合起来构成类，类是一个不可分割的独立单位；②类中既要提供与外部联系的接口，又要尽可能隐藏类的实现细节。封装性为软件提供了一种模块化的设计机制，设计者提供标准化的类模块，使用者根据实际需求选择所需的类模块，通过组装模块实现大型软件系统。各模块之间通过接口衔接和协同工作。

类的设计者和使用者考虑问题的角度不同，设计者需要考虑如何定义类中的成员变量和方法，如何设置其访问权限等问题。类的使用者只需要知道有哪些类可以选择，每个类有哪些功能,每个类中有哪些可以访问的成员变量和成员方法等,而不需要考虑其实现的细节。

4.5.1 类成员访问权限

Java 中有 4 种访问权限,private、default(一般省略)、public 和 protected。

private 是 Java 语言中对访问权限限制得最窄的修饰符,一般称为"私有的"。被其修饰的属性以及方法只能被该类的对象访问,其子类不能访问,更不允许跨包访问。

default 不加任何访问修饰符,通常称为"默认访问权限"或者"包访问权限"。该模式下,只允许在同一个包中进行访问。

protected 是介于 public 和 private 之间的一种访问修饰符,一般称为"保护访问权限"。被其修饰的属性以及方法只能被类本身的方法及子类访问,即使子类在不同的包中也可以访问。

public 是 Java 语言中访问限制最宽的修饰符,一般称之为"公共的"。被其修饰的类、属性以及方法不仅可以跨类访问,而且允许跨包访问。

这里需要注意的是,所谓的访问可以分为两种方式:①通过对象实例访问;②直接访问。比如,某父类 protected 权限的成员,子类是可以直接访问的,也就是说子类其实继承了父类除 private 成员外的所有成员,包括 protected 成员,所以与其说是子类访问了父类的 protected 成员,不如说子类访问了自己从父类继承的 protected 成员。另一方面,如果该子类与父类不在同一个包里,那么通过父类的对象实例不能访问父类的 protected 成员。

4 种访问权限修饰符的对比如表 4.2 所示。

表 4.2 4 种访问权限修饰符的对比

权限	同一类中	同一包中	子类中	所有
private	√	×	×	×
default	√	√	×	×
protected	√	√	√	×
public	√	√	√	√

新建两个类 Aclass 和 Bclass,是同一包中的类。

Aclass 类的定义如下,定义在包 test1 中,有 4 个成员变量,权限分别为 private、default、protected、public。4 个成员方法,权限分别为 private、default、protected、public。

例 4.6 定义示例程序 Aclass。

```
package test1;
public class Aclass
{
  private int a1=10;
  int a2=20;
  protected int a3=30;
  public int a4=40;
  private void showA1()
  {
    System.out.println(a1);
  }
  void showA2()
```

```
    {
      System.out.println(a2);
    }
    protected void showA3()
    {
      System.out.println(a3);
    }
    public void showA4()
    {
      System.out.println(a4);
    }
}
```

Bclass 类定义如下，它和 Aclass 类同属于 test1 包，定义了一个成员方法 show()，该方法可以通过两种方法对 Aclass 类的所有成员进行访问，①通过实例化一个 Aclass 类对象 aa 对成员变量及方法进行访问；②直接访问 Aclass 中的成员。通过 IDE 的自动检测报错可以看出，Bclass 类不能直接访问 Aclass 类的成员，但通过对象的方法可以访问 default 权限以下(default、protected、public)的成员。

例 4.7 定义示例程序 Bclass。

```
package test1;
public class Bclass
{
  public void show()
  {
    Aclass aa = new Aclass();
    //----对方法的访问---
    aa.showA1(); //showA1 的修饰符是 private,同一包中的其他类不能访问
    aa.showA2(); //showA2 的修饰符是 default,同一包中的其他类可以访问
    aa.showA3(); //showA3 的修饰符是 protected,同一包中其他类以及不同包中的子类都可以访问
    aa.showA4(); //showA4 的修饰符是 public,拥有公开访问权限,可以访问
    //-----对属性的访问----
    System.out.println(aa.a1);  //a1 的修饰符是 private,同一包中的其他类不能访问
    System.out.println(aa.a2);  //a2 的修饰符是 default,同一包中的其他类可以访问
    System.out.println(aa.a3);  //a3 的修饰符是 default,同一包中的其他类可以访问
    System.out.println(aa.a4);  //a4 的修饰符是 default,同一包中的其他类可以访问
  }
}
```

4.5.2 getter/setter 访问器

Java 中，通常会把定义的属性私有化，即使用 private 修饰属性，目的是限制属性的不合理操作。

试想，如果外部程序可以随意修改一个类的成员变量，会造成不可预料的程序错误，就像一个人的名字，不能被外部随意修改，只能通过各种给定的方法去修改这个属性。所以，将成员变量声明为 private，再通过 public 的方法对这个变量进行访问。

对一个变量一般都是读取和赋值操作，我们分别定义两个方法来实现这两种操作，一个是 getXxx()(Xxx 表示要访问的成员变量的名字)，用来获取这个成员变量；另外一个是 setXxx()，

用来修改这个成员变量。两种方法称为属性访问器。

例 4.8 程序中年龄 age 被设定为 private，那么该属性就不能在外部被直接使用，这样就防止了 age 属性被随意赋值。

```
public class Teacher
{
  private String name;
  private int age;
  public String getName()
  {
    return name;
  }
  public void setName(String name)
  {
    this.name = name;
  }
  public int getAge()
  {
    return name;
  }
  public void setAge(String age)
  {
    //对年龄赋值时，进行逻辑判断
    if(age<22)
    {
      System.out.println("年龄不符合，太小!");
    }
    else
    {
        this.age = age;
    }
  }
}
```

封装是面向对象三大特征中相对容易理解的，下面简单回顾一下封装的相关知识。

1. 封装的概念

封装就是将属性私有化，提供公有的方法访问私有的属性。

2. 实现封装的步骤

(1) 使用 private 关键字修改属性的可见性，限制外部方法对属性的访问。

(2) 为每个属性创建一对赋值方法和取值方法，即 set 和 get，用于对这些属性的访问。

(3) 在赋值和取值方法中，还可以加入对属性的存取限制。

3. 封装的好处

(1) 隐藏类的实现细节。

(2) 让使用者只能通过事先设定好的方法来访问数据，可以方便地加入控制方法，限制对属性的不合理操作。

(3) 便于修改,增强代码的可维护性。

(4) 提高代码的安全性和规范性。

(5) 使程序更加稳定和具有可拓展性。

习 题

(1) 类由________和________组成。

(2) 编写一个Java程序片段,定义一个表示学生的类Student,包括成员属性(学号、班级名、姓名、性别、年龄)和成员方法(获得学号、获得班级名、获得性别、修改年龄)。

(3) 简述包的作用。

第5章 类的继承

Chapter 5

实习学徒学习目标

(1) 理解继承,掌握继承的规则。

(2) 理解 this 和 super 的区别。

(3) 理解方法的重载及重写。

(4) 理解多态,掌握父类对象指向子类对象的用法。

5.1 继　　承

5.1.1 继承的概念

继承是Java面向对象编程技术的一块基石,因为它允许创建分等级层次的类。继承就是子类继承父类的特征和行为,使得子类对象(实例)具有父类的实例域和方法,或子类从父类继承方法,使得子类具有父类相同的行为。

生活中动物的继承关系如图5.1所示。从图5.1中可以看出,兔子和羊属于食草动物类,狮子和豹属于食肉动物类,而食草动物和食肉动物又均属于动物类。所以继承需要符合的关系是: is-a,父类更通用,子类更具体。虽然食草动物和食肉动物都属于动物,但是因为两者的属性和行为有差别,所以子类会具有父类的一般特性,也会具有自身的特性。

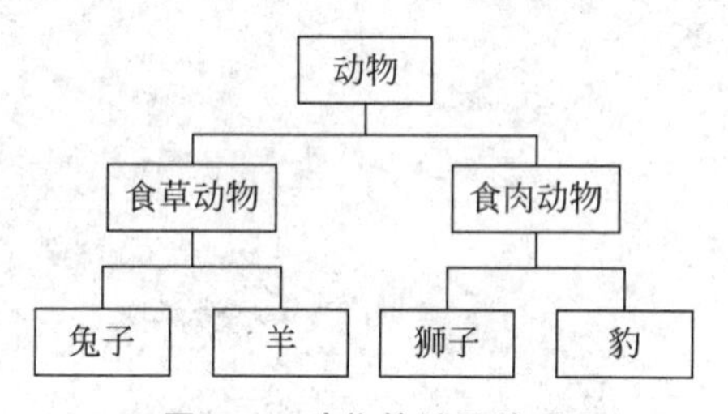

图5.1　动物的继承关系

在Java中通过extends关键字可以申明一个类是从另外一个类继承而来的,类的继承一般格式如下:

```
class 父类
{
}
class 子类 extends 父类
{
}
```

5.1.2 继承的作用

在面向对象的开发中,继承有什么作用?接下来通过实例进行说明。假设需要开发动物类,其中动物为企鹅和老鼠,要求和代码如下。

(1) 企鹅:属性(姓名,id),方法(吃,睡,自我介绍)。

```
public class Penguin
{
```

```
  private String name;
  private int id;
  public Penguin(String myName, int myid)
  {
    name = myName;
    id = myid;
  }
  public void eat()
  {
    System.out.println(name+"正在吃");
  }
  public void sleep()
  {
    System.out.println(name+"正在睡");
  }
  public void introduction()
  {
    System.out.println("大家好!我是"+ id + "号" + name + ".");
  }
}
```

(2) 老鼠：属性(姓名,id),方法(吃,睡,自我介绍)。

```
public class Mouse
{
  private String name;
  private int id;
  public Mouse(String myName, int myid)
  {
    name = myName;
    id = myid;
  }
  public void eat()
  {
    System.out.println(name+"正在吃");
  }
  public void sleep()
  {
    System.out.println(name+"正在睡");
  }
  public void introduction()
  {
    System.out.println("大家好!我是"+ id + "号" + name + ".");
  }
}
```

从这两段代码可以看出来,代码存在重复,导致代码量大且臃肿,而且维护性较差(维护性主要是后期需要修改时,需要修改很多代码,容易出错),所以要从根本解决这两段代码的问题,就需要继承,将两段代码中相同的部分提取出来组成一个父类。

提取公共父类代码如下。

```
public class Animal
```

```
{
  private String name;
  private int id;
  public Animal(String myName, int myid)
  {
    name = myName;
    id = myid;
  }
  public void eat()
  {
    System.out.println(name+"正在吃");
  }
  public void sleep()
  {
    System.out.println(name+"正在睡");
  }
  public void introduction()
  {
    System.out.println("大家好!我是"+ id + "号" + name + ".");
  }
}
```

这个 Animal 类可以作为一个父类，然后企鹅类和老鼠类继承这个类之后，就具有父类当中的属性和方法，子类就不会存在重复的代码，可维护性得到提高，代码也更加简洁，提高了代码的复用性(复用性是指可以多次使用，不用再多次写同样的代码)。

继承了父类的企鹅类的代码如下。

```
public class Penguin extends Animal
{
  public Penguin(String myName, int myid)
  {
    super(myName, myid);
  }
}
```

继承了父类的老鼠类的代码如下。

```
public class Mouse extends Animal
{
  public Mouse(String myName, int myid)
  {
    super(myName, myid);
  }
}
```

5.1.3 继承的特性

当一个类继承了父类，子类就拥有了父类中定义的属性和方法，所有的类都是继承于 java. lang. Object，当一个类没有显式的继承父类，则默认继承 Object(这个类在 java. lang 包中，所以不需要 import)祖先类。

1. 子类继承父类的成员变量

当子类继承了父类之后，便可以使用父类中的成员变量，但并不是完全继承父类的所有成员变量。具体的原则如下。

(1) 能够继承父类的 public 和 protected 成员变量，不能够继承父类的 private 成员变量。

(2) 对于父类的包访问权限成员变量，如果子类和父类在同一个包下，则子类能够继承；否则，子类不能够继承。

(3) 对于子类可以继承的父类成员变量，如果在子类中出现了同名称的成员变量，则会发生隐藏现象，即子类的成员变量会屏蔽父类的同名成员变量。如果要在子类中访问父类中同名成员变量，需要使用 super 关键字进行引用。

例 5.1 下例程序中，虽然类 B 继承了类 A，但因为 A 中的属性 i 是私有属性，所以 B 的对象不能对其进行访问操作。

```
class A
{
  private int I;
}
class B extends A
{
}
class Demo
{
  public static void main(String [] args)
  {
    B b = new B();
    b.i=3;                              //编译出错，对 i 没有访问权限
  }
}
```

运行结果如图 5.2 所示。

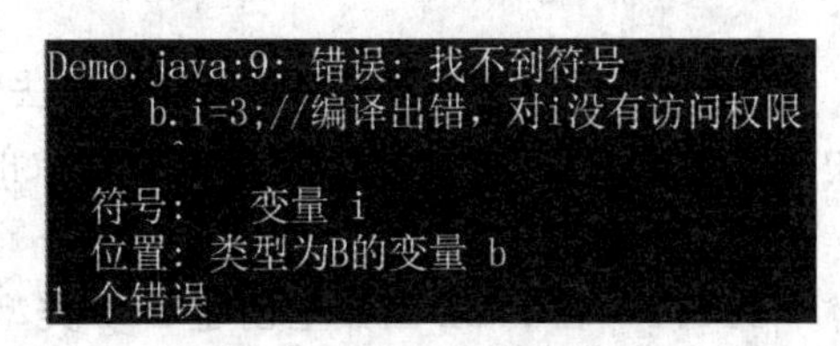

图 5.2 例 5.1 的运行结果

例 5.2 运行以下程序。

```
class A
{
  int i=100;
}
class B extends A
{
  int i;
  //int i=super.i;
}
class Demo
{
  public static void main(String [] args)
  {
    B b = new B();
    System.out.println(b.i);
  }
}
```

运行结果为

```
0
```

可以看到,例 5.2 的输出结果为 0。如果子类 i 想使用父类 i 的值,B 程序改写为

```
int i=super.i;
```

则运行结果为

```
100
```

2. 子类继承父类的方法

同样的,子类也并不是继承父类的所有方法。具体原则如下。

(1) 能够继承父类的 public 和 protected 成员方法,不能够继承父类的 private 成员方法。

(2) 对于父类的包访问权限成员方法,如果子类和父类在同一个包下,则子类能够继承;否则,子类不能够继承。

(3) 对于子类可以继承的父类成员方法,如果在子类中出现了同名称的成员方法,则称为覆盖,即子类的成员方法会覆盖父类的同名的成员方法。如果要在子类中访问父类中同名的成员方法,需要使用 super 关键字进行引用。

5.1.4 Object 类

在 Java 中,java.lang.Object 类是所有类的父类,如果一个类没有使用 extends 关键字明确标识继承另外一个类,那么这个类默认继承 Object 类,也就是说,所有类都是 Object 类的子类,都继承了 Object 类的方法和属性。

Object 类我们常用的有 toString()和 equals()两种方法。

1. toString()方法

在 Object 类里面定义 toString()方法时返回对象的哈希 code 码(对象地址字符串),子类中可以通过重写 toString()方法表示对象的属性。

我们看下面的例子。

例 5.3 在 main 函数里创建 Dog 类型对象。

```
public class Dog
{
  int age = 2;
  String name = "rose";
  public static void main(String[] args)
  {
    Dog dog = new Dog();
    System.out.println(dog);
  }
}
```

运行结果为

```
Dog@b9e45a
```

从结果我们可以看到输出的格式是：类名＋内存地址，以@为分割符，前面是对象的类型，后面是对象的哈希值。那么如果想要得到对象的属性 age 和 name，应该怎么做呢？很简单，改写父类的方法，相当于子类重写父类的方法，调用时优先调用子类的 toString()方法。

例 5.4 在 Dog 类里重写 toString()方法。

```
public class Dog
{
  int age = 2;
  String name = "rose";
  @Override
  public String toString()
  {
    return "Dog [age=" + age + ", name=" + name + "]";
  }
  public static void main(String[] args)
  {
    Dog dog = new Dog();
    System.out.println(dog);
  }
}
```

此时，继续执行 main 方法，运行结果如下：

```
Dog [age=2,name=rose]
```

2. equals()方法

一般情况下，比较两个对象是比较对象的引用是否指向同一内存地址，如果要比较它们的值是否一致，如何解决呢？思路也比较简单，重写 equals()方法。

在不重写的情况下，我们先看一下程序执行情况，创建两个相同类型的对象，并判断对象是否相等

例 5.5 equals()方法对引用数据的判断。

```
public class Dog
{
  int age = 2;
  String name = "rose";
  public static void main(String[] args)
  {
    Dog dog = new Dog();
    dog.name = "jack";
    Dog dog1 = new Dog();
    dog1.name = "jack";
    System.out.println(dog);
    System.out.println(dog1);
    if(dog.equals(dog1))
    {
      System.out.println("两个对象是相同的");
    }
    else
```

```
        {
          System.out.println("两个对象是不相同的");
        }
      }
    }
```

运行结果为

```
Dog@100363
Dog@14e8cee
两个对象是不相同的
```

说明：两个对象分别使用了一次 new 运算符，开辟了两个不同内存的空间，内存地址不同。Object 提供的 equals()用来比较对象的引用是否指向同一内存地址。很显然，内存地址不一样，所以是不相等的，跟属性值是否一样没有任何关系。

一般情况下，需要判断对象的属性值是否相等，那么如何重写 equals()方法呢？

例 5.6 重写 equals()方法来创建两个相同的对象。

```
public class Dog
{
  int age = 2;
  String name = "rose";
  @Override
  public boolean equals(Object obj)
  {
    //判断两个对象的引用是否相同，如果相同，说明就是同一个对象
    if (this == obj)
      return true;
    //如果比较对象为空，则不需要比较，两者肯定不相等
    if (obj == null)
      return false;
    //判断两个对象的类型是否相同，如果不同，则肯定不相等
    if (getClass() != obj.getClass())
      return false;
    //转化成相同类型后，判断属性值是否相同
    Dog other = (Dog) obj;
    if (name == null)
    {
      if (other.name != null)
        return false;
    }
    else if (!name.equals(other.name))
      return false;
    return true;
  }
  public static void main(String[] args)
  {
    Dog dog = new Dog();
    dog.name = "jack";
    Dog dog1 = new Dog();
    dog1.name = "jack";
    System.out.println(dog);
```

```
    System.out.println(dog1);
    if(dog.equals(dog1))
    {
      System.out.println("两个对象是相同的");
    }
    else
    {
      System.out.println("两个对象是不同的");
    }
  }
}
```

此时,继续执行 main 方法,运行结果为

```
Dog@100363
Dog@14e8cee
两个对象是相同的
```

此结果为我们想要的结果。

3. equals()和==的区别

(1) 在 Java 中,任何类型的数据都可以用"=="进行比较,一般用于基本数据类型的比较,比较器存储的值是否相等。若用于引用类型的比较,则是比较所指向对象的地址是否相等,这与 Object 类提供的 equals()方法的作用相同。

(2) 对于 equals()方法,首先它不能用于基本数据类型的变量之间的比较;如果没有对 equals()方法进行重写,则比较的是引用类型的变量所指向的对象的地址;诸如 String、Date 等类都对 equals()方法进行了重写,此时比较的是所指向对象的内容。

5.2 super/this 关键字

5.2.1 super 关键字

一般可以通过 super 关键字来实现对父类成员的访问,用来引用当前对象的父类。super 主要有以下两种用法。

(1) super.成员变量/super.成员方法;

(2) super(parameter1,parameter2...)。

第一种用法主要用来在子类中调用父类的同名成员变量或者方法;第二种主要用在子类的构造器中显示地调用父类的构造器,要注意的是,如果是用在子类构造器中,则必须是子类构造器的第一个语句。

例 5.7 运行代码并分析运行结果。

```
class A
{
  A()
  {
    System.out.println("in A");
  }
}
```

```
class B extends A
{
  B()
  {
    System.out.println("in B");
  }
}
class Demo
{
  public static void main(String [] args)
  {
    B b = new B();
  }
}
```

运行结果为

```
in A
in B
```

当子类的构造方法中没有显式地调用父类的构造方法，系统会在子类的构造方法的第一条语句处默认添加 super()语句，来调用父类中无参数的构造方法，相当于以下代码：

```
B()
{
  super();
  System.out.println("in B");
}
```

5.2.2 this 关键字

Super 是指代父类的关键字，而 this 关键字则指向自己的引用。this 关键字主要有以下 3 个应用。

（1）this 调用本类中的属性，也就是类中的成员变量；

（2）this 调用本类中的其他方法；

（3）this 调用本类中的其他构造方法，调用时要放在构造方法的首行。

例 5.8 this 的用法。

```
public class A
{
  int a;
  public A()
  {
    this(0);                          //调用本类其他构造方法 A(int a)，传参数 0
  }
  public A(int a)
  {
    this.a=a;
  }
  void m1()
  {
    int a=1;                          //这个 a 是方法 m1 中的局部变量
    this.a=2;                         //这个 a 是类 A 中的属性 a
```

```
    System.out.println("在方法 m1 中");
  }
  void m2()
  {
    m1();                        //在 m2 中调用 m1,相当于 this.m1();
  }
}
```

如例 5.8 所示程序中的构造方法 A(int a)中,有一个形参也叫 a,和属性 a 重名,在方法中将形式参数 a 的值传递给成员变量 a,虽然可以看明白这个代码的含义,但是作为 Java 编译器,它是怎么判断的呢?是将形式参数 a 的值传递给成员变量 a,还是反过来将成员变量 a 的值传递给形式参数 a 呢?此时 this 这个关键字就起到了作用。

this 关键字代表的就是调用该属性或方法的对象。语句"this. a=a"中 this 指代的就是当前创建的对象,将形式参数 a 的值传递给成员变量 a。而在方法 m2 中,"this. m1()"中 this 指代的是调用 m2 这个方法的对象,谁调用 m2,this 就指代谁。

5.3 方法的重载与重写

5.3.1 方法重载

方法重载(Overloading)指的是,如果有两个方法的方法名相同,但参数不一样,那么可以说一个方法是另一个方法的重载。方法重载必须名称一致,参数不同。对返回值类型和访问权限没有限制,可以相同也可以不同。方法名称相同时,编译器会根据调用方法的参数个数、参数类型等逐个匹配,以选择对应的方法,如果匹配失败,则编译器报错。

说明:

(1) 参数列表不同包括个数不同、类型不同和顺序不同。

(2) 仅仅参数变量名称不同是不可以的。

(3) 与成员方法一样,构造方法(构造器)也可以重载。

(4) 声明为 final 的方法不能被重载。

(5) 声明为 static 的方法不能被重载,但是能够被再次声明。

例如,以下定义的方法都是与方法 public void m(int a,int b)重载。

```
int m(float f)
private void m(int a, int b, int c)
public void m(String s)
```

以下方法不与方法 public void m(int a,int b)重载,两者参数相同。

```
public void m(int b, int a)
```

和普通方法一样,构造方法也能重载。

例 5.9 构造方法的重载。

```
public class Person
{
  int id;
  int age;
```

```
    public Person()
    {
      id=0;
      age=20;
    }
    //构造方法重载一
    public Person(int i)
    {
      id=i;
      age=20;
    }
    //构造方法重载二
    public Person(int i,int j)
    {
      id=i;
      age=j;
    }
}
```

5.3.2 方法重写

重写是子类对父类允许访问方法的实现过程进行重新编写,返回值和形参都不能改变,即外壳不变,核心重写。重写的好处在于子类可以根据需要,定义专属于自己的行为,也就是说子类能够根据需要实现父类的方法。

方法的重写规则有如下几条。

(1) 参数列表必须完全与被重写方法的列表相同。

(2) 返回类型必须完全与被重写方法的返回类型相同。

(3) 访问权限不能比父类中被重写的方法的访问权限更低。例如:如果父类的一个方法被声明为 public,那么在子类中重写该方法就不能声明为 protected。

(4) 声明为 final 的方法不能被重写。

(5) 声明为 static 的方法不能被重写,但是能够被再次声明。

(6) 重写的方法能够抛出任何非强制异常,无论被重写的方法是否抛出异常。但是,重写的方法不能抛出新的强制性异常,或者比被重写方法声明的更广泛的强制性异常,反之则可以。

(7) 构造方法不能被重写。

(8) 如果不能继承一个方法,则不能重写这个方法。

例 5.10 方法的重写。

```
class Animal
{
  public void move()
  {
    System.out.println("动物可以移动");
  }
}
class Dog extends Animal
{
  public void move()
  {
```

```
    System.out.println("狗可以跑和走");
  }
}
class Fish extends Animal
{
  public void move()
  {
    System.out.println("鱼可以游");
  }
}
public class TestDog
{
  public static void main(String args[])
  {
    Animal a = new Animal();                  // Animal 对象
    Animal b = new Dog();                     // Dog 对象
    Animal c = new Fish();                    // Fish 对象
    a.move();                                 // 执行 Animal 类的方法
    b.move();                                 //执行 Dog 类的方法
    c.move();                                 //执行 Fish 类的方法
  }
}
```

运行结果为

```
动物可以移动
狗可以跑和走
鱼可以游
```

5.4 多　　态

5.4.1 多态的概念

面向对象的三大特性：封装、继承、多态，从一定角度来看，封装和继承几乎都是为多态而准备的。这是非常重要的知识点。

多态是指允许不同类的对象对同一消息做出响应，即同一消息可以根据发送对象的不同而采用多种不同的行为方式（发送消息就是函数调用）。实现多态的技术称为动态绑定（dynamic binding），是指在执行期间判断所引用对象的实际类型，根据其实际的类型调用其相应的方法。其作用是为了消除类型之间的耦合关系。

现实中，关于多态的例子不胜枚举。如按下 F1 键这个动作，如果当前在 Flash 界面下弹出的就是 AS 3 的帮助文档；如果当前在 Word 下弹出的就是 Word 帮助；在 Windows 下弹出的就是 Windows 帮助和支持。同一个事件发生在不同的对象上会产生不同的结果。

多态存在的 3 个必要条件为：要有继承；要有重写；父类引用指向子类对象。

在面向对象编程中，多态的运用有以下好处。

(1) 可替换性（substitutability）。多态对已存在代码具有可替换性。例如，多态对圆 Circle 类工作，对其他任何圆形几何体，如圆环，也同样工作。

(2) 可扩充性（extensibility）。多态对代码具有可扩充性。增加新的子类不影响已存在类的多态性、继承性，以及其他特性的运行和操作。实际上新加子类更容易获得多态功能。例如，在实现了圆锥、半圆锥以及半球体的多态基础上，很容易增添球体类的多态性。

(3) 接口性(interface-ability)。多态是超类通过方法签名，向子类提供一个共同接口，由子类完善或者覆盖它而实现的。例如超类 Shape 规定了两个实现多态的接口方法，computeArea()以及 computeVolume()。子类，如 Circle 和 Sphere 为了实现多态，完善或者覆盖这两个接口方法。

(4) 灵活性(flexibility)。它在应用中体现了灵活多样的操作，提高了使用效率。

(5) 简化性(simplicity)。多态简化了对应用软件代码的编写和修改过程，尤其在处理大量对象的运算和操作时，这个特点尤为突出和重要。

5.4.2 多态的形式

在 Java 中，多态大致可以分为以下 3 种形式。

1. 普通类多态定义的格式

```
父类 变量名 = new 子类();
```

例如：

```
class Fu {}
class Zi extends Fu {}
//类的多态使用
Fu f = new Zi();
```

2. 抽象类多态定义的格式

例如：

```
abstract class Fu
{
  public abstract void method();
}
class Zi extends Fu
{
  public void method()
  {
    System.out.println("重写父类抽象方法");
  }
}
//类的多态使用
Fu fu= new Zi();
```

3. 接口多态定义的格式

例如：

```
interface Fu
{
```

```
  public abstract void method();
}
class Zi implements Fu
{
  public void method()
  {
    System.out.println("重写接口抽象方法");
  }
}
//接口的多态使用
Fu fu = new Zi();
```

当使用多态方式调用方法时，首先检查父类中是否有该方法，如果没有，则编译错误；如果有，再去调用子类的同名方法。

5.4.3 多态的转型

多态的转型分为向上转型和向下转型两种。

1. 向上转型

当有子类对象赋值给一个父类引用时，便是向上转型，多态本身就是向上转型的过程。
使用格式：

```
父类类型 变量名 = new 子类类型();
```

如：

```
Person p = new Student();
```

2. 向下转型

一个已经向上转型的子类对象可以使用强制类型转换的格式，将父类引用转为子类引用，这个过程是向下转型。如果是直接创建父类对象，是无法向下转型的。使用格式：

```
子类类型 变量名 = (子类类型) 父类类型的变量;
```

如：

```
Person p = new Student();
Student stu = (Student) p
```

当父类的引用指向子类对象时，就发生了向上转型，即把子类类型对象转换成了父类类型。向上转型的好处是隐藏了子类类型，提高了代码的可扩展性。但向上转型也有弊端，只能使用父类共性的内容，而无法使用子类特有功能，功能受到限制。

例 5.11 多态转型的程序示例。

```
//描述动物类,并抽取共性 eat 方法
abstract class Animal
{
  abstract void eat();
}
```

```
// 描述狗类,继承动物类,重写 eat 方法,增加 lookHome 方法
class Dog extends Animal
{
  void eat()
  {
    System.out.println("啃骨头");
  }
  void lookHome()
  {
    System.out.println("看家");
  }
}
// 描述猫类,继承动物类,重写 eat 方法,增加 catchMouse 方法
class Cat extends Animal
{
  void eat()
  {
    System.out.println("吃鱼");
  }
  void catchMouse()
  {
    System.out.println("抓老鼠");
  }
}
public class Test
{
  public static void main(String[] args)
  {
    Animal a = new Dog();          //多态形式,创建一个狗对象
    a.eat();                       // 调用对象中的方法,会执行狗类中的 eat 方法
    // a.lookHome();               //使用 Dog 类特有的方法,需要向下转型,不能直接使用
    //为了使用狗类的 lookHome 方法,需要向下转型
    //向下转型过程中,可能会发生类型转换的错误,即 ClassCastException 异常
    //那么,在转换之前需要做健壮性判断
    if( !a instanceof Dog){        // 判断当前对象是否是 Dog 类型
      System.out.println("类型不匹配,不能转换");
      return;
    }
    Dog d = (Dog) a;               //向下转型
    d.lookHome();                  //调用狗类的 lookHome 方法
  }
}
```

上述程序中,instanceof 是 Java 的一个二元操作符,类似于==、>、<等操作符,它是 Java 的保留关键字。instanceof 通过返回一个布尔值来指出,这个对象是否是这个特定类或者是它的子类的一个实例。它的格式为

```
boolean result= a instanceof ClassA
```

即判断对象 a 是否是类 ClassA 的实例,如果是,则返回 true,否则返回 false。

5.5 static 关键字

static 关键字的基本作用是方便在没有创建对象的情况下进行调用(方法/变量)。很显然,被 static 关键字修饰的方法或者变量不需要依赖对象进行访问,只要类被加载了,就可以通过类名进行访问。

static 可以用来修饰类的成员方法、类的成员变量,另外还可以编写 static 代码块来优化程序性能。

1. static 修饰变量

static 变量也称为静态变量,静态变量和非静态变量的区别是,静态变量被所有的对象共享,在内存中只有一个副本,它当且仅当在类初次加载时被初始化;非静态变量是对象所拥有的、在创建对象时被初始化,存在多个副本,各个对象拥有的副本互不影响。

例 5.12 不使用 static 修饰符定义总人口属性。

```
public class Person
{
  public String name;
  public int totalNum;          //表示人口总人数
  public Person(String name)
  {
    this.name=name;
    totalNum++;                 //每出生一个人,人口总数加 1
  }
  public void showNum()
  {
    System.out.println("总人口数为:"+totalNum);
  }
}
public class Demo
{
  pulbic static void main(){
    Person p1 = new Person("张三");
    p1.showNum();
    Person p2 = new Person("李四");
    p2.showNum();
  }
}
```

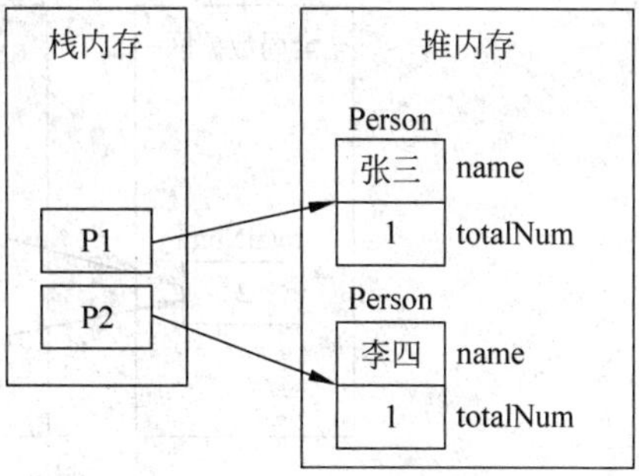

运行结果为

```
总人口数为:1
总人口数为:1
```

图 5.3 程序的内存分配

在例 5.12 中创建了两个 Person 对象,为什么总人口数还是 1 呢,我们来分析一下程序的内存分配,如图 5.3 所示。

由于此时 totalNum 是对象级别的成员变量,因此每个对象都独立拥有 totalNum 存储空间,下面我们改写一下程序。

例 5.13 使用 static 修饰符定义总人口属性。

```
public class Person
{
  public String name;
  public static int totalNum;  //表示人口总人数
  public Person(String name)
  {
    this.name=name;
    totalNum++;                  //每出生一个人,人口总数加 1
  }
  public void showNum()
  {
    System.out.println("总人口数为:"+totalNum);
  }
}
public class Demo
{
  pulbic static void main()
  {
    Person p1 = new Person("张三");
    p1.showNum();
    Person p2 = new Person("李四");
    p2.showNum();
  }
}
```

运行结果为

```
总人口数为:1
总人口数为:2
```

此时的内存分配如图 5.4 所示。从图 5.4 可以看出,一旦属性定义使用了 static,只要有一个对象修改了属性的内容,那么所有对象的 static 属性的内容都会一起进行修改。此时,totalNum 属性就成了一个公共属性。

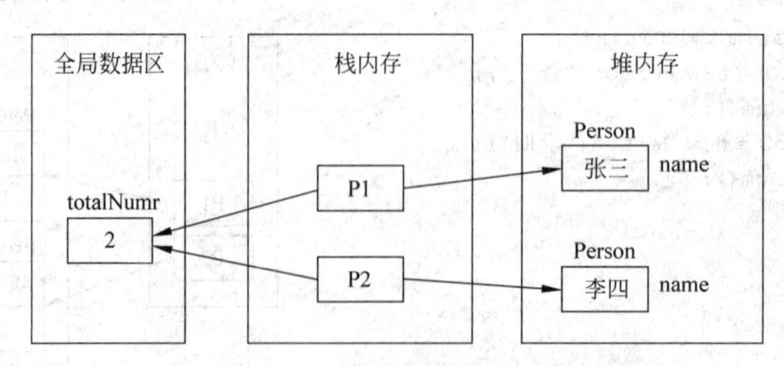

图 5.4 更改程序后的内存分配

2. static 修饰方法

static 方法一般称为静态方法,由于静态方法不依赖于任何对象就可以进行访问,因此对于静态方法来说,是没有 this 的。由于这个特性,在静态方法中不能访问类的非静态成员方法和非静态成员变量,因为非静态成员方法和非静态成员变量都必须依赖具体的对象才能够被调用。

但是要注意的是,虽然在静态方法中不能访问非静态成员方法和非静态成员变量,但是在非静态成员方法中是可以访问静态成员方法和静态成员变量的。

例 5.14 静态方法的使用。

```
public class Test
{
  private static String s1="hello";
  private String s2="world";
  public Demo(){}
  public void showInfo()
  {
    System.out.println(s1);   //非静态成员方法中是可以访问静态成员的
    System.out.println(s2);
  }
  public static void main(String [] args)
  {
    System.out.println(s1);
    System.out.println(s2);   //编译出错,静态方法中无法访问非静态成员
    showInfo();               //编译出错,静态方法中无法访问非静态成员
  }
}
```

而对于非静态成员方法,它访问静态成员方法和静态成员变量显然是毫无限制的。

因此,如果想在不创建对象的情况下调用某个方法,就可以将这个方法设置为 static。最常见的 static 方法就是 main 方法,至于为什么 main 方法必须是 static 的,现在就很清楚了,因为程序在执行 main 方法时没有创建任何对象,因此只有通过类名来访问。

3. static 代码块

static 关键字还有一个比较关键的作用就是用来形成静态代码块以优化程序性能。static 代码块可以置于类中的任何地方,类中可以有多个 static 代码块。在类初次被加载的时候,会按照 static 代码块的顺序来执行每个 static 代码块,并且只会执行一次。

static 块可以用来优化程序性能的原因是因为它的特性,它只会在类加载的时候执行一次。

例 5.15 不使用静态代码块。

```
class Person
{
  private Date birthDate;
  public Person(Date birthDate)
  {
    this.birthDate = birthDate;
  }
  boolean isBornBoomer()
  {
    Date startDate = Date.valueOf("1946");
    Date endDate = Date.valueOf("1964");
```

```
        return birthDate.compareTo(startDate)>=0 && birthDate.compareTo(endDate) < 0;
    }
}
```

isBornBoomer是用来判断这个人是否是1946—1964年出生的，而每次isBornBoomer被调用的时候，都会生成startDate和birthDate两个对象，造成了空间浪费，如果改成例5.16效率会更好。

例5.16 使用静态代码块。

```
class Person
{
  private Date birthDate;
  private static Date startDate,endDate;
  static
  {
    startDate = Date.valueOf("1946");
    endDate = Date.valueOf("1964");
  }
  public Person(Date birthDate)
  {
    this.birthDate = birthDate;
  }
  boolean isBornBoomer()
  {
    return birthDate.compareTo(startDate)>=0 && birthDate.compareTo(endDate) < 0;
  }
}
```

因此，很多时候会将一些只需要进行一次的初始化操作都放在static代码块中进行。

5.6 final关键字

final关键字是我们经常使用的关键字之一，它的主要用法有以下4种。

(1) 用来修饰数据，包括成员变量和局部变量，该变量只能被赋值一次且它的值无法被改变。对于成员变量来讲，我们必须在声明时或者构造方法中对它赋值。

(2) 用来修饰方法参数，表示在变量的生存期中它的值不能被改变。

(3) 修饰方法，表示该方法无法被重写。

(4) 修饰类，表示该类无法被继承。

final关键字声明类可以把类定义为不能继承的，即最终类；或者用于修饰方法，该方法不能被子类重写。

声明类的一般格式为

```
final class 类名 {
  //类体
}
```

声明方法的一般格式为

```
修饰符 final 返回值类型 方法名(){
```

```
  //方法体
}
```

注意：实例变量也可以被定义为 final,被定义为 final 的变量不能被修改。

习　题

(1) 什么是继承？继承的特性对面向对象编程有什么好处？

(2) 以下程序有关类 Demo 描述正确的是(　　)。

```
public class Demo extends Base
{
  private int count;
  public Demo()
  {
    System.out.println("in Demo()");
  }
  protected void addOne()
  {
    count++;
  }
}
```

A. 当创建一个 Demo 类的实例对象时,count 的值为 0

B. 当创建一个 Demo 类的实例对象时,count 的值不确定

C. 父类对象中可以包含改变 count 值的方法

D. Demo 类的子类对象可以访问 count

(3) 编写程序,为“学生”类派生出“大学生”和“研究生”两个类,其中“研究生”类再派生出“硕士生”和“博士生”两个子类。

第 6 章

抽象类接口

Chapter 6

实习学徒学习目标

(1) 掌握抽象类和接口的用法。

(2) 理解接口与多态的关系。

(3) 掌握面向接口编程。

6.1 抽 象 类

6.1.1 抽象类的概念

在面向对象的概念中,所有的对象都是通过类来描述的,但是反过来,并不是所有的类都是用来描述对象的,如果一个类中没有包含足够的信息来描述一个具体的对象,这样的类就是抽象类。

抽象类除了不能实例化对象之外,类的其他功能依然存在,成员变量、成员方法和构造方法的访问方式和普通类一样。由于抽象类不能实例化对象,所以抽象类必须被继承,才能被使用。也是因为这个原因,通常在设计阶段就要决定是否需要设计抽象类。

在 Java 中抽象类表示的是一种继承关系,一个类只能继承一个抽象类,而一个类却可以实现多个接口。

当设计一个 Java 类时,常常在该类中定义一些方法,这些方法用以描述该类的行为动作,这些方法都有具体的方法体。但是,在一些特殊情况下,某个父类只知道子类应该包含怎样的方法,但无法准确知道子类应该如何实现这些方法。比如前面定义的动物类 Animal,假设这个类有一个方法 sound,用来描述动物的叫声,那么在 Animal 类中,这个方法就无法具体描述出来,因为不同的动物叫声是不同的,甚至有些动物无法发声,因此,这个方法只能由 Animal 的子类根据子类特征完成 sound 方法的功能。那么问题来了,既然 Animal 类不知道如何实现 sound 方法的功能,为什么还要设计这个方法呢?其实,这样设计主要是利用多态的特性来提高程序的灵活性。假设有一个 Animal 类型的引用变量,该变量实际上引用的是 Animal 子类的实例,根据继承规则,如果 Animal 中没有 sound 方法,那么该 Animal 引用变量就无法调用 sound 方法,必须将其强制类型转换,转换为子类类型,才能调用 sound 方法,这就降低了程序的灵活性。

如何实现 Animal 类中有 sound 方法,又不用具体实现其功能呢?只需把 sound 方法定义为抽象方法就可以满足要求了,抽象方法是只有方法的声明,没有具体的实现方法。

6.1.2 抽象方法和抽象类的声明及应用

抽象方法和抽象类必须使用 abstract 修饰符来定义,有抽象方法的类必须被定义为抽象类,但抽象类中可以没有抽象方法。

抽象方法的声明语法如下:

```
[修饰符] abstract 返回值类型 方法名(参数列表);
```

说明:

(1) 抽象方法只需要给出方法头,不需要方法体,以分号";"结束。

(2) 构造方法不允许声明为抽象方法。

(3) 抽象方法必须为 public 或者 protected(因为如果为 private,则不能被子类继承,子类便无法实现该方法),默认情况下为 public。

抽象类的声明语法如下:

```
[修饰符] abstract class 类名
{
   方法体
}
```

说明:

(1) 抽象类可以包含普通方法,也可以不包含普通方法。

(2) 抽象类可以包含抽象方法,也可以不包含抽象方法。

(3) 如果一个类中有抽象方法,那么这个类必须是抽象类。

(4) 抽象类是不能实例化的。

(5) 抽象类的子类只有实现父类中所有的抽象方法,才可以实例化子类对象。

(6) 如果子类中有一个抽象方法,该子类也必须是抽象类。

注意: 抽象方法和空方法体的方法不是同一个概念。例如:

```
public abstract void test();              //这是一个抽象方法
public void test(){}                      //这是一个空方法体
```

例 6.1 定义一个类 Animal,其中 bark 方法声明为抽象方法。

```
public abstract class Animal
{
  //抽象类中可以有非抽象方法,也可以有成员变量
  private int a = 10;
  public abstract void bark();
  //如果没有此抽象方法,但是 class 前有 absract 修饰,也是抽象类,也不能实例化
  public void say()
  { //普通成员方法
    System.out.println("我是抽象类中的非抽象方法,此抽象类中的私有成员变量 a= " + a);
  }
  public int getA()
  {
    return a;
  }
  public void setA(int a)
  {
    this.a = a;
  }
}
```

```
public class Dog extends Animal
{
  public void bark()
  {//子类实现 Animal 的抽象方法
    System.out.println("汪汪~汪汪~");
    System.out.println("我是子类,不能直接调用父类的私有变量 a :(");
    System.out.println("我是子类,只有通过 super.getA()调用父类的私有变量 a:" + super.getA());
  }
}
public class Test
{
  public static void main(String[] args)
  {
    Dog dog = new Dog();
    dog.say();                                  //子类继承调用 Animal 的普通成员方法
    dog.bark();                                 //子类调用已经实现过的方法
  }
}
```

运行效果如图 6.1 所示。

```
我是抽象类中的非抽象方法，此抽象类中的私有成员变量a= 10
汪汪~汪汪~
我是子类，不能直接调用父类的私有变量a  ：（
我是子类，只有通过super.getA()调用父类的私有变量a：10
```

图 6.1 例 6.1 的运行结果

6.2 接　　口

6.2.1 接口的概念

在 IT 和互联网领域,这个词在不同场景下都会出现,比如"USB 接口""让后台给我提供一个接口,我直接调用这个接口""这里你设计一个接口,我来实现",分别对应于硬件场景、后台场景以及面向对象的程序设计场景,那么什么是接口呢,抽象地说,接口就是提供具体能力的一个标准和抽象。

接口可以提供一种别人可调用的能力的标准,比如你写一封简历找工作,这个简历就是你的接口,这个接口描述了你具备的能力,简历中有如下 3 点：①熟练使用 Java；②有 5 年项目经验；③具备非常强的协调能力。对外暴露了这个接口之后,招聘方看你具备这 3 项能力,聘用了你。领导说,项目需要经验丰富的工程师,那就是调用了你的第 2 项能力。这个例子表明,任何一个接口都是被定义为能力的集合。

那么,接口为什么是一个标准和抽象呢？大家都知道 USB 接口是一个国际标准,用来连接设备,这个国际标准定义了 USB 接口可以对手机进行充电、可以传输数据,并且定义了相应的电压和电流标准等。在市场上出售的 USB,有可能出自华硕、三星这样的大厂家,也有可能出自一个手工作坊,但是他们都遵从了这个国际标准。这说明：①接口的定义是一套标准和抽象的能力,在接口中只是声明出来,让别人去实现；②接口的标准确定以后,实现者可能是另外的完全不相关的实体。

接口的概念涵盖了以下三层意思：

(1) 接口定义了一组能力；

(2) 接口有定义者和实现者；

(3) 接口定义一般是抽象的，不包括具体的实现。

接口象征着提供出来的能力，定义者和实现者一般是不同的。如果程序员说，我需要定义一套接口，那么他的意思是在抽象一种能力集，保证调用者只需要知道这个能力并调用，不需要知道是如何实现的，而实现者不需要关心谁会调用，只需要把功能设计开发好。接口的这种思想，首先保证了大规模程序开发的可行性，通过接口的设计，一个系统被清晰地定义成了多种能力的集合，每一个开发者只关注自己的模块实现就好了，而调用者才负责完成整个程序的业务逻辑。

6.2.2 Java 的接口

接口在 Java 编程语言中是一个抽象类型，是抽象方法的集合，接口通常以 interface 来声明。一个类通过继承接口的方式，继承接口的抽象方法。接口并不是类，编写接口的方式和类很相似，但是它们属于不同的概念。类描述对象的属性和方法，接口则包含类要实现的方法。除非实现接口的类是抽象类，否则该类要定义接口中的所有方法。接口无法被实例化，但是可以被实现。一个实现接口的类，必须实现接口内所描述的所有方法，否则就必须声明为抽象类。另外，在 Java 中，接口类型可用来声明一个变量，他们可以成为一个空指针，或是被绑定在一个以此接口实现的对象上。

Java 中接口的声明语法格式如下：

```
[访问修饰符] interface 接口名称 [extends 其他的类名]
{
  // 声明变量
  // 抽象方法
}
```

接口中可以含有变量和方法。但是要注意，接口中的变量会被隐式地指定为 public static final 变量(并且只能是 public static final 变量，用 private 修饰会报编译错误)，而方法会被隐式地指定为 public abstract 方法，且只能是 public abstract 方法(用其他关键字，比如 private、protected、static、final 等修饰会报编译错误)，并且接口中所有的方法不能有具体的实现，也就是说，接口中的方法必须都是抽象方法。

从这里可以看出接口和抽象类的区别，接口是一种极度抽象的类型，它比抽象类更加“抽象”，并且一般情况下不在接口中定义变量。因此，如果一个类只由抽象方法和全局常量组成，那么这种情况下不会将其定义为一个抽象类，只会定义为一个接口，所以接口严格来讲属于一个特殊的类，而这个类里面只有抽象方法和全局常量。

例如，定义一个接口的程序如下。

```
interface A
{//定义一个接口
  public static final String MSG = "hello";            //全局常量
  public abstract void print();                        //抽象方法
}
```

6.2.3 接口的使用

由于接口里面存在抽象方法，所以接口对象不能直接使用关键字 new 进行实例化。接口的使用原则如下。

(1) 接口必须要有子类，但此时一个子类可以使用 implements 关键字实现多个接口。

(2) 接口的子类(如果不是抽象类)，那么必须要覆写接口中的全部抽象方法。

(3) 接口的对象可以利用子类对象的向上转型进行实例化。

例 6.2 定义接口 A 和 B，并定义子类 X 实现接口 A、B，父类变量指向子类对象。

```
interface A
{//定义一个接口 A
  public static final String MSG = "hello";       //全局常量
  public abstract void print();                   //抽象方法
}
interface B
{//定义一个接口 B
  public abstract void get();
}
class X implements A,B
{//X 类实现了 A 和 B 两个接口
  @Override
  public void print()
  {
    System.out.println("接口 A 的抽象方法 print()");
  }
  @Override
  public void get()
  {
    System.out.println("接口 B 的抽象方法 get()");
  }
}
public class TestDemo
{
  public static void main(String[] args)
  {
    X x = new X();                                //实例化子类对象
    A a = x;                                      //向上转型
    B b = x;                                      //向上转型
    a.print();
    b.get();
  }
}
```

运行结果为

```
接口 A 的抽象方法 print()
接口 B 的抽象方法 get()
```

例 6.2 中的程序实例化了 X 类的对象，由于 X 类是 A 和 B 的子类，那么 X 类的对象可以变为 A 接口或者 B 接口对象。我们把测试主类代码改一下。

例 6.3 声明为接口 A 的对象,通过强制类型转换为接口 B 的对象。

```
interface A
{//定义一个接口 A
  public static final String MSG = "hello";        //全局常量
  public abstract void print();                    //抽象方法
}
interface B
{//定义一个接口 B
  public abstract void get();
}
class X implements A,B
{//X 类实现了 A 和 B 两个接口
  @Override
  public void print()
  {
    System.out.println("接口 A 的抽象方法 print()");
  }
  @Override
  public void get()
  {
    System.out.println("接口 B 的抽象方法 get()");
  }
}
public class TestDemo
{
  public static void main(String[] args)
  {
    A a = new X();
    B b = (B) a;
    b.get();
  }
}
```

运行结果为

```
接口 B 的抽象方法 get()
```

我们再来做个验证。

例 6.4 对例 6.3 中的程序进行验证,接口 A 和接口 B 的对象实际上是同一对象,在内存中指向同一块内存区域。

```
interface A
{//定义一个接口 A
  public static final String MSG = "hello";        //全局常量
  public abstract void print();                    //抽象方法
}
interface B
{//定义一个接口 B
  public abstract void get();
}
```

```
class X implements A,B
{//X类实现了A和B两个接口
  @Override
  public void print()
  {
    System.out.println("接口A的抽象方法print()");
  }
  @Override
  public void get()
  {
    System.out.println("接口B的抽象方法get()");
  }
}
public class TestDemo
{
  public static void main(String[] args)
  {
    A a = new X();
    B b = (B) a;
    b.get();
    System.out.println(a instanceof A);
    System.out.println(a instanceof B);
  }
}
```

运行结果为

```
接口B的抽象方法get()
true
true
```

可以发现,从定义结构来讲,A和B两个接口没有任何直接联系,但这两个接口却拥有同一个子类。我们不要被类型和名称所迷惑,因为实例化的是X子类,而这个类对象属于B类的对象,所以以上代码可行,只不过从代码的编写规范来讲,并不是很好。

对于子类而言,除了实现接口外,还可以继承抽象类。若既要继承抽象类,又要实现接口,可使用以下语法格式:

```
class 子类 [extends 父类][implemetns 接口1,接口2,...] {}
```

例6.5 子类对接口及抽象类的同时实现。

```
interface A
{//定义一个接口A
  public static final String MSG = "hello";      //全局常量
  public abstract void print();                  //抽象方法
}
interface B{                                      //定义一个接口B
  public abstract void get();
}
abstract class C
{//定义一个抽象类C
  public abstract void change();
}
class X extends C implements A,B
{//X类继承C类,并实现了A和B两个接口
```

```
  @Override
  public void print()
  {
    System.out.println("接口 A 的抽象方法 print()");
  }
  @Override
  public void get()
  {
    System.out.println("接口 B 的抽象方法 get()");
  }
  @Override
  public void change()
  {
    System.out.println("抽象类 C 的抽象方法 change()");
  }
}
```

对于接口的组成只有抽象方法和全局常量,所以很多时候为了书写简单,可以不用写 public abstract 或者 public static final。并且,接口中的访问权限只有 public,即:定义接口方法和全局常量的时候就算没有写上 public,最终的访问权限也是 public,而不是 default。以下两种写法是完全等价的。

```
interface A
{
  public static final String MSG = "hello";
  public abstract void print();
}
```

等价于

```
interface A
{
  String MSG = "hello";
  void print();
}
```

但是,这样会不会带来什么问题呢?如果子类中的覆写方法也不是 public,我们来看下面的例子。

例 6.6 定义接口 X,采用默认形式定义抽象方法 print。

```
interface A
{
  String MSG = "hello";
  void print();
}
class X implements A
{
  void print()
  {
    System.out.println("接口 A 的抽象方法 print()");
  }
}
```

```
public class TestDemo
{
  public static void main(String[] args)
  {
    A a = new X();
    a.print();
  }
}
```

运行结果如图 6.2 所示。

```
TestDemo.java:6: 错误: X中的print()无法实现A中的print()
void print() {

  正在尝试分配更低的访问权限; 以前为public
1 个错误
```

图 6.2　例 6.6 的运行结果

这是因为接口中默认是 public 修饰,若子类中没用 public 修饰,则访问权限变严格了,给子类分配的是更低的访问权限。所以,在定义接口的时候必须在抽象方法前加上 public ,子类也加上,上例代码改写如下。

例 6.7　子类实现接口的抽象方法时,访问权限应为 public。

```
interface A
{
  String MSG = "hello";
  public void print();
}
class X implements A
{
  public void print()
  {
    System.out.println("接口 A 的抽象方法 print()");
  }
}
public class TestDemo
{
  public static void main(String[] args)
  {
    A a = new X();
    a.print();
  }
}
```

运行结果为

```
接口 A 的抽象方法 print()
```

在 Java 中,一个抽象类只能继承一个抽象类,但一个接口却可以使用 extends 关键字同时继承多个接口(注意接口不能继承抽象类)。

例 6.8　定义一个接口 C,继承接口 A 和接口 B。

```
interface A
```

```
{
  public void funA();
}
interface B
{
  public void funB();
}
//C 接口同时继承了 A 和 B 两个接口
interface C extends A,B
{//使用的是 extends
  public void funC();
}
class X implements C
{
  @Override
  public void funA() { }
  @Override
  public void funB() { }
  @Override
  public void funC() { }
}
```

由此可见,从继承关系来说接口的限制比抽象类少。

(1) 一个抽象类只能继承一个抽象父类,而接口可以继承多个接口。

(2) 一个子类只能继承一个抽象类,却可以实现多个接口(在 Java 中,接口的主要功能是解决单继承局限问题)。

从接口的概念上来讲,接口只能由抽象方法和全局常量组成,但是内部结构是不受概念限制的,正如抽象类中可以定义抽象内部类一样,在接口中也可以定义普通内部类、抽象内部类和内部接口(但从实际开发来讲,用户自己定义内部抽象类或内部接口比较少见)。

例 6.9 在接口 A 中声明抽象类 B。

```
interface A
{
  public void funA();
  abstract class B|
  {//定义一个抽象内部类
    public abstract void funB();
  }
}
```

在接口中如果使用 static 定义一个内接口,它表示一个外部接口。

例 6.10 在接口 A 中定义外部接口 B。

```
interface A
{
  public void funA();
  static interface B
  {//使用了 static,是一个外部接口
    public void funB();
  }
}
```

```
class X implements A.B
{
  @Override
  public void funB() { }
}
```

6.2.4 接口的实际应用

在日常的生活中,接口这一名词经常被提及,如USB接口、打印接口、充电接口等,如图6.3所示。

如果要进行开发,首先要开发出USB接口标准,然后设备厂商才可以设计出USB设备。

现在假设每一个USB设备只有两个功能:安装驱动程序和工作。

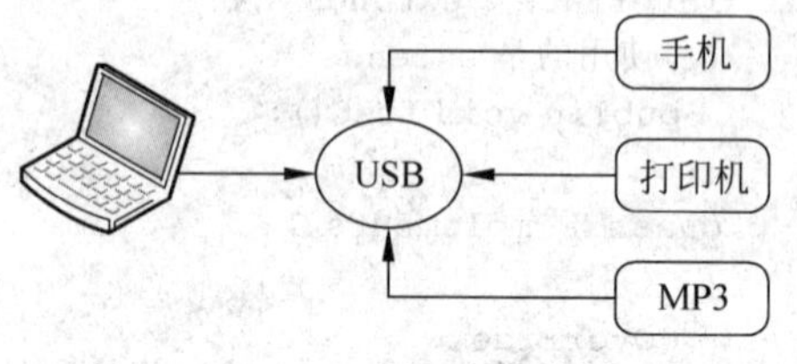

图6.3 USB接口示例

例6.11 模拟计算机USB接口功能设计。

```
//定义一个USB的标准
interface USB
{// 操作标准
  public void install() ;
  public void work() ;
}
//在计算机上应用此接口
class Computer
{
  public void plugin(USB usb)
  {
    usb.install() ;
    usb.work() ;
  }
}
//定义USB设备——手机
class Phone implements USB
{
  public void install()
  {
    System.out.println("安装手机驱动程序。") ;
  }
  public void work()
  {
    System.out.println("手机与计算机进行工作。") ;
  }
}
//定义USB设备——打印机
class Print implements USB
{
  public void install()
  {
    System.out.println("安装打印机驱动程序。") ;
  }
```

```
    public void work()
    {
      System.out.println("进行文件打印。");
    }
}
//定义 USB 设备——MP3
class MP3 implements USB
{
    public void install()
    {
      System.out.println("安装 MP3 驱动程序。");
    }
    public void work()
    {
      System.out.println("进行 MP3 复制。");
    }
}
//测试主类
public class TestDemo
{
    public static void main(String args[])
    {
      Computer c = new Computer();
      c.plugin(new Phone());
      c.plugin(new Print());
      c.plugin(new MP3());
    }
}
```

运行结果为

```
安装手机驱动程序。
手机与计算机进行工作。
安装打印机驱动程序。
进行文件打印。
安装 MP3 驱动程序。
进行 MP3 复制
```

可以看出，不管有多少个 USB 接口的子类，都可以在计算机上使用。

6.2.5 接口应用——简单工厂模式

简单工厂模式是属于类的创建型模式，又称为静态工厂方法(Static Factory Method)模式，但不属于 23 种 GOF 设计模式之一，它的实质是由一个工厂类根据传入的参数，动态决定应该创建哪一个产品类的实例。简单工厂模式是工厂模式家族中最简单实用的模式，作为工厂方法模式的一个引导，可以理解为是不同工厂模式的一个特殊实现。

例 6.12 是一个简单的计算机程序。

例 6.12 设计一个类，实现简单的四则运算。

```
import java.util.Scanner;
public class Demo
{
```

```
  public static void main(String[] args)
  {
    Scanner scan = new Scanner(System.in);
    System.out.println("请输入数字 A:");           //命名不规范
    double a = scan.nextDouble();
    System.out.println("请输入运算符号(+、-、*、/)");
    String b = scan.next();
    System.out.println("请输入数字 C:");
    double c = scan.nextDouble();
    double d = 0;
    if(b.equals("+"))//程序烦琐,这样写意味着每个条件都要经过判断才能执行
      d =a+c;
      if(b.equals("-"))
        d =a-c;
      if(b.equals("*"))
        d =a *c;;
      if(b.equals("/"))
        d =a/c;                    //如果除数为 0 就会报错
    System.out.println("结果是:" + D);
  }
}
```

代码如果这样写,虽然实现了功能,但是没有考虑到程序需求变化,没有考虑程序的扩展性、灵活性和复用性等,如果程序功能增加,需要实现开平方、求立方等功能,则需要在主程序中进行修改,这样会破坏已经写好的代码结构,不容易维护和扩展。

例 6.13 使用工厂模式重新设计程序。

```
import java.util.Scanner;
public class Demo
{
  public static void main(string[] args)
  {                                       //主函数中简单的调用
    Operation oper;
    oper =OperationFactory.createOperate("+");
    oper.numberA = 1;
    oper.numberB = 2;
    double result = oper.getResult();
    System.out.println(result);
  }
}
public interface Operation
{                                         //主类中 获取数字 A、B 和结果
    double numberA=0;
    double numberB = 0;
    double getResult();
}
class OperationAdd implements Operation
{                                         //加法
  public double getResult()
  {
    double result = 0;
    result= numberA+numberB ;
```

```
        return result ;
    }
}
class OperationSub implements Operation
{                                          //减法
    public double getResult()
    {
        double result = 0;
        result= numberA-numberB ;
        return result ;
    }
}
class OperationMul implements Operation
{                                          //乘法
    public double getResult()
    {
        double result = 0;
        result= numberA *numberB ;
        return result ;
    }
}
class OperationDiv implements Operation
{                                          //除法
    public double getResult()
    {
        double result = 0;
        if(numberB!=0)
        {
            result= numberA/numberB ;
        }
        return result ;
    }
}
public class OperationFactory
{                                          //创建一个工厂,用户输入符号,工厂就会判断怎么进行计算
    public static OperationcreateOperate(String operate)
    {
        Operation oper = null;
        switch (operate)
        {
            case "+":oper = new OperationAdd();break;
            case "-": oper = new OperationSub();break;
            case "*":oper = new OperationMul();break;
            case "/":oper = new OperationDiv();break;
        }
        return oper;
    }
}
```

例 6.13 就是一个简单的工厂模式的例子,在此模式下,程序耦合性降低了,如果想要添加算法,只需要增加相应的新的类和工厂中的一个分支即可,这样的代码更利于维护的扩展。

6.3 内 部 类

6.3.1 内部类的概念

内部类（Inner Class）就是定义在另外一个类里面的类。与之对应，包含内部类的类被称为外部类。

内部类的主要作用如下。

(1) 内部类提供了更好的封装，可以把内部类隐藏在外部类之内，不允许同一个包中的其他类访问该类。

(2) 内部类的方法可以直接访问外部类的所有数据，包括私有的数据。

(3) 内部类所实现的功能使用外部类同样可以实现，只是有时使用内部类更方便。

广泛意义上的内部类一般来说包括4种：成员内部类、局部内部类、匿名内部类和静态内部类。

6.3.2 成员内部类

成员内部类作为外部类的一个成员存在，与外部类的属性、方法并列。

成员内部类中不能定义静态变量，但可以访问外部类的所有成员。值得注意的是成员内部类编译成功后会生成的两个不同的类(.class)。

成员内部类的优点如下。

(1) 内部类作为外部类的成员，可以访问外部类的私有成员或属性。即使将外部类声明为 private，对于处于其内部的内部类还是可见的。

(2) 用内部类定义在外部类中不可访问的属性。这样就在外部类中实现了比外部类的 private 还要小的访问权限。

例 6.14 在类 Outer 中定义类 Inner。

```
public class Outer
{
  private static int i = 1;
  private int j=10;
  private int k=20;
  public static void outer_f1()
  {
    //do more something
    System.out.println("外部类成员方法 outer_f1");
  }
  public void outer_f2()
  {
    //do more something
    System.out.println("外部类成员方法 outer_f2");
  }
  //成员内部类
  class Inner
  {
    //static int inner_i =100;      //内部类中不允许定义静态变量
```

```
    int j=100;                        //内部类中外部类的实例变量可以共存
    int inner_i=1;
    void inner_f1()
    {
      //外部类的变量如果和内部类的变量没有同名的,
      //则可以直接用变量名访问外部类的变量
      System.out.println("外部类成员变量 i="+i);
      //在内部类中访问内部类自己的变量直接用变量名
      System.out.println("内部类成员变量 j="+j);
      //也可以在内部类中用"this.变量名"来访问内部类变量
      System.out.println("内部类成员变量 j="+this.j);
      //访问外部类中与内部类同名的实例变量可用"外部类名.this.变量名"
      System.out.println("外部类成员变量 j="+Outer.this.j);
      outer_f1();
      outer_f2();
    }
  }
  //外部类的非静态方法访问成员内部类
  public void outer_f3()
  {
    Inner inner = new Inner();
    inner.inner_f1();
  }
  //外部类的静态方法访问成员内部类,与在外部类外部访问成员内部类一样
  public static void outer_f4()
  {
    //step1 建立外部类对象
    Outer out = new Outer();
    //***step2 根据外部类对象建立内部类对象***
    Inner inner=out.new Inner();
    //step3 访问内部类的方法
    inner.inner_f1();
  }
  public static void main(String[] args)
  {
    outer_f4();
  }
}
```

运行结果为

```
外部类成员变量 i=1
内部类成员变量 j=100
内部类成员变量 j=100
外部类成员变量 j=10
外部类成员方法 outer_f1
外部类成员方法 outer_f2
```

注意：内部类是一个编译时的概念，一旦编译成功，就会成为完全不同的两类。对于一个名为 outer 的外部类和其内部定义的名为 inner 的内部类，编译完成后出现 Outer. class 和 Outer $ Inner. class 两类。

6.3.3 局部内部类

局部内部类是定义在一个方法或者一个作用域里面的类,它和成员内部类的区别在于局部内部类的访问仅限于方法内或者该作用域内。

例 6.15 在 getWoman()方法中定义内部类 Woman。

```
class People
{
  public People()
  {

  }
}
class Man
{
  public Man()
  {

  }
  public People getWoman()
  {
    class Woman extends People
    { //局部内部类
      int age =0;
    }
    return new Woman();
  }
}
```

注意: *局部内部类就像是方法里面的一个局部变量,是不能有 public、protected、private 以及 static 修饰符的。*

6.3.4 匿名内部类

匿名内部类与正规的继承相比会有限制,因为虽然匿名内部类既可以扩展类,也可以实现接口,但是不能两者兼备,而且如果是实现接口,也只能实现一个接口。匿名内部类没有类名的内部类,不使用关键字 class、extends 和 implements,没有构造函数,必须继承其他类或实现其他接口。匿名内部类的优点是代码更加简洁紧凑,但缺点是易读性下降。匿名内部类应该是平时我们编写代码时用得最多的,在编写事件监听的代码时使用匿名内部类不但方便,而且使代码更加容易维护。一般应用于 GUI 编程中来实现事件处理。

匿名内部类是在抽象类和接口的基础上发展起来的。匿名内部类如果继承自接口,必须实现指定接口的方法,且无参数 。匿名内部类如果继承自类,参数必须按父类的构造函数的参数传递。

匿名内部类的特点如下。

(1) 一个类用于继承其他类或是实现接口,并不需要增加额外的方法,只是对继承方法的实现或是覆盖。

(2) 只是为了获得一个对象实例,不需要知道其实际类型。

(3) 类名没有意义,也就是不需要使用。

例 6.16 匿名内部类示例。

```
abstract class Parent
{
  public abstract void m();
}
public class Test
{
  public static void main(String[] args)
  {
    Parent pt = new Parent()
    {
      public void m()
      {
        System.out.println("实现抽象的方法");
      }
    };
    pt.m();
  }
}
```

6.3.5 静态内部类

静态内部类也是定义在另一个类里面的类，只不过在类的前面多了一个关键字 static。静态内部类是不需要依赖于外部类的，这与类的静态成员属性类似，并且它不能使用外部类的非 static 成员变量或者方法，因为在没有外部类的对象的情况下，可以创建静态内部类的对象，如果允许访问外部类的非 static 成员就会产生矛盾，因为外部类的非 static 成员必须依附于具体的对象。

例 6.17 静态内部类示例。

```
public class Test
{
  public static void main(String[] args)
  {
    Outter.Inner inner = new Outter.Inner();
  }
}
class Outter
{
  int a=10;
  static int b=20;
  public Outter()
  {
  }
  static class Inner
  {
    public Inner()
    {
      System.out.println(a);         //编译报错,无法从静态上下文中引用非静态变量 a
      System.out.println(b);
    }
  }
}
```

习　题

（1）简述抽象类和接口的区别。

（2）在 Java 接口中的变量总是被隐式声明为________、________和________。

（3）编写程序，在程序中定义一个抽象类 Area，定义 Area 类的两个子类 RectArea 和 RoundArea，再定义一个实现类 ImplArea。程序实现如下功能：

① 抽象类 Area 中只包含一个抽象方法 double area()。

② 子类 RoundArea 覆盖父类中的抽象方法 area()实现求圆的面积，另一个子类 RectArea 通过覆盖父类的抽象方法 area()实现求长方形的面积。

第 7 章

异　　常

Chapter 7

实习学徒学习目标

- 掌握 Java 异常处理机制。
- 掌握 try-catch-finally 处理异常方法。
- 会使用 throws 声明异常。
- 会使用 throw 抛出异常。

7.1 异常概述

程序运行时,发生的不被期望的事件阻止了程序按照程序员的预期正常执行,这就是异常。异常是程序中的一些错误,但并不是所有的错误都是异常,并且错误有时候是可以避免的。

比如说,代码少了一个分号,那么运行出来的结果是提示错误：java. lang. Error；如果用 System. out. println(11/0),那么会抛出：java. lang. ArithmeticException 的异常。

异常发生的原因很多,通常包含以下 3 类。

(1) 用户输入了非法数据。

(2) 要打开的文件不存在。

(3) 网络通信时连接中断,或者 JVM 内存溢出。

这些异常有的是因为用户错误引起,有的是程序错误引起的,还有其他一些是因为物理错误引起的。

下面的代码演示两个异常类型：ArithmeticException 和 InputMismatchException。前者由于整数除 0 引发,后者是输入的数据不能被转换为 int 类型引发。

例 7.1　异常示例。

```
import java. util .Scanner ;
public class Test
{
  public static void main (String [] args )
  {
    System . out. println( "----欢迎使用命令行除法计算器----" ) ;
    CMDCalculate ();
  }
  public static void CMDCalculate ()
  {
    Scanner scan = new Scanner (System. in);
    System . out. println("输入被除数:") ;
    int num1 = scan .nextInt () ;
```

```
    System . out. println("输入除数:") ;
    int num2 = scan .nextInt () ;
    int result = devide (num1 , num2 ) ;
    System . out. println("结果: "+num1+"/"+num2+"=" + result) ;
    scan .close () ;
  }
  public static int devide (int num1, int num2 )
  {
    return num1 / num2 ;
  }
}
```

正确的输入、除数为 0 异常输入和输入数据不匹配所得结果分别如图 7.1～图 7.3 所示。

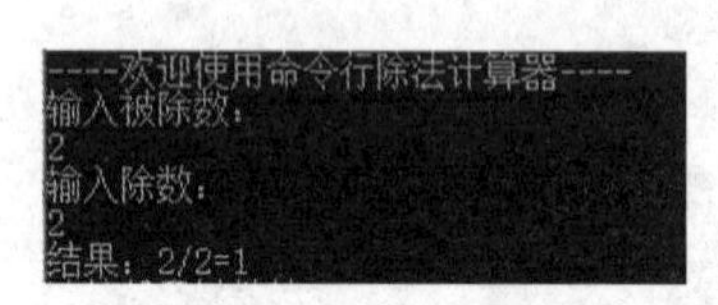

图 7.1　正确输入的结果

```
----欢迎使用命令行除法计算器----
输入被除数:
2
输入除数:
0
Exception in thread "main" java.lang.ArithmeticException: / by zero
        at Test.devide(Test.java:21)
        at Test.CMDCalculate(Test.java:16)
        at Test.main(Test.java:7)
```

图 7.2　除数为 0 异常

```
----欢迎使用命令行除法计算器----
输入被除数:
2
输入除数:
w
Exception in thread "main" java.util.InputMismatchException
        at java.base/java.util.Scanner.throwFor(Scanner.java:939)
        at java.base/java.util.Scanner.next(Scanner.java:1594)
        at java.base/java.util.Scanner.nextInt(Scanner.java:2258)
        at java.base/java.util.Scanner.nextInt(Scanner.java:2212)
        at Test.CMDCalculate(Test.java:15)
        at Test.main(Test.java:7)
```

图 7.3　输入数据类型不匹配

例 7.2　常见异常示例。

```
public class TestException
{
  public static void main(String[] args)
  {
    //1.数组下标越界异常
    //java.lang.ArrayIndexOutOfBoundsException
    int[] scores = new int[10];
    //scores[10] = 100;
    //2.空指针异常
    //java.lang.NullPointerException
    int[][] yh = new int[10][];
    //yh[0][0] = 10;
    Person p = null;
    //p.shout();
    //3.数字异常
    //java.lang.ArithmeticException:
    //int i = 10/0;
    //4.类型转换异常
```

```
    //java.lang.ClassCastException
    Object obj = new TestException();
    Person person = (Person)obj;
    //编译时异常,又称检查异常
    //在编写代码时,即要求处理的异常
    //Class.forName("com.atguigu.javase.lesson6.Person");
  }
}
```

7.2 Java 异常的分类和类结构图

Java 标准库内建了一些通用的异常,这些类以 Throwable 为顶层父类。Throwable 又派生出 Error 类和 Exception 类,如图 7.4 所示。

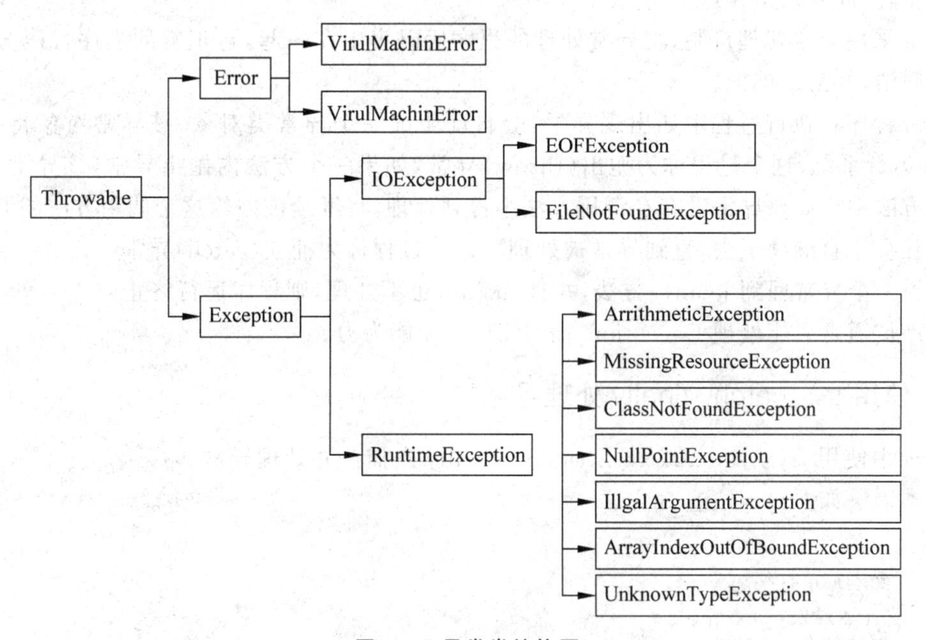

图 7.4 异常类结构图

(1) Error(错误)。Error 类以及它的子类的实例,代表了 JVM 本身的错误。错误不能被程序员通过代码处理,Error 很少出现,因此,程序员应该关注 Exception 为父类的分支下的各种异常类。

(2) Exception(异常)。Exception 以及它的子类,代表程序运行时发送的各种不期望发生的事件。可以被 Java 异常处理机制使用,是异常处理的核心。

总体上我们根据 Javac 对异常的处理要求,将异常类分为两类。

(1) 非检查异常(unckecked exception),包括 Error 和 RuntimeException 以及它们的子类。javac 在编译时不会提示和发现这样的异常,不要求程序处理这些异常。因为这样的异常发生的原因多半是代码写得有问题。如除 0 错误 ArithmeticException、错误的强制类型转换错误 ClassCastException、数组索引越界 ArrayIndexOutOfBoundsException、使用了空对象 NullPointerException 等。所以,对于这些异常,我们应该修正代码,而不是去通过异常处理器进行处理。

(2) 检查异常(checked exception),是除了 Error 和 RuntimeException 的其他异常。javac 强制要求程序员对这样的异常做预备处理工作(使用 try...catch...finally 或 throws)。在方法中要么用 try...catch 语句捕获它并进行处理,要么用 throws 子句声明抛出它,否则编译不会通过。这样的异常一般是由于程序的运行环境导致的。因为程序可能被运行在各种未知的环境下,而程序员无法干预用户如何使用程序,所以程序员就应该为这样的异常时刻准备着,如 SQLException、IOException、ClassNotFoundException 等。

7.3 异常处理机制

在编写程序时,经常要在可能出现错误的地方加上检测代码,如进行 x/y 运算时,要检测分母是否为 0、数据是否为空、输入的是不是数据等。过多的分支会导致程序的代码加长,可读性变差,因此常采用异常机制。

Java 采用异常处理机制,将异常处理的程序代码集中在一起,与正常的程序代码分开,使得程序简洁,并易于维护。

Java 程序在执行过程中如出现异常,会自动生成一个异常类对象,该异常对象将被提交给 Java 运行系统,这个过程称为抛出(throw)异常,如果一个方法内抛出异常,该异常会被抛到调用方法中。如果异常没有在调用方法中得到处理,将继续被抛给这个调用方法的调用者。这个过程会一直继续下去,直到异常被处理。这一过程称为捕获(catch)异常。

如果一个异常回到 main()方法,并且 main()也不处理,则程序运行终止。

程序员通常只能处理 Exception,而对 Error 无能为力。

7.3.1 使用 try...catch...finally 处理异常

Java 中使用 try...catch 或 try...catch...finally 来捕获并处理异常。

基本语法如下:

```
try
{//一些会抛出异常的方法
}catch(XXXException e1)
{//处理该异常的代码块
}catch(XXXException e2)
{//处理该异常的代码块
}...(n 个 catch 块)...
{...
}finally
{//最终将要执行的代码
}
```

1) try

捕获异常的第一步是用 try{}语句块选定捕获异常的范围,将可能出现异常的代码放在 try 语句块中。Java 程序在执行过程中如出现异常,会自动生成一个异常类对象,该异常对象将被提交给 Java 运行系统。

2) catch(Exceptiontype e)

在 catch 语句块中是对异常对象进行处理的代码。每个 try 语句块可以伴随一个或多个 catch 语句,用于处理可能产生的不同类型的异常对象。如果明确知道产生的是何种异常,可以用该异常类作为 catch 的参数，也可以用其父类作为 catch 的参数。

注意：在 catch 异常时，如果有多个异常，那么是有顺序要求的。子类型必须要在父类型之前进行 catch，catch 与分支逻辑一致，如果父类型先被 catch，那么其后被 catch 的分支根本得不到运行的机会。因此，编写多重 catch 块遵循的原则是“先具体、后一般（先子类后父类）”，这是因为当发生异常时，异常处理系统会就近寻找匹配的异常处理程序，而子类继承于父类，针对父类的异常处理程序对于子类也是适用的。

例 7.3 try...catch 对异常的处理。

```
public class ExceptionCatchOrder
{
    public void wrongCatchOrder()
    {
      try
      {
        Integer i = null;
        int j = i;
      }catch (Exception e1)
      {
      }catch (NullPointerException e2)
      { //编译错误：已捕获到异常错误 NullPointerException
      }
    }
}
```

例 7.3 中由于 NullPointerException 异常类是 Exception 异常类的子类，而捕获位置在父类后面，因此编译时报错。

3）finally

捕获异常的最后一步是通过 finally 语句为异常处理提供一个统一的出口，使得在控制流转到程序的其他部分以前，能够对程序的状态做统一的管理。finally 语句是可选的，如果写了 finally，则 finally 块不管异常是否发生，只要对应的 try 执行了，则它一定也执行。只有一种方法让 finally 块不执行，就是添加语句 System. exit()。

例 7.4 中的代码，虽然 try 中有 return 语句，但 finally 仍然会被执行。

例 7.4 finally 示例。

```
public class Demo
{
  public static void main(String[] args)
  {
    int re = bar();
    System.out.println(re);
  }
  private static int bar()
  {
    try{
      return 5;
    } finally
    {
      System.out.println("finally");
    }
  }
}
```

运行结果为

```
finally
5
```

因此 finally 块通常用来做资源释放操作，即关闭文件、关闭数据库连接等。良好的编程习惯是在 try 块中打开资源，在 finally 块中清理释放这些资源。

需要注意以下几点。

(1) finally 块没有处理异常的能力，处理异常的只能是 catch 块。

(2) 在同一 try...catch...finally 块中，如果 try 中抛出异常，且有匹配的 catch 块，则先执行 catch 块，再执行 finally 块。如果没有 catch 块匹配，则先执行 finally，然后去外面的调用者中寻找合适的 catch 块。

(3) 在同一 try...catch...finally 块中，try 发生异常，且匹配的 catch 块中处理异常时也抛出异常，那么会首先执行 finally 块，然后去外围调用者中寻找合适的 catch 块。

7.3.2 throws 声明抛弃异常

throws 是方法可能抛出异常的声明。若用在声明方法时，表示该方法可能要抛出异常。

在方法声明中用 throws 关键字可以声明抛弃异常的列表，多个异常用逗号分隔，throws 后面的异常类型可以是方法中产生的异常类型，也可以是它的父类。

其声明格式如下：

```
[修饰符] 返回值类型 方法名([参数列表]) throws ExceptionClass1, ExceptionClass2 {...}
```

当某个方法可能会抛出某种异常时，用于 throws 声明可能抛出的异常，然后交给上层调用它的方法程序处理。

声明抛弃异常是 Java 中处理异常的第二种方式。

如果一个方法(语句执行时)可能生成某种异常，但是并不能确定如何处理这种异常，则此方法应显式地声明抛弃异常，表明该方法将不对这些异常进行处理，而由该方法的调用者负责处理。

例 7.5 在方法声明中指定抛弃异常。

```
public class Test
{
  public void test(String s) throws NumberFormatException
  {
    int n = Integer.parseInt(s);
    System.out.println(n);
  }
}
```

在 test 方法中，由于 parseInt 方法会抛出 NumberFormatException 异常，而该方法内部无法对此进行处理，所以在 test 方法内部声明中把 NumberFormatException 异常抛出，这样该异常就由调用 test 的方法进行处理。这样异常就可以在方法之间进行传递了。

如果抛出给调用者的异常是 Checked 异常，是需要处理来提高程序健壮性的，一般抛出则要调用者做相应处理，要么调用者对该异常进行 try...catch 处理，要么再次 throws 给上一层。这其中需要注意一点，重写方法不能抛出比被重写方法范围更大的异常类型(若均为运行时异常除外)，即子类方法声明抛出的异常类型应是父类方法声明抛出的异常类型的子类或相同，子类方法声明抛出的异常不允许比父类方法声明抛出的异常多。

例 7.6 声明抛弃异常时要遵循父类声明抛出要“大于”子类声明抛出的原则。

```
public class ThrowsTest
{
  //因为 test();会抛出 IOException,main 方法是调用者
  //则需要使用 try...catch 进行捕获或者抛给 JVM
  //抛出时要遵循父类声明抛出“大于”子类声明抛出的原则
  public static void main(String[] args) throws Exception
  {
    test();
  }
  public static void test() throws IOException()
  {
    //因为 FileInputStream 构造器会抛出 IOException
    //所以需要使用 try...catch 块进行处理或使用 throws 抛给调用者
    FileInputStream fis = new FileInputStream("a.txt");
  }
}
```

7.3.3 throw 人工抛出异常

Java 异常类对象除在程序执行过程中出现异常时由系统自动生成并抛出，也可根据需要人工创建并抛出。throw 语句抛出一个异常，一般是在代码块的内部，当程序出现某种逻辑错误时由程序员主动抛出某种特定类型的异常。

throw 语句的通常格式如下：

```
throw ThrowableInstance;
```

这里，ThrowableInstance 一定是 Throwable 类型或 Throwable 子类型的一个对象。简单类型(例如 int 或 char)以及非 Throwable 类(例如 String 或 Object)不能用作异常。有在 catch 子句中使用参数或者用 new 操作符创建两种方法可以获得 Throwable 对象的方法。

程序执行在 throw 语句后立即停止，后面的语句不再被执行。最近包围的 try 块用来检查它是否含有一个与异常类型匹配的 catch 语句，如果发现了匹配的块，控制转向该语句；如果没有发现，次包围的 try 块进行检查，以此类推，如果没有发现匹配的 catch 块，默认异常处理程序中断程序的执行并且打印堆栈轨迹。

例 7.7 主动抛出异常。

```
class ThrowDemo
{
  static void demoproc()
  {
    try
    {
      throw new NullPointerException("demo");
    } catch(NullPointerException e)
    {
      System.out.println("Caught inside demoproc.");
      throw e;                    // throw the exception
    }
  }
```

```
  public static void main(String args[])
  {
    try
    {
      demoproc();
    } catch(NullPointerException e)
    {
      System.out.println("Recaught: " + e);
    }
  }
}
```

该程序有两个机会处理相同的错误。首先,main()设立了一个异常关系并调用 demoproc( )。在 demoproc( )方法中设立了另一个异常处理关系并且立即抛出一个新的 NullPointerException 实例,NullPointerException 在下一行被捕获。异常于是被再次抛出。程序的输出结果如图 7.5 所示

```
Caught inside demoproc.
Recaught: java.lang.NullPointerException: demo
```

图 7.5

该程序还阐述了如何创建 Java 的标准异常对象,特别注意下面这一行代码:

```
throw new NullPointerException("demo");
```

这里,new 用来构造一个 NullPointerException 实例。所有的 Java 内置的运行时异常有两个构造函数:一个没有参数,一个带有一个字符串参数。当用到第 2 种形式时,参数指定描述异常的字符串。如果对象用作 print( )或 println( )的参数时,该字符串被显示。这同样可以通过调用 getMessage( )来实现,getMessage( )是由 Throwable 定义的。

7.3.4 创建用户自定义异常类

系统定义的异常不能涵盖应用程序中所有的异常,有时需要创建用户自己的自定义异常。用户自定义异常一般继承 Exception 类,但是从 Exception 类继承的自定义异常在程序中必须被捕获,而用户自定义异常一般都是可控的异常,大部分不需要强制捕获,因此建议用户自定义的异常类继承 RuntimeException 类。

自定义异常的作用是看见异常类的名字,就知道出现了什么问题。

自定义异常通常都需要用 throw 关键字抛出,在定义异常类时通常需要提供两个构造方法,一个是无参的构造方法,另一个是带一个字符串参数的构造方法,这个字符串将作为该异常对象的描述信息,即异常对象的 getMessage()方法的返回值。

例 7.8 使用自定义异常提示用户的用户名是否合法。

```
class InputException extends RuntimeException
{
  public InputException()
  {
    super();
  }
  public InputException(String msg)
```

```
    {
        super(msg);
    }
}
public class Test
{
    public static void main(String [] args)
    {
        java.util.Scanner input=new java.util.Scanner(System.in);
        System.out.println("请输入用户名");
        String name=input.next();
        if(name==null||name.length()<6)
        {
            throw new InputException("用户名必须填写,长度不小于 6");
        }
    }
}
```

运行结果如图 7.6 所示。

```
请输入用户名
admin
Exception in thread "main" InputException: 用户名必须填写, 长度不小于6
        at Test.main(Test.java:15)
```

图 7.6

7.3.5 获取异常信息

如果 Java 应用程序要在 catch 块中访问异常对象的相关信息,则可以通过调用 catch 有异常形参的方法来获得。在 Java 中所有的异常对象都包含以下常用的方法。

(1) getMessage():返回该异常的详细描述字符串,例如:/by zero

(2) toString()异常名字:异常信息,例如:java.lang.ArthmeticException:/by zero

(3) printStackTrace():将该异常的跟踪栈信息输出到标准错误输出,包括:异常名称、异常信息、异常出现位置等,这个方法的返回值是 void。其实 jvm 默认的异常处理机制,就是在调用 printStackTrace(),打印异常的堆栈跟踪信息。例如:

```
Exception in thread "main" java.util.InputMismatchException
    at java.base/java.util.Scanner.throwFor(Scanner.java:939)
    at java.base/java.util.Scanner.next(Scanner.java:1594)
    at java.base/java.util.Scanner.nextInt(Scanner.java:2258)
    at java.base/java.util.Scanner.nextInt(Scanner.java:2212)
    at Test.CMDCalculate(Test.java:15)
    at Test.main(Test.java:7)
```

7.4 异常处理规则

1. 不能过度使用异常

Java 的异常机制在开发时虽然很方便,但滥用异常机制也会带来一些负面影响。对于完全已知的、普通的错误，应该编写处理这种错误的代码，增加程序的强壮性，而不能简单地用抛出异常来处理。只有对外部的、不能确定和预知的运行错误，才适用异常机制处理。

例如下面遍历数组代码：

```
int [] arr={34,56,7,89};
int i=0;
try
{
  while(true)
  {
     System.out.println(arr[i++]);
  }
}catch(ArrayIndexOutOfBoundsExcepetion e){}
```

我们可以通过运行这段代码实现遍历数组 arr 的功能，但显然我们不会这样写程序。对于完全有能力预知并避免产生异常的代码，应该设计合理有效的错误处理代码，而不能简单地抛出一个异常。将程序修改如下形式会更合理。

```
int [] arr={34,56,7,89};
for(int i=0;i<arr.length;i++)
{
  System.out.println(arr[i]);
}
```

2. 不要使用过于庞大的异常

很多初学异常机制的读者喜欢在 try 块里放置大量的代码，在一个 try 块里放置大量的代码表面看上去很简单，但这种简单只是一种假象，因为原本应该在代码中处理的错误流程都省略了，而简单地用异常来处理。但因为 try 块里的代码过于庞大，业务过于复杂，就会造成 try 块中出现异常的可能性大大增加，从而导致分析异常原因的难度也大大增加。

而且当 try 块过于庞大时，理论上我们就应该在 try 块后紧跟大量的 catch 块，对每一种可能产生异常的情况提供不同的处理逻辑，并且需要分析它们之间的逻辑关系，反而增加了编程的复杂度。

正确的做法是把大块的 try 块分割成多个可能出现异常的程序段落，并把它们放在单独的 try 块中，从而分别捕获并处理异常。

3. 不要忽略捕获到的异常

很多程序员喜欢写以下的代码：

```
try{
   …
}catch(Exception e){}
```

这里存在两个问题。

(1) 用 Exception 来捕获所有可能的异常。这样写对于编程是简单了，可以处理程序所有可能发生的异常，但是如果所有的异常都采用相同的处理方式，将导致无法对不同的异常分情况进行处理，所以应尽量避免在实际开发中使用这样的语句。

(2) catch 块为空。catch 块为空会导致程序出现错误，但是却看不到任何异常，而整个应用可能已经彻底坏了。在实际开发中，不能忽略异常。既然已经捕获到异常，那么 catch 块里应逐一处理并修复这个错误。catch 块整个为空，或者仅仅打印出错信息都是不妥的。

习 题

(1) 简述异常的分类。

(2) 所有的异常类都是继承的下面哪一个类？(　　)

A. java.io.Exception　　B. java.lang.Throwable

C. java.lang.Exception　　D. java.lang.Error

(3) 下面程序段的执行结果是(　　)。

```
public class Foo
{
  public static void main(Sting [] args)
  {
    try
    {
      return;
    }finally
    {
      System.out.println("Finally");
    }
  }
}
```

A. 程序正常运行，但是不输出结果

B. 程序正常执行，并输出 Finally

C. 编译能通过，但运行时会出现一个异常

D. 编译出错

第 8 章

Java GUI 编程

Chapter 8

实习学徒学习目标

(1) 了解 GUI 程序设计原理。

(2) 了解 Swing 和 AWT 的区别。

(3) 熟练掌握 Java 布局管理器。

(4) 掌握 Java 事件处理机制。

(5) 能熟练使用常用的 Swing 组件。

8.1 GUI 概述

8.1.1 GUI 程序设计原理

到目前为止,我们编写的都是基于控制台的程序。GUI(Graphical User Interface)即图形用户接口,是指用图形方式显示计算机操作的用户界面,它能够使应用程序看上去更友好。相比早期的计算机使用的命令行,图形界面对于用户来讲更易于接受。

1. 命令行应用程序

命令行应用程序是一种基于顺序执行结构的可执行程序,如 Linux 操作系统上的 ls、gcc、ifconfig 命令。这种可执行程序在执行过程中并不需要与用户交互,程序执行到最后时运行结果,如产生一个可执行程序或者给出错误信息。程序的运行有固定的开始和固定的结束,如图 8.1 所示。

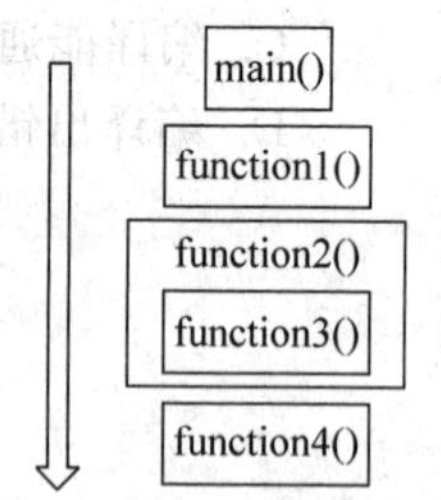

图 8.1　命令行程序运行模式

2. 图形界面应用程序

随着计算机技术的发展,计算机日趋平民化,计算机用户不再是专业的计算机工作者。为方便非计算机专业的用户操作计算机,就产生了图形界面应用程序。GUI 程序是一种基于消息驱动模型的可执行程序,程序的执行依赖于和用户的交互,实时响应用户操作。GUI 程序执行后不会主动退出。

GUI 应用程序都是基于窗口的,图 8.2 所示为 GUI 应用程序的原理。不论是基于跨平台的 QT GUI 应用程序,还是基于 Windows 的 MFC 等其他 GUI 应用程序,原理都是如此。

GUI 程序执行后不会主动退出,都停留在接收消息、根据消息执行相应操作的循环。消息处理模型如图 8.3 所示。

当用户操作(如鼠标单击、键盘按下)时,操作系统内核会感知到用户操作,然后根据用户的操作类型生成相应的系统消息,再将系统消息发送给拥有焦点的(用户当前操作的)应用程序，接着应用程序收到系统发送的消息并响应、处理(消息被扔到应用程序的消息队列，应用程序从消息队列中取出一个个消息并由消息处理函数处理)，当不存在用户操作时，GUI应用程序处于停滞状态。多数时候，GUI应用程序编程即是编写处理消息的消息处理函数。

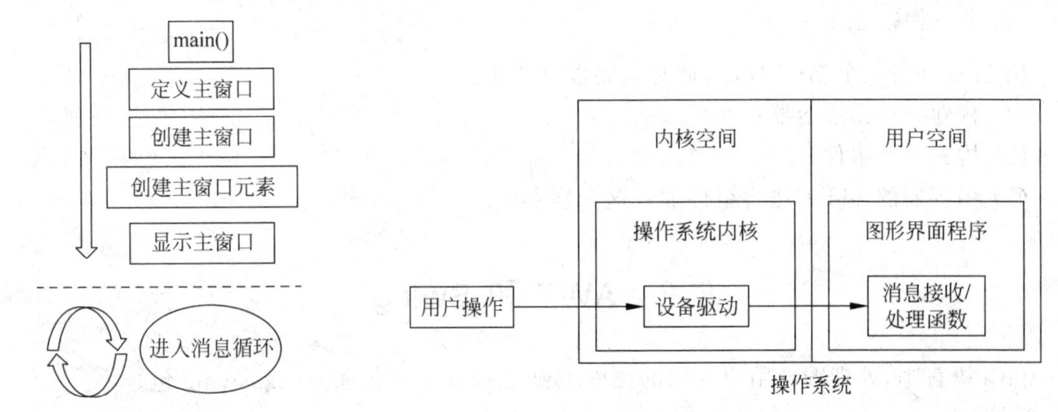

图 8.2 图形界面程序运行模式

图 8.3 消息处理模型

以触摸屏为例，当用户单击触摸屏，首先感知到屏幕上被触摸的XY坐标是操作系统内核空间的触摸屏设备驱动程序，然后设备驱动程序会将用户操作封装成消息传递给GUI程序运行时创建的消息队列，GUI程序在运行过程中需要实时处理队列中的消息，当队列没有消息时，程序将处于停滞状态。

8.1.2 Java平台上的GUI

早期，计算机向用户提供的是单调、枯燥、纯字符状态的"命令行界面(CLI)"，即使到现在，还可以依稀看到它们的身影：在Windows中通过DOS窗口就可看到历史的足迹。后来，Apple公司率先在计算机的操作系统中实现了图形化的用户界面GUI，但由于Apple公司封闭的市场策略，自己完成计算机硬件、操作系统、应用软件一条龙的产品，与其他PC不兼容，使Apple公司错过了一次占领全球PC市场的好机会。再后来，著名的Microsoft公司推出了风靡全球的Windows操作系统，它凭借优秀的图形化用户界面，一举奠定了操作系统霸主的地位，同时造就了世界首富比尔·盖茨和IT业的泰山北斗微软公司。

在图形用户界面风行于世的今天，一个应用软件没有良好的GUI是无法让用户接受的。而Java语言也深知这一点的重要性，它提供了一套可以轻松构建GUI的工具。在Java语言提供的GUI构建工具中，可以分为"组件"(component)和"容器"(container)两种。

在Java语言中，提供了以下"组件"：按钮、标签、复选框、单选按钮、选择框、列表框、文本框、滚动条、画布、菜单。用户通过操作这些"组件"来实现与程序的交互。

但是，只有"组件"是不够的，我们必须使用"容器"将这些"组件"装配起来，使其成为一个整体。Java语言还提供了以下"容器"：程序的启动封面、窗体(fram)和对话框(Dialog)。

Java语言是通过AWT(抽象窗口化工具包)和Java基础类(JFC或更常用的Swing)来提供这些GUI部件的。

Java.awt是最原始的GUI工具包，存放在java.awt包中。现在有许多功能已被Swing取代，因此一般我们很少再使用java.awt，但是AWT中还是包含了最核心的功能。通常，一个Java的GUI程序需要使用下面3个类：java.awt.Color(基本颜色定义)、java.awt.Font

（基本字体定义）、java.awt.Cursor（光标操作定义），而 Swing 则存放在 javax.swing 包中，在 Java 的 GUI 程序的最前面加上以下两句程序就可以了。

```
import java.awt.*;
import javax.swing.*;
```

用 Java 开发一个 GUI 程序，通常需要以下 3 步：

（1）构建一个顶层容器；

（2）构建一个组件；

（3）用容器的 add 方法将组件加入这个容器中。

8.2 AWT 和 Swing

Java 语言中，处理图形用户界面的类库主要是 java.awt 包和 javax.swing 包。

8.2.1 AWT

AWT 是 Abstract Window Toolkit（抽象窗口工具集）的缩写。AWT 可以使开发人员设计的界面独立于具体的界面实现。也就是说，开发人员用 AWT 开发出的图形用户界面可以适用于所有的平台系统。当然，这仅是理想情况。实际上 AWT 的功能还不是很完全，Java 程序的图形用户界面在不同的平台上可能会出现不同的运行效果，如窗口大小、字体效果发生变化等。

8.2.2 Swing

Javax.swing 包是 JDK 1.2 以后版本所引入的图形用户界面类库。Swing 是功能强大的 Java 的基础类库（JFC）的一部分，其中定义的 SwingGUI 组件相对于 java.awt 包的各种 GUI 组件增加了许多功能。目前在开发图形用户界面的应用时，使用最多的就是 Swing 技术。

但是，并不是说 Swing 的出现，取代了 AWT，Swing 和 AWT 的关系如下。

（1）AWT 是随早期 Java 一起发布的 GUI 工具包，是所有 Java 版本中都包含的基本 GUI 工具包，其中不仅提供了基本的控件，还提供了丰富的事件处理接口。Swing 则是建立在 AWT 1.1 中引入的轻量级工具之上的，也就是说 AWT 是 Swing 大厦的基石。

（2）AWT 中提供的控件数量很有限，远没有 Swing 丰富，例如 Swing 中提供的 JTable、JTree 等高级控件在 AWT 中就没有。另外，AWT 中提供的都是重量级控件，如果编写的程序希望运行在不同的平台上，必须在每一个平台上单独测试，无法真正实现“一次编写，随处运行”。

（3）Swing 的出现并不是为了代替 AWT，而只是提供功能更丰富的开发选择。Swing 中使用的事件处理机制就是 AWT 1.1 中提供的，因此实际开发中会同时使用 Swing 与 AWT，但一般控件只采用 swing，而更多辅助类常常需要使用 AWT，特别是在进行事件处理开发时。

所以，Swing 与 AWT 是合作的关系，并不是用 Swing 取代 AWT。

8.3 GUI 组件分类

8.3.1 组件(Component)

Java 中构成图形用户界面的各种元素，称为组件（Component）。Sun 公司提供了 awt 包和 swing 包，在这两个包中定义了很多组件类，只不过 AWT 调用本地系统资源生成图形化界面，依赖本地平台，因此 awt 包中的组件类所实现的图形界面依赖于底层的操作系统，容易发生与特定平台相关的故障。而 swing 包是 Sun 公司对 AWT 进行了升级后，基于 AWT 推出的一种更稳定、更通用和更灵活的库，提供了和 AWT 中同样的组件类，也就是说，在 swing 包中，重新定义了 awt 包中所有的类，为了区分和 awt 包中的类，swing 包中类名的前面多加了一个 J，如：awt 中的 Frame 类，在 swing 包中是 JFrame。swing 组件不再依赖底层的操作系统，真正实现了跨平台，本章后面主要介绍 swing 组件。

组件分容器(Container)类和非容器类两大类。容器类本身也是组件，但容器类中可以包含其他组件，当然也可以包含其他容器。非容器类的组件较多，如按钮(JButton)，标签(JLabel)等。

(1) AWT 中的组件根类。

```
类 Component
java.lang.Object
  java.awt.Component
```

(2) swing 中的组件根类。

```
javax.swing
类 Component
java.lang.Object
  java.awt.Component
    java.awt.Container
      javax.swing.JComponent
```

组件类的实例可以显示在屏幕上，从继承关系图中可以看到，Component 类是所有组件的抽象父类，是包括容器类的所有用户界面类的根类，它是 java. awt 中的类，对应的 swing 中的是 JComponent。了解了 Component 和 JComponent 都是抽象类，所以不能使用 new 关键字创建对象，需要使用它们的具体的实现类来创建对象。

在 AWT 中典型图形用户界面中的按钮(Button)、复选框(Checkbox)和滚动条(Scrollbar)都是组件类，都是 Component 类的子类。在 Swing 中的 GUI 组件，有对应的 JButton、JCheckBox 和 JscrollBar。每个容器和组件都有一些常用的方法，较常用的方法如下。

1) 组件的颜色

(1) public void setBackground(Color c);　　　　//设置组件的背景色

(2) public void setForeground(Color c);　　　　//设置组件的前景色

(3) public Color getBackground(Color c);　　　　//获取组件的背景色

(4) public Color getForeGround(Color c);　　　　//获取组件的前景色

这里的 Color 类是 Java. awt 包中的类。用 Color 类的构造方法 public Color(int red,int green,int blue)可以创建一个颜色对象，三个颜色值取值都在 0～255 之间。Color 类还有 red、blue、green、orange、cyan、yellow、pink 等静态常量。

2) 组件的字体

(1) public void setFont(Font f);　　　　//设置组件上的字体

(2) public Font getFont(Font f);　　　　//获取组件上的字体

(3) public Font(String name,int style,int size);　　//构造方法

name：字体名称，如果系统中无该字体，则取默认的字体名字。

style:字体的式样,取值是一个整数,其有效取值为 Font. BOLD、Font. PLAIN、Font. ITALIC、Font. ROMAN _ BASELINE、Font _ CENTER _ BASELINE、Font. HANGING _ BASELINE、FOnt. TRUETYPE_FONT。

size:字体的大小,单位是磅(如 5 号字是 12 磅)。

(4) 获取系统中字体名字可用的方法如下:

GraphicsEnvironment ge=GraphicsEnvironment getLocalGrphicsEnvironment();

String fontName[]=ge. getAvailableFontFamilyNames();

3) 组件的激活与可见性

(1) public void setEnabled(boolean b); //设置组件是否被激活

(2) public boolean isEnabled(); //判断组件是否为激活状态

(3) public void setCisible(boolean b); //设置组件是否可见

(4) public boolean isVisible(); //判断组件是否可见

8.3.2 容器(Container)类

容器分为顶级容器和非顶级容器两种。顶级容器是可以独立存在的窗口,顶级容器的类是 window,window 的重要子类是 awt 包中的 Frame 和 Dialog,对应 swing 包中的是 JFrame 和 JDialog。非顶级容器不是独立的窗口,它们必须位于窗口之内,非顶级容器包括 awt 包中的 Panel 和 ScrollPane 等,对应 swing 包中的 JPanel 和 JScrollPane。这里先简单介绍容器组件 JFrame。

JFrame 是一个窗口容器组件,与其他的 Swing 组件不同。JFrame 组件不是用纯 Java 语言所编写的,是一个重量级的组件,其中包含了操作系统中部分 GUI 的方法。所谓重量级组件,实际就是该组件在创建时,都会有一个相应的本地计算机中的组件在为它工作。

JFrame 可以被显示在用户桌面上,同时也可以在其中添加需要的其他 Swing 组件。但需要注意的是,在创建了 Swing 窗体后,不能直接把组件添加到创建的窗体中,Swing 窗体含有一个称为内容面板的容器,组件只能添加到 Swing 窗体对应的内容面板中。创建 Swing 窗体对应的内容面板,可以使用 Container 类中的 getContentPane()方法获得内容面板对象,例如:

```
Container comtent = getContentPane();   //获得内
                                        //容面板
```

JFrame 组件的继承关系如图 8.4 所示。

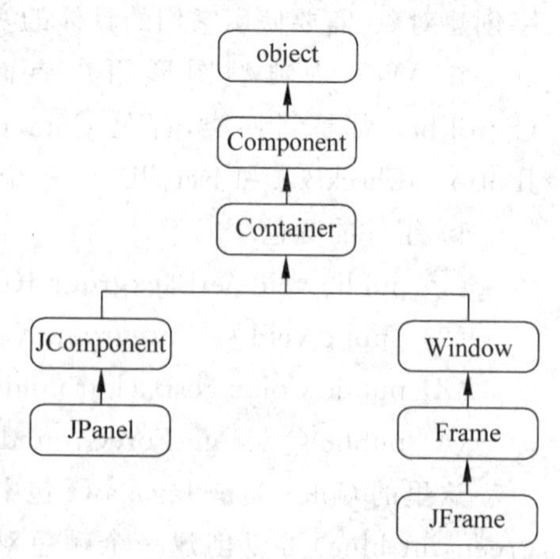

图 8.4 JFrame 组件的继承关系

JFrame 是一个可以独立显示的组件,一个窗口通常包含标题、图标、操作按钮(关闭、最小化、最大化),还可以为窗口添加菜单栏、工具栏等。一个进程中可以创建多个窗口,并可在适当时候进行显示、隐藏或销毁。JFrame 带用构造方法见表 8.1,常用方法见表 8.2。

表 8.1 JFrame 常用构造方法

名　称	描　述
JFrame()	构造一个初始时不可见的新窗体
JFrame(String title)	创建一个新的、初始不可见的、具有指定标题的 Frame

表 8.2 JFrame 常用方法

名　称	描　述
void setSize(int width, int height) void setSize(Dimension d)	设置窗口的宽度与高度
void setDefaultCloseOperation(int operation)	设置单击窗口关闭按钮后的默认操作参考值： ① WindowConstants.DO_NOTHING_ON_CLOSE：不执行任何操作 ② WindowConstants.HIDE_ON_CLOSE：隐藏窗口(不会结束进程)，再次调用 setVisible(true)将再次显示 ③ WindowConstants.DISPOSE_ON_CLOSE：销毁窗口，如果所有可显示的窗口都被 DISPOSE，则自动结束进程 ④ WindowConstants.EXIT_ON_CLOSE：退出进程
void setBounds(int x, int y, int width, int height) void setBounds(Rectangle rect)	设置窗口的位置、宽度和高度
void setLocationRelativeTo(Component comp)	设置窗口的相对位置。 ① 如果 comp 整个显示区域在屏幕内，则将窗口放置到 comp 的中心 ② 如果 comp 显示区域有部分不在屏幕内，则将该窗口放置在最接近 comp 中心的一侧 ③ comp 为 null，表示将窗口放置到屏幕中心
void setVisible(boolean b)	设置窗口是否可见，窗口对象刚创建和添加相应组件后通过 setVisible(true)绘制窗口，其内部组件此时才有宽度和高度值
void pack()	调整窗口的大小，以适合其子组件的首选大小和布局

例 8.1 创建一个窗体，设置大小并显示出来。

```
import javax.swing.*;
public class Demo
{
  public static void main(String[] args)
  {
    //构建顶级容器 frame
    JFrame frame = new JFrame("我的窗体");
    //设置窗体关闭按钮可用
    frame.setDefaultCloseOperation(JFrame.EXIT_ON_CLOSE);
    //设定 frame 的大小
    frame.setSize(300, 300);
    //最后把 frame 显示出来
    frame.setVisible(true);
  }
}
```

运行结果如图 8.5 所示。

图 8.5 例 8.1 的运行结果

8.3.3 非容器类组件

非 Container 类组件又称为控制组件，与容器不同，它里面不再包含其他组件。控制组件的作用是完成与用户的交互,包括接收用户的一个命令(如按钮),接收用户的一个文本或选择输入,向用户显示一段文本或一个图形等。常用的控制组件有以下几种。

(1) 命令类:按钮 JButton;

(2) 选择类:单选按钮、复选按钮、列表框、下拉框;

(3) 文字处理类:文本框、文本区域。

使用控制组件,通常需要以下的步骤。

(1) 创建某控制组件类的对象,指定其大小等属性。

(2) 使用某种布局策略,将该控制组件对象加入某个容器中的指定位置。

(3) 将该组件对象注册给它所能产生的事件对应的事件监听者,重载事件处理方法,实现利用该组件对象与用户交互的功能。

例 8.2 改写例 8.1,添加一个组件按钮。

```
import javax.swing.*;
public class Demo
{
  public static void main(String[] args)
  {
    //构建顶级容器 frame
    JFrame frame = new JFrame("我的窗体");
    //创建组件 button
    JButton button = new JButton("Click me");
    //设置窗体关闭按钮可用
    frame.setDefaultCloseOperation(JFrame.EXIT_ON_CLOSE);
    //把 button 加到 frame 的 pane 上
    frame.getContentPane().add(button);
    //设定 frame 的大小
    frame.setSize(300, 300);
    //最后把 frame 显示出来
    frame.setVisible(true);
  }
}
```

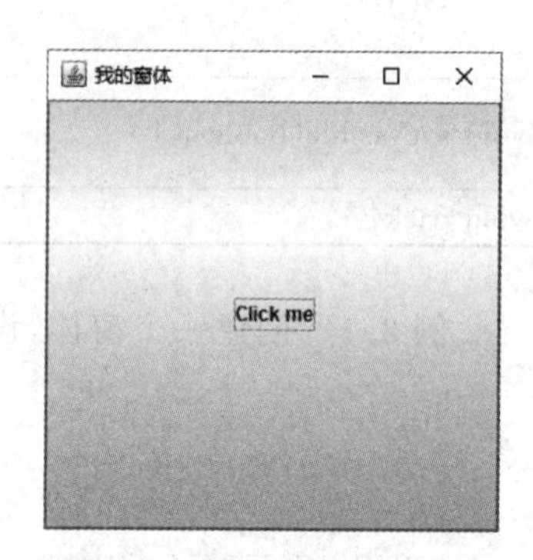

图 8.6 例 8.2 的运行结果

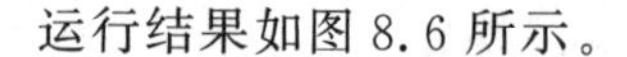

运行结果如图 8.6 所示。

8.4 布局管理

组件在容器(比如 JFrame)中的位置和大小由布局管理器来决定,所有的容器都会使用一个布局管理器。如果将一个容器的布局管理器设为 null,即使用方法 setLayout(null),设定容器中每个对象的大小和位置,而布局管理器可以自动进行组件的布局管理,自动设定容器中组件的大小和位置,当容器改变大小时,布局管理器能自动改变其中组件的大小和位置。

java.awt 包中共提供了 5 种布局管理器,分别是流式布局管理器、边界布局管理器、网格布局管理器、卡片布局管理器和网格包布局管理器。其中前 3 种是最常见的布局管理器。

8.4.1 流式布局管理器(FlowLayout)

FlowLayout 是定义在 AWT 包中的布局管理器,是容器 JPanel 默认使用的布局管理器。FlowLayout 的布局策略非常简单,使用这种布局管理的容器会将容器中的组件按照加入的顺序从左到右排列，一行排满后自动换到下一行。FlowLayout 默认的对齐方式为居中对齐，可以在实例对象时指定对齐方式。表 8.3 所示为 FlowLayout 的构造方法。

表 8.3 FlowLayout 的构造方法

名　称	描　述
FlowLayout()	构造一个新的 FlowLayout，居中对齐，默认的水平和垂直间隙是 5 个单位
FlowLayout(int align)	构造一个新的 FlowLayout，具有指定的对齐方式，默认的水平和垂直间隙是 5 个单位
FlowLayout(int align,int hgap,int vgap)	创建一个新的流式布局管理器，具有指定的对齐方式以及指定的水平和垂直间隙

参数 align 指定每行组件的对齐方式，可以取三个静态常量 LEFT、CENTER 和 RIGHT，默认是 CENETER。hgap 和 vgap 是指组件间的纵横间距，默认是 5 个像素。

例 8.3 FlowLayout 的使用示例。

```
import java.awt.FlowLayout;
import javax.swing.JButton;
import javax.swing.JFrame;
public class FlowLayoutDemo
{
  public static void main(String[] args)
  {
    JFrame frame = new JFrame("FlowLayoutDemo");
    frame.setBounds(500, 200, 300, 300);
    //更改默认布局管理器为 FlowLayout
    frame.setLayout(new FlowLayout());
    for (int i = 0; i < 6; i++)
    {
      frame.getContentPane().add(new JButton("按钮" + i));
    }
    frame.setDefaultCloseOperation(JFrame.EXIT_ON_CLOSE);
    frame.setVisible(true);
  }
}
```

运行效果如图 8.7 所示。图 8.7(a)和图 8.7(b)是当 JFrame 窗口在不同宽度时的布局效果。

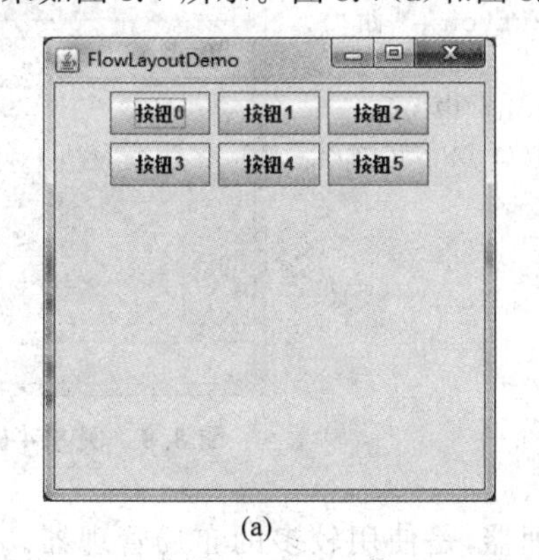

(a)

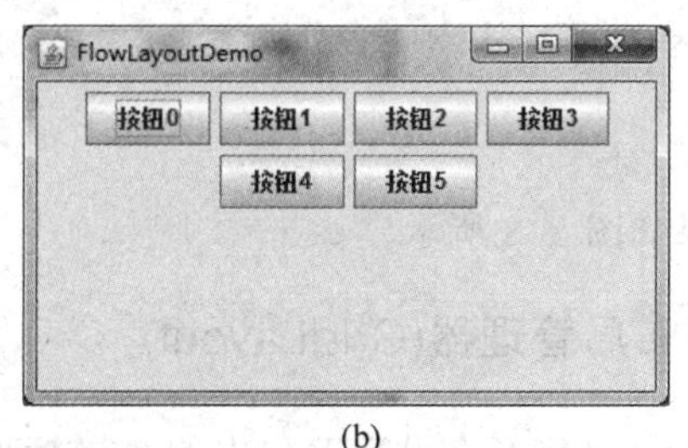

(b)

图 8.7 例 8.3 的运行结果

8.4.2 边界布局管理器(BorderLayout)

BorderLayout 是定义在 AWT 包中的布局管理器，是 JFrame 和 JDialog 默认的布局管理器。BorderLayout 把容器简单地划分为东、西、南、北、中 5 个区域，当使用该布局时，要指明组件添加在哪个区域。若未指明则默认加入中间区域。每个区域只能加入一个组件，后加入的组件会覆盖前面一个。

分布在北部和南部区域的组件将横向扩展占据整个容器的高度，分布在东部和西部的组件将伸展占据容器剩余部分的全部宽度，最后剩余的部分将分配给位于中央的组件。如果某个区域没有分配组件，则其他组件可以占据它的空间。表 8.4 所示为 BorderLayout 的构造方法。

表 8.4 BorderLayout 的构造方法

名　称	描　述
BorderLayout()	构造一个组件之间没有间距的新边框布局
BorderLayout(int hgap,int vgap)	构造一个具有指定组件间距的边框布局

其中，hgap 和 vgap 是指组件间的纵横间距，默认是 0 个像素。

例 8.4 BorderLayout 的使用示例。

```
import java.awt.BorderLayout;
import javax.swing.JButton;
import javax.swing.JFrame;
import javax.swing.JPanel;
public class BorderLayoutDemo
{
  public static void main(String[] args)
  {
    JFrame frame = new JFrame("BorderLayoutDemo");
    frame.setBounds(500, 200, 300, 300);
    frame.setLayout(new BorderLayout(10, 10));
    frame..getContentPane().add(new JButton("北"), BorderLayout.NORTH);
    frame.getContentPane().add(new JButton("东"), BorderLayout.EAST);
    frame. getContentPane (). add (new JButton ("南"),
BorderLayout.SOUTH);
    frame. getContentPane (). add (new JButton ("西"),
BorderLayout.WEST);
    frame.getContentPane().add(new JButton("中"));
    frame.setDefaultCloseOperation(JFrame.EXIT_ON_CLOSE);
    frame.setVisible(true);
  }
}
```

运行效果如图 8.8 所示。

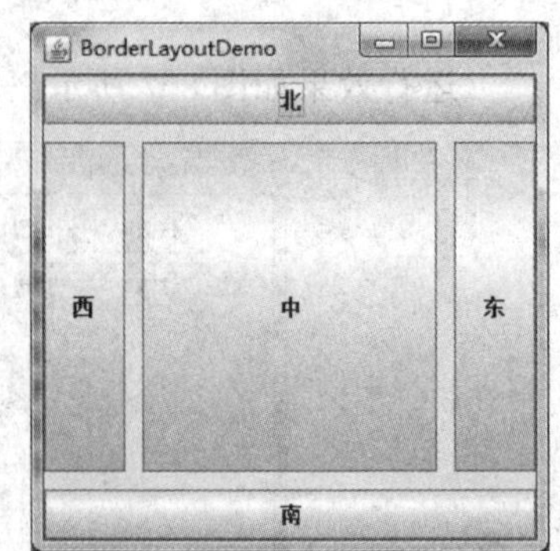

图 8.8 例 8.4 的运行结果

8.4.3 网格布局管理器(GridLayout)

GridLayout 是定义在 AWT 包中的布局管理器，是使用较多的布局管理器。GridLayout 布局管理器是把容器的空间划分成若干行乘若干列的网格区域，组件位于这些划分出来的小格中。GridLayout 比较灵活，划分多少网格由程序自由控制，而且组件定位也比较准确。表 8.5 所示为 GridLayout 的构造方法。

表 8.5 GridLayout 的构造方法

名　称	描　述
GridLayout()	创建具有默认值的网格布局，即每个组件占据一行一列
GridLayout(int rows,int cols)	创建具有指定行数和列数的网格布局
GridLayout(int rows,int cols,int hgap,int vgap)	创建具有指定行数和列数的网格布局

例 8.5 GridLayout 的使用示例。

```
import java.awt.GridLayout;
import javax.swing.JButton;
import javax.swing.JFrame;
public class GridLayoutDemo
{
  public static void main(String[] args)
  {
    JFrame frame = new JFrame("GridLayoutDemo");
    frame.setBounds(500, 200, 300, 300);
    // 更改默认布局管理器为 GridLayout
    frame.setLayout(new GridLayout(3, 3, 10, 10));
    for (int i = 0; i < 9; i++)
    {
      frame.getContentPane().add(new JButton("按钮" + i));
    }
    frame.setDefaultCloseOperation(JFrame.EXIT_ON_CLOSE);
    frame.setVisible(true);
  }
}
```

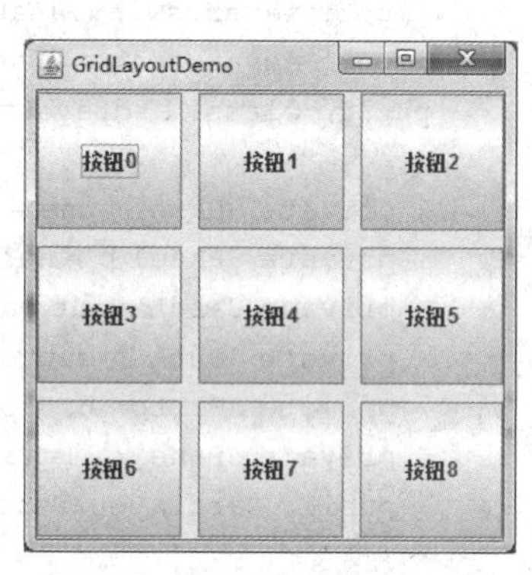

图 8.9 例 8.5 的运行结果

运行效果如图 8.9 所示。

8.4.4 卡片布局管理器(CardLayout)

CardLayout 布局管理器能够帮助用户处理两个甚至更多的成员共享同一显示空间。它把容器分成许多层，每层的显示空间占据整个容器的大小，但是每层只允许放置一个组件，当然每层都可以利用 Panel 来实现复杂的用户界面。CardLayout 管理的组件就像一副叠得整整齐齐的扑克牌一样，有 54 张牌，但是在同一时刻只能看见最上面的一张牌，每一张牌就相当于布局管理器中的每一层。

表 8.6 和表 8.7 所示为 CardLayout 的构造方法和常用方法。

表 8.6 CardLayout 的构造方法

名　称	描　述
CardLayout()	创建一个间距大小为 0 的新卡片布局
CardLayout(int hgap,int vgap)	创建一个具有指定水平间距和垂直间距的新卡片布局。水平间距置于左右边缘，垂直间距置于上下边缘

表 8.7 CardLayout 的常用方法

名　　称	描　　述
public void first(Container parent)	翻转到容器的第一张卡片
public void last(Contain parent)	翻转到容器的最后一张卡片
public void next(Contain parent)	翻转到指定容器的下一张卡片
public void previous(Contain parent)	翻转到指定容器的前一张卡片
public void show(Contain parent,String name)	翻转到使用 addLayoutComponent 添加到此布局的具有指定 name 的组件

例 8.6 CardLayout 使用示例。

```
import java.awt.BorderLayout;
import java.awt.CardLayout;
import java.awt.Color;
import java.awt.event.ActionEvent;
import java.awt.event.ActionListener;
import javax.swing.JButton;
import javax.swing.JFrame;
import javax.swing.JLabel;
import javax.swing.JPanel;
public class CardLayoutDemo extends JFrame
{
  private JPanel pane = null;
  private JPanel p = null;
  private CardLayout card = null;
  private JButton button_1=null;
  private JButton button_2=null;
  private JPanel p_1=null,p_2=null,p_3=null;
  public CardLayoutDemo ()
  {
    this.setTitle("CardLayoutDemo");
    card = new CardLayout(5,5);
    pane = new JPanel(card);                          //指定面板的布局为 CardLayout
    p = new JPanel();
    button_1 = new JButton("< 前一张");
    button_2 = new JButton("后一张>");
    p.add(button_1);
    p.add(button_2);
    p_1 = new JPanel();
    p_2 = new JPanel();
    p_3 = new JPanel();
    p_1.setBackground(Color.RED);
    p_2.setBackground(Color.BLUE);
    p_3.setBackground(Color.GREEN);
    p_1.add(new JLabel("第一张"));
    p_2.add(new JLabel("第二张"));
    p_3.add(new JLabel("第三张"));
    pane.add(p_1,"p1");
    pane.add(p_2,"p2");
    pane.add(p_3,"p3");
```

```
    button_1.addActionListener(new ActionListener()
    {
      public void actionPerformed(ActionEvent arg0)
      {
        card.previous(pane);
      }
    });
    button_2.addActionListener(new ActionListener()
    {
      public void actionPerformed(ActionEvent e)
      {
        card.next(pane);
      }
    });
    this.setDefaultCloseOperation(JFrame.EXIT_ON_CLOSE);
    this.getContentPane().add(pane);
    this.getContentPane().add(p,BorderLayout.SOUTH);
    this.setSize(300, 200);
    this.setVisible(true);
  }
  public static void main(String[] args)
  {
    new Demo();
  }
}
```

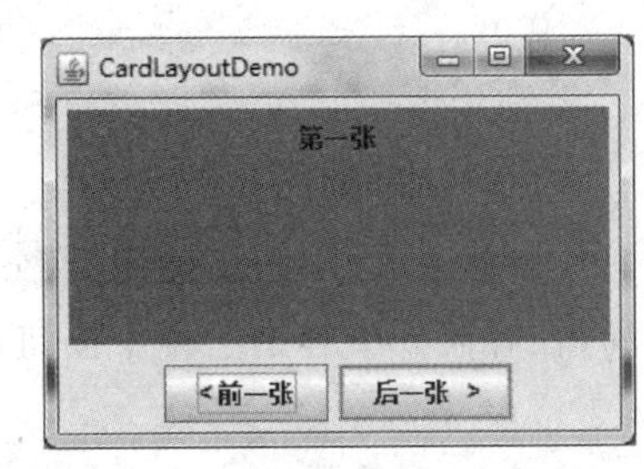

图 8.10 例 8.6 的运行结果

运行效果如图 8.10 所示。

8.4.5 网格包布局管理器(GridBagLayout)

GridBagLayout 是 5 种布局策略中最复杂、功能最强大的一种,它是在 GridLayout 的基础上发展而来的。因为 GridLayout 中的每个网格大小相同,并且强制组件与网格大小也相同,从而使得容器中的每个组件大小也相同,显得很不自然,而且组件加入容器也必须按照固定的顺序,不够灵活。在 GridBagLayout 中,可以为每个组件指定其包含的网格个数,可以保留组件原来的大小,还可以以任意顺序加入容器的任意位置,从而可以真正自由地安排容器中每个组件的大小和位置。但由于 GridBagLayout 的使用较复杂,限于篇幅,不再举例,读者可以自行查看 JDK 文档。

8.4.6 通过嵌套设定复杂的布局

由于某一个布局管理器的布局能力有限,在设定复杂布局时,可以采用容器嵌套的方法,即把一个容器当作一个组件加入另一个容器,这个容器组件可以用自己的布局策略来组织自己的组件,使整个容器的布局达到应用的需求。

例 8.7 嵌套布局示例。

```
import java.awt.BorderLayout;
import java.awt.GridLayout;
import javax.swing.JButton;
import javax.swing.JFrame;
import javax.swing.JLabel;
```

```
import javax.swing.JPanel;
public class Demo{
  public static void main(String[] args)
  {
    JFrame f =  new JFrame("嵌套布局");
    JLabel b0 = new JLabel("显示区域");
    JPanel p = new JPanel();
    p.setLayout(new GridLayout(2,2));
    JButton b1=new JButton("1");
    JButton b2=new JButton("2");
    JButton b3=new JButton("3");
    JButton b4=new JButton("4");
    p.add(b1);p.add(b2);p.add(b3);p.add(b4);
    f.getContentPane().add(b0,BorderLayout.NORTH);
    f.getContentPane().add(p,BorderLayout.CENTER);
    f.pack();
    f.setVisible(true);
  }
}
```

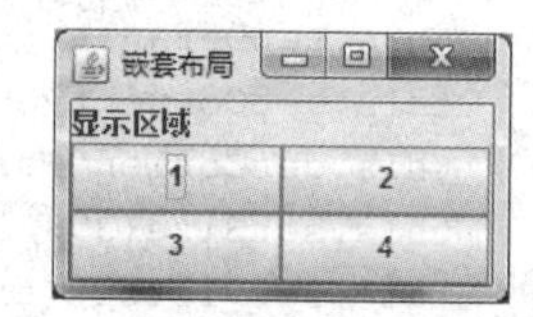

图 8.11 例 8.7 的运行结果

运行结果如图 8.11 所示。

该程序中,JFrame 使用了 BorderLayout 布局,而其中的 JPanel 对象 p 使用了 GridLayout 布局,在容器 p 中容纳了 4 个按钮。

8.5 Java 事件处理

在图形界面程序中,如何响应用户的操作呢?譬如,对于界面上的若干按钮,程序如何知道用户操作了哪个按钮?在 Java 中,用户通过键盘、鼠标等进行操作的行为,最终都传递给了 JVM,那么 JVM 在接收到这些事件以后该如何处理呢?我们把这种处理事件的方案称为事件模型。

Java 中采用的是注册监听,它是在委托管理的事件处理模型 JDK 1.1 之后引入的一种新的事件代理模块,通过它将事件源(Event Source)发出的事件(Event)委托给(注册了的)事件监听器(Listener),并由它负责执行相应的响应方法。

8.5.1 事件及事件监听器

在 Java 语言中,当用户与 GUI 组件交互时,GUI 组件能够激发一个相应事件。例如,用户单击按钮、滚动文本、移动鼠标或按下按键等,都将产生一个相应的事件。Java 提供完善的事件处理机制,能够监听事件,识别事件源,并完成事件处理。对这些事件做出响应的程序,称为事件处理器(Event handler)。

1. 事件(Event)

在 java.awt.event 包中,定义了相应的类表述事件,可以理解为对一个组件的某种同类型操作动作的集合。例如,单击一个按钮、在文本框中输入一个字符串、选择一个菜单选项、选中一个单选按钮等都可以认为是一个操作动作。而利用鼠标单击按钮、进入按钮、移出按钮、按下按钮、松开按钮等,可以认为是同一种类型的动作操作,因其都是通过鼠标完成的,这种同类型的动作操作,就可以统一由鼠标事件来描述。Java 按照事件产生的方式,将事件归类汇总后分为若干种类型,如鼠标事件、键盘事件、窗口事件、选择事件等。在 Java 中,交互动作会产生事件,实际上是在 JVM 环境中生成一个对应事件类的对象,所有的组件都有固定的事件类对象。图 8.12 所示为 Java 提供的所有的事件类以及它们之间的继承关系。

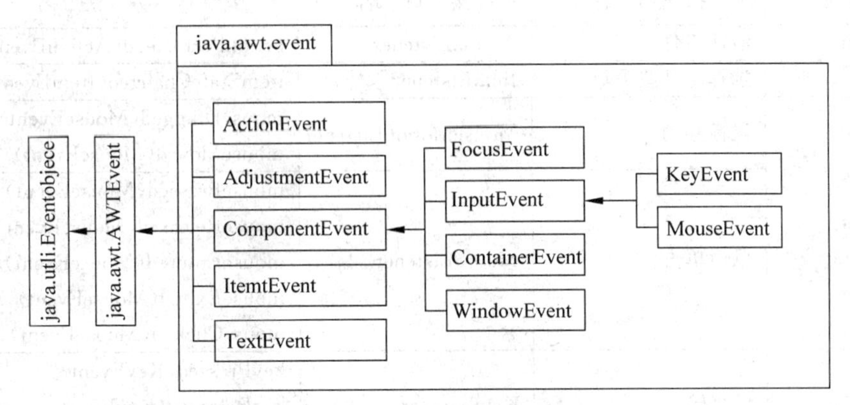

图 8.12 事件类之间的继承关系

2. 事件源(Event Source)

事件源可以理解为产生事件的源头,也即发生事件的组件。Java 认为,如果组件产生了一个动作,就表明发生了这个动作所归属的事件。例如,单击 btn 按钮,则 btn 按钮就是一个事件源,对应的事件为鼠标事件;在 tf 文本框中输入一个字符串,则 tf 文本框也是一个事件源,对应的事件为键盘事件。

3. 事件监听器(Listener)

事件处理器(Event handler)是对事件进行处理的程序,在 Java 编程中通过实现事件监听器来实现对事件的处理。事件监听器是一些事件的接口,这些接口是 java.awt.AWTEventListener 的子类。

事件处理机制中核心部分的主要功能如下。

(1) 监听组件,观察组件有没有发生某类事件。

(2) 如果监听的组件发生了某类事件,则调用对应的动作处理方法立刻处理这个事件。

通过监听器的功能可以看出,在 Java 事件处理机制中,监听器处于主体地位,与事件分类对应,监听器也相应地分成若干种类型,如鼠标事件对应鼠标监听器、键盘事件对应键盘监听器、窗口事件对应窗口监听器等。需要说明的是,如果希望监听并处理一个组件的某类事件,则必须先给该组件添加对应的事件监听器。如果不给组件添加事件监听器,则该组件发生任何事件都不会被监听器监听到,从而也不会产生任何的响应。监听器属于接口类型,实现某一种监听器就必须实现该监听器的所有方法。

如:MouseMotionListener 是对鼠标移动事件的处理的接口,它包含两个重要的方法:

```
void mouseDragged(MouseEvent e);                //处理鼠标拖拽的方法
void mouseMoved(MouseEvent e);                  //处理鼠标移动的方法
```

这些方法中,都带有一个事件对象作为参数,不同的事件对象,由不同的监听器接口处理,Java 提供了完整的事件类及对该事件监听的监听接口,表 8.8 所示为所有 AWT 各个事件及相应的监听器接口,共 10 类事件,11 个接口。

表 8.8 AWT 各个事件及其相应的监听器接口

事件类别	描述信息	接口名	方法名
ActionEvent	激活组件	ActionListener	actionPerformed(ActionEvent)
ItemEvent	选择了某些项目	ItemListener	itemStateChanged(ItemEvent)
MouseEvent	鼠标移动	MouseMotionListener	mouseDragged(MouseEvent) mouseMoved(MouseEvent)
	鼠标单击	MouseListener	mousePressed(MouseEvent) mouseReleased(MouseEvent) mouseEntered(MouseEvent) mouseExited(MouseEvent) mouseClicked(MouseEvent)
KeyEvent	键盘输入	KeyListener	keyPressed(KeyEvent) keyReleased(KeyEvent) keyTyped(KeyEvent)
FocusEvent	组件收到或失去焦点	FocusListener	focusGained(FocusEvent) focusLost(FocusEvent)
AdjustmentEvent	移动了滚动条等组件	AdjustmentListener	adjustmentValueChanged(AdjustmentEvent)
ComponentEvent	对象移动、缩放、显示、隐藏	ComponentListener	componentMoved(ComponentEvent) componentHidden(ComponentEvent) componentResized(ComponentEvent) componentShown(ComponentEvent)
WindowEvent	窗口收到窗口级事件	WindowListener	windowClosing(WindowEvent) windowOpened(WindowEvent) windowIconified(WindowEvent) windowDeiconified(WindowEvent) windowClosed(WindowEvent) windowActivated(WindowEvent) windowDeactivated(WindowEvent)
TextEvent	文本字段或文本区发生改变	TextListener	textValueChanged(TextEvent)
ContainerEvent	容器中增加、删除了组件	ContainerListener	componentAdded(ContainerEvent) componentRemoved(ContainerEvent)

4. 事件适配器(Adapter)

事件适配器可以认为是一个简化版的监听器。监听器是对一类事件可能产生的所有动作进行监听。例如,鼠标监听器监听鼠标按键能够产生的所有动作,包括鼠标单击、鼠标按下、鼠标松开等。因为监听器属于接口,如果只使用监听器来完成动作处理的操作,则程序必须实现这个监听器所有的动作处理方法。一般情况下在进行具体的程序设计时,只需要监听某类事件中的一个动作即可。例如,我们仅需监听鼠标单击按钮这个动作,而对鼠标进入按钮、鼠标移动按钮等动作不需要进行编程响应动作，这时，就可以使用事件适配器。因为适配器可以由程序设计人员自主选择监听和响应的动作，从而简化了监听器的监听工作，当然，相应的能够监听的动作会变少。具体需要监听并响应何种动作，由程序设计人员根据实际需要在代码中自行指定。

5. 事件处理器(事件处理方法)

事件处理器是一个接收事件对象并进行相应处理的方法。事件处理器包含在一个类中，这个类的对象负责检查事件是否发生，若发生就激活事件处理器进行处理。

6. 注册事件监听器

为了能够让事件监听器检查某个组件(事件源)是否发生了某些事件，并且在发生时激活事件处理器进行相应的处理，必须在事件源上注册事件监听器。这是通过使用事件源组件的方法来完成的，方法如下。

```
addXxxListener(事件监听器对象)
```

其中，Xxx 对应相应的事件类。

8.5.2 GUI 事件监听器的注册

在事件源上注册事件监听器，也就是将组件对象和监听器对象相联系。

注册事件监听器只需要使用组件对象的 addXxxListener(事件监听器对象)方法，这里的事件监听器对象是实现了监听器接口的类的对象，当该监听器对象监听的事件发生时，就会触发监听器中相应的处理程序。步骤如下所示。

(1) 程序中引入 java.awt.event 包。

```
import java.awt.event
```

(2) 给所需的事件源对象注册侦听事件程序。

```
事件源对象.addXXXListener(XXXListener);
```

(3) 实现相应的方法。如果监听程序接口包含多个方法，必须实现所有方法。

下面介绍注册事件监听器的 3 种方法。

1. 通过接口实现

自身既是 JFrame 子类，又是事件监听器。

例 8.8 实现接口示例。

```
import java.awt.event.ActionEvent;
import java.awt.event.ActionListener;
import javax.swing.JButton;
import javax.swing.JFrame;
public class Demo extends JFrame implements ActionListener
{
  private JButton jb;
  public Demo()
```

```
{
  this.setTitle("自身做监听器");
  jb = new JButton("单击我");
  jb.addActionListener(this);    //注册事件监听器
  this.add(jb);      //用 this 指向自己,自己是一个 JFrame,直接添加组件
  this.pack();
  this.setDefaultCloseOperation(3);
  this.setVisible(true);
}
public void actionPerformed(ActionEvent e)
{
  //实现 ACtionListener 方法,实现事件监听的处理方法
    System.out.println("按钮被按下");
}
public static void main(String[] args)
{
    new Demo();
}
}
```

运行结果如图 8.13 所示。

图 8.13 例 8.8 的运行结果

2. 事件适配器

事件适配器和匿名内部类的方式基本相同,只不过适配器是 Java 中为了简化编程而提供的类,该类默认实现了相应事件接口中的方法。比如 WindowListener 接口对应的事件适配器是 WindowAdapter,KeyListener 对应的适配器接口是 KeyAdapter,这样就省去了通过接口必须实现所有抽象方法的烦恼,因为适配器中已经实现了所有的抽象方法,只需重写想要实现的方法就可以了。

例 8.9 适配器示例。

```
import java.awt.*;
import java.awt.event.*;
import javax.swing.JButton;
import javax.swing.JFrame;
public class Demo extends JFrame
{
  private JButton jb;
  class MyMouseListener extends MouseAdapter
  {
    //不需要实现 MouseListener 接口中的所有方法,只重写需要的方法即可
    public void mouseEntered(MouseEvent e)
    {
      System.out.println("鼠标进入");
    }
    public void mouseExited(MouseEvent e)
    {
      System.out.println("鼠标移出");
    }
  }
  public Demo()
```

```
    {
      this.setTitle("事件适配器做监听器");
      jb = new JButton("鼠标移进移出");
      jb.addMouseListener(new MyMouseListener());
      this.add(jb);
      this.pack();
      this.setDefaultCloseOperation(3);
      this.setVisible(true);
    }
    public static void main(String[] args)
    {
      new Demo();
    }
}
```

运行结果如图 8.14 所示。

鼠标进入
鼠标移出
事件适配器做监听器
鼠标移进移出

图 8.14 例 8.9 的运行结果

3. 匿名内部类

在 Java 事件处理程序中,由于与事件相关的事件监听器的类经常局限于一个类的内部,所以经常使用内部类。由于定义的内部类在事件处理中的使用仅实例化一次,所以经常使用匿名类。

例 8.10 匿名类示例。

```
import java.awt.event.MouseEvent;
import java.awt.event.MouseListener;
import javax.swing.JButton;
import javax.swing.JFrame;
public class Demo extends JFrame
{
  private JButton jb;
  public Demo()
  {
    this.setTitle("匿名类做监听器");
    jb = new JButton("单击我");
    jb.addMouseListener(new MouseListener()
    {
      //事件源不同的操作对应不同的事件处理方法
      public void mouseClicked(MouseEvent e)
      {
        System.out.println("按钮被按下");
      }
      public void mouseEntered(MouseEvent e)
      {
      }
      public void mouseExited(MouseEvent e)
      {
      }
      public void mousePressed(MouseEvent e)
      {
      }
      public void mouseReleased(MouseEvent e)
      {
      }
```

```
    });
    this.add(jb);
    this.pack();
    this.setDefaultCloseOperation(3);
    this.setVisible(true);
  }
  public static void main(String[] args)
  {
    new Demo();
  }
}
```

运行结果如图 8.15 所示。

图 8.15 例 8.10 的运行结果

8.5.3 一个对象注册多个监听器

一般情况下,事件源可以产生多种不同类型的事件,因此可以注册多种不同类型的监听器。不同对象所能注册的事件监听器如表 8.9 所示。

表 8.9 不同组件所能注册的事件监听器

组件	Act	Adj	Cmp	Cnt	Foc	Item	Key	Mou	MM	Txt	Win
JButton	√		√		√		√	√	√		
JCanvas			√		√		√	√	√		
JCheckbox			√		√	√	√	√	√		
JChoice			√		√	√	√	√	√		
JDialog			√	√	√		√	√	√		√
JFrame			√	√	√		√	√	√		√
JLabel			√		√		√	√	√		
JList	√		√		√	√	√	√	√		
JMenuItem	√										
JPanel			√	√	√		√	√	√		
JScrollbar		√	√		√		√	√	√		
JScrollPane			√	√	√		√	√	√		
JTextArea			√		√		√	√	√	√	
JTextField	√		√		√		√	√	√	√	
Window			√	√	√		√	√	√		√

注：Act—Action 行动事件；Adj—Adjustment 调整；Cmp—Comoponent 组件事件；Cnt—Container 容器事件；Foc—Focus 焦点事件；Item—Item 条目事件；Key—key 键盘事件；Mou—Mouse 鼠标事件；MM—Mouse Motion 鼠标移动事件；Txt—Text 文本事件；Win—window 窗口事件。

例 8.11 一个组件使用多个事件监听器。

```
import java.awt.event.*;
import javax.swing.*;
public class Demo extends JFrame
{
  private JButton jb = new JButton("按钮 1");
  MyActionListener m1=new MyActionListener();
  MyMouseListener m2 = new MyMouseListener();
```

```
 public Demo()
 {
   super("一个组件注册多个监听器");
   jb.addActionListener(m1);
   jb.addMouseListener(m2);
   this.getContentPane().add(jb);
   this.pack();
   this.setVisible(true);
 }
 public static void main(String [] args)
 {
   new Demo();
 }
 class MyActionListener implements ActionListener
 {
   public void actionPerformed(ActionEvent e)
   {
     System.out.println("在 Action 监听器中被按下");
   }
 }
 class MyMouseListener extends MouseAdapter
 {
   public void mouseClicked(MouseEvent e)
   {
     System.out.println("在 Mouse 监听器中被按下");
   }
 }
}
```

运行结果如图 8.16 所示。

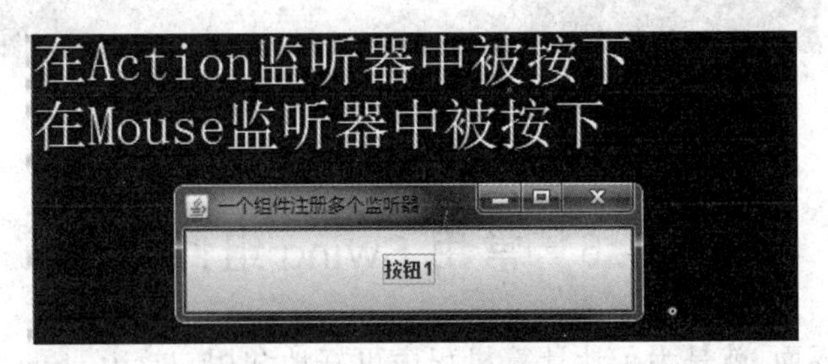

图 8.16 例 8.11 的运行结果

8.5.4 多个组件注册到一个监听器

一个事件源组件可以注册多个监听器,一个监听器也可以被注册到多个不同的事件源上。

例 8.12 多个组件注册同一个监听器示例。

```
import java.awt.event.*;
import javax.swing.*;
public class Demo extends JFrame
{
  private JButton jb1 = new JButton("按钮 1");
  private JButton jb2 = new JButton("按钮 2");
  MyActionListener m1=new MyActionListener();
  public Demo()
```

```
    {
      super("多个组件注册到一个监听器");
      jb1.addActionListener(m1);
      jb2.addActionListener(m1);
      this.getContentPane().add(jb1,"North");
      this.getContentPane().add(jb2,"South");
      this.pack();
      this.setVisible(true);
    }
    public static void main(String [] args)
    {
      new Demo();
    }
    class MyActionListener implements ActionListener
    {
      public void actionPerformed(ActionEvent e)
      {
        System.out.println("在 Action 监听器中 "+e.getActionCommand()+" 被按下");
      }
    }
  }
```

运行结果如图 8.17 所示。

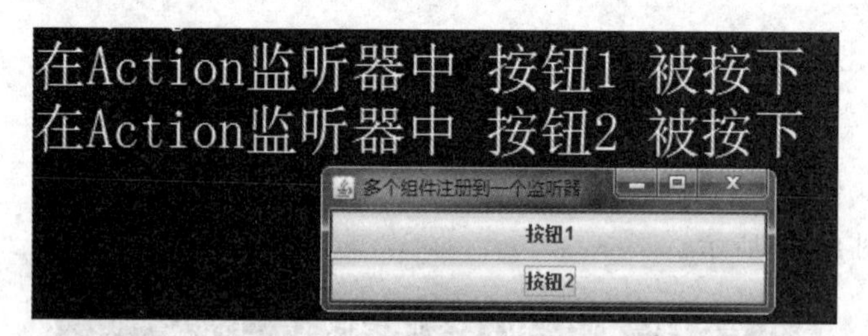

图 8.17 例 8.12 的运行结果

8.6 常用 Swing 组件

创建图形用户界面,就是为了让计算机程序更好地和用户交互,Swing 是第二代 GUI 开发工具集,在 Swing 中提供了 20 多种不同的用户界面组件,所有的 Swing 组件都是从 javax.swing.JComponent 类中派生而来的,因此继承了组件所特有的属性和方法。下面介绍一些常用组件的使用方法,更多的组件使用方法可以查阅相关 API。

8.6.1 框架(JFrame)

JFrame 是一个可以独立显示的组件,一个窗口通常包含标题、图标、操作按钮(关闭、最小化、最大化),还可以为窗口添加菜单栏、工具栏等。一个进程中可以创建多个窗口,并可在适当时候进行显示、隐藏或销毁。

JFrame 类是 java.awt 包中 Frame 类的子类,其子类创建的对象是窗体,对象(窗体)是重量容器。不能把组件直接添加到 Swing 窗体中,其含有内容面板容器,应该把组件添加到内容面板中;不能为 Swing 窗体设置布局,而应当在 Swing 窗体的内容面板中设置布局。

Swing 窗体通过 getContentPane()方法获得 JFrame 的内容面板，再对其加入组件。表 8.10 和 8.11 所示为 JFrame 的构造方法和常用方法。

表 8.10　JFrame 的构造方法

名　称	描　述
JFrame()	构造一个初始时不可见的新窗体
JFrame(String title)	创建一个新的、初始不可见的、具有指定标题的 Frame

表 8.11　JFrame 的常用方法

名　称	描　述
void setTitle(String title)	设置窗口的标题
void setIconImage(Image image)	设置窗口的图标
void setSize(int width, int height) void setSize(Dimension d)	设置窗口的宽度和高度
void setDefaultCloseOperation(int operation)	设置单击窗口关闭按钮后的默认操作参考值： ① DO_NOTHING_ON_CLOSE：不执行任何操作 ② HIDE_ON_CLOSE：隐藏窗口(不会结束进程)，再次调用 setVisible(true)将再次显示。 ③ DISPOSE_ON_CLOSE：销毁窗口，如果所有可显示的窗口都被 DISPOSE，则可能会自动结束进程 ④ EXIT_ON_CLOSE：退出进程
void setResizable(boolean resizable)	设置窗口是否可放大缩小
void setLocation(int x, int y) void setLocation(Point p)	设置窗口的位置(相对于屏幕左上角)
void setBounds(int x, int y, int width, int height) void setBounds(Rectangle rect)	设置窗口的位置、宽度和高度
Point getLocationOnScreen()	获取窗口的位置坐标(相对于屏幕坐标空间)
Point getLocation()	获取窗口的位置坐标(相对于父级坐标空间，窗口的父级一般就是屏幕)
void setLocationRelativeTo(Component comp)	设置窗口的相对位置： ① 如果 comp 整个显示区域在屏幕内，则将窗口放置到 comp 的中心 ② 如果 comp 显示区域有部分不在屏幕内，则将该窗口放置在最接近 comp 中心的一侧 ③ comp 为 null，表示将窗口放置到屏幕中心
void setAlwaysOnTop(boolean alwaysOnTop)	设置将窗口置顶显示
void setContentPane(Container contentPane)	设置窗口的内容面板
void setVisible(boolean b)	设置窗口是否可见，窗口对象刚创建和添加相应组件后通过 setVisible(true)绘制窗口，其内部组件此时才有宽度和高度值
boolean isShowing()	判断窗口是否处于显示状态
void dispose()	销毁窗口，释放窗口及其所有子组件占用的资源，之后再次调用 setVisible(true)将会重构窗口
void pack()	调整窗口的大小，以适合其子组件的首选大小和布局
void setJMenuBar(JMenuBar menubar)	设置此窗体的菜单栏

例 8.13 JFrame 示例。

```
import javax.swing.*;
import java.awt.*;
import java.awt.event.ActionEvent;
import java.awt.event.ActionListener;
public class Demo
{
  public static void main(String[] args)
  {
    final JFrame jf = new JFrame("测试窗口");
    jf.setSize(400, 400);                          //设置窗口大小
    jf.setLocationRelativeTo(null);                //设置窗口位置居中
    jf.setDefaultCloseOperation(WindowConstants.EXIT_ON_CLOSE);
                                                   //设置窗口关闭按钮
    JPanel panel = new JPanel();
    JButton btn = new JButton("显示一个新窗口");
    btn.addActionListener(new ActionListener()
    {
      public void actionPerformed(ActionEvent e)
      {
        // 单击按钮，显示一个新窗口
        showNewWindow(jf);
      }
    });
    panel.add(btn);
    jf.setContentPane(panel);
    jf.setVisible(true);
  }
  public static void showNewWindow(JFrame relativeWindow)
  {
    // 创建一个新窗口
    JFrame newJFrame = new JFrame("新的窗口");
    newJFrame.setSize(250, 250);
    // 把新窗口的位置设置到 relativeWindow 窗口的中心
    newJFrame.setLocationRelativeTo(relativeWindow);
    // 单击窗口关闭按钮，执行销毁窗口操作(如果设置为 EXIT_ON_CLOSE，则单击新窗口关闭按钮
后，整个进程结束)
    newJFrame.setDefaultCloseOperation(WindowConstants.DISPOSE_ON_CLOSE);
    // 窗口设置为不可改变大小
    newJFrame.setResizable(false);
    JPanel panel = new JPanel(new GridLayout(1, 1));
    // 在新窗口中显示一个标签
    JLabel label = new JLabel("这是一个窗口");
    label.setFont(new Font(null, Font.PLAIN, 25));
    label.setHorizontalAlignment(SwingConstants.CENTER);
    label.setVerticalAlignment(SwingConstants.CENTER);
    panel.add(label);
    newJFrame.setContentPane(panel);
    newJFrame.setVisible(true);
  }
}
```

运行结果如图 8.18 所示。

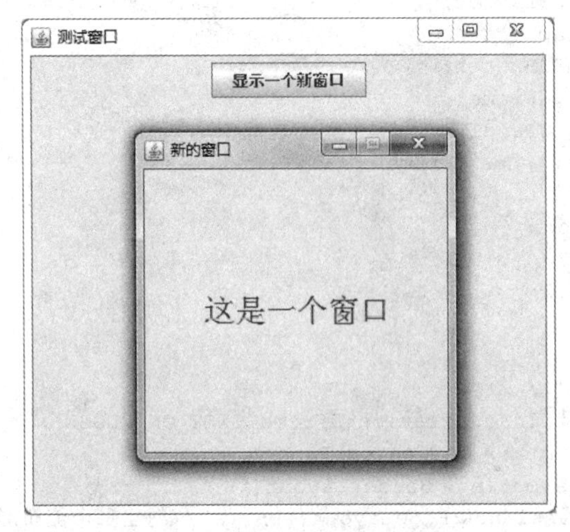

图 8.18 例 8.13 的运行结果

8.6.2 面板(JPanel)

JPanel 组件定义面板实际是一种容器组件,用来容纳各种其他轻量级组件。此外,用户还可以用这种面板容器绘制图形。表 8.12 和表 8.13 所示为 JPanel 的构造方法和常用方法。

表 8.12 JPanel 的构造方法

名 称	描 述
JPanel()	创建具有双缓冲和流布局(FlowLayout)的面板
JPanel(LayoutManager layout)	创建具有制定布局管理器的面板

表 8.13 JPanel 的常用方法

名 称	描 述
void add(Component)	添加组件
void add(Component,int)	添加组件至索引指定位置
void add(Component,Object)	按照指定布局管理器限制添加组件
void add(Component,Object,int)	按照指定布局管理器限制添加组件到指定位置
void remove(Component)	移除组件
void remove(int)	移除指定位置的组件
void removeAll()	移除所有组件
void paintComponent(Graphics)	绘制组件
void repaint()	重新绘制
void setPreferredSize(Dimension)	设置组件尺寸
Dimension getPreferredSize()	获取最佳尺寸

例 8.14 JPanel 示例。

```
import java.awt.BorderLayout;
import java.awt.Color;
import java.awt.Container;
```

```
import java.awt.Dimension;
import java.awt.FlowLayout;
import java.awt.Graphics;
import javax.swing.JButton;
import javax.swing.JFrame;
import javax.swing.JPanel;
public class Demo extends JFrame
{
  JButton[] buttons;
  JPanel panel1;
  CustomPanel panel2;
  public Demo()
  {
    super("面板实例");
    this.setDefaultCloseOperation(JFrame.EXIT_ON_CLOSE);
    Container container = getContentPane();
    container.setLayout(new BorderLayout());
    panel1 = new JPanel(new FlowLayout());      //创建一个流布局管理器的面板
    buttons = new JButton[4];
    for (int i = 0; i < buttons.length; i++)
    {
      buttons[i]=new JButton("按钮"+(i+1));
      panel1.add(buttons[i]);                    //添加按钮到面板 panel1 中
    }
    panel2 = new CustomPanel();
    container.add(panel1,BorderLayout.NORTH);
    container.add(panel2,BorderLayout.CENTER);
    pack();
    setVisible(true);
  }
  public static void main(String[] args)
  {
    new Demo();
  }
  class CustomPanel extends JPanel
  {//定义内部类 CustomPanel
    protected void paintComponent(Graphics g)
    {
      super.paintComponent(g);
      g.drawString("Welcome to Java Shape World", 20, 20);
      g.drawRect(20, 40, 130, 130);
      g.setColor(Color.GREEN);                   //设置颜色为绿色
      g.fillRect(20, 40, 130, 130);              //绘制矩形
      g.drawOval(160, 40, 100, 100);             //绘制椭圆
      g.setColor(Color.ORANGE);                  //设置颜色为橙色
      g.fillOval(160, 40, 100, 100);             //绘制椭圆
    }
    public Dimension getPreferredSize()
    {
      // TODO Auto-generated method stub
      return new Dimension(200,200);
    }
  }
}
```

运行结果如图 8.19 所示。

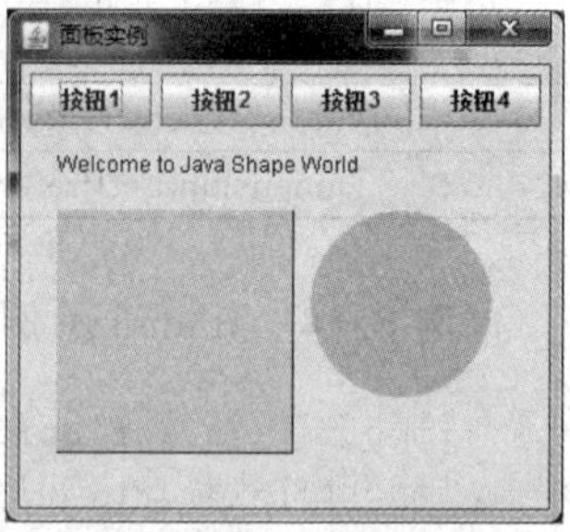

图 8.19 例 8.14 的运行结果

8.6.3 按钮(JButton)

Swing 中的按钮是 JButton，它是 javax. swing. AbstracButton 类的子类。Swing 中的按钮可以显示图像，并且可以将按钮设置为窗口的默认图标，而且可以将多个图像指定给一个按钮。表 8.14 和表 8.15 所示为 JButton 的构造方法和常用方法。

表 8.14 JButton 的构造方法

名 称	描 述
JButton(Icon icon)	按钮上显示图标
JButton(String text)	按钮上显示字符
JButton(String text,Icon icon)	按钮上既显示图标又显示字符

表 8.15 JButton 常用方法

名 称	描 述
setText(String text)	设置按钮的标签文本
setIcon(Icon defaultIcon)	设置按钮在默认状态下显示的图片
setRolloverIcon(Icon rolloverIcon)	设置当光标移动到按钮上方时显示的图片
setPressedIcon(Icon pressedIcon)	设置当按钮被按下时显示的图片
setContentAreaFilled(boolean b)	设置按钮的背景为同名，当设为 fase 时表示不绘制，默认为绘制
setBorderPainted(boolean b)	设置为不绘制按钮的边框，当设为 false 时表示不绘制，默认为绘制

按钮组件是 GUI 中最常用的一种组件。按钮组件可以捕捉到用户的单击事件，同时利用按钮事件处理机制响应用户的请求。JButton 类是 Swing 提供的按钮组件，在单击 JButton 类对象创建的按钮时，会产生一个 ActionEvent 事件。

例 8.15 JButton 示例。

```
import javax.swing.*;
import java.awt.event.*;
public class Demo extends JFrame implements ActionListener
{
  String msg = "";
  JButton yes,no,undecided;
  JPanel p;
  JTextField jt;
  public Demo()
  {
    super("按钮组件");
    yes = new JButton("Yes");
    no = new JButton("No");
    undecided = new JButton("Undecided");
    p=new JPanel();
    jt= new JTextField();
    p.add(yes); p.add(no); p.add(undecided);
    this.getContentPane().add(p,"Center");
    this.getContentPane().add(jt,"South");
    yes.addActionListener(this);
    no.addActionListener(this);
```

```
        undecided.addActionListener(this);
        this.pack();
        this.setVisible(true);
    }
    public void actionPerformed(ActionEvent ee)
    {
        String str = ee.getActionCommand();
        if (str.equals("Yes"))
        {
          msg = "您选择了 Yes!";
        }else if (str.equals("No"))
        {
          msg = "您选择了 No!";
        }else
        {
          msg = "您选择了 Undecided!";
        }
        jt.setText(msg);
    }
    public static void main(String [] args)
    {
        new Demo();
    }
}
```

运行效果如图 8.20 所示。

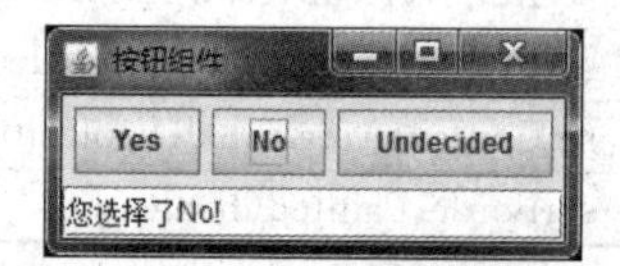

图 8.20 例 8.15 的运行结果

8.6.4 文本框(JTextField 和 JPasswordField)

JTextField 组件用于创建文本框。文本框是用来接收用户的单行文本信息输入的区域，通常文本框用于接收用户信息或其他文本信息的输入。当用户输入文本信息后，如果为 JTextField 对象添加了事件处理，按回车键后就会触发一定的操作。

JPasswordField 是 JTextField 的子类，是一种特殊的文本框，也是用来接收单行文本信息输入的区域，但是会用回显字符串代替输入的文本信息，因此，JPasswordField 组件也称为密码文本框。JPasswordField 默认的是回显字符 *，用户也可以自行设置回显字符。表 8.16 和表 8.17 所示为 JTextField 的构造方法和常用方法，表 8.18 所示为 JPasswordField 的构造方法。

表 8.16 JTextField 的常见构造方法

名　　称	描　　述
JTextField()	创建一个空文本框
JTextField(String text)	创建一个具有初始文本信息 text 的文本框
JTextField(String text,int columns)	创建一个具有初始文本信息 text 以及制定列数的文本框

表 8.17 JTextField 的常用方法

名　　称	描　　述
void setText(String)	设置显示内容
String getText()	获取显示内容

表 8.18 JPasswordField 的构造方法

名　称	描　述
JPasswordField()	创建一个空的密码文本框
JPasswordField(String text)	创建一个指定初始文本信息的密码文本框
JPasswordField(String text,int columns)	创建一个指定文本和列数的密码文本框
JPasswordField(int columns)	创建一个指定列数的密码文本框

JPasswordField 是 JTextField 的子类，因此 JPasswordField 也具有与 JTextField 类似的名称和功能的方法，此外，它还具有自己独特的方法。JPasswordField 的常用方法如表 8.19 所示。

表 8.19 JPasswordField 的常用方法

名　称	描　述
boolean echoCharIsSet()	获取设置回显字符的状态
void setEchoChar(char)	设置回显字符
void getEchoChar()	获取回显字符
char[]getPassword()	获取组件的文本

例 8.16 JTextField 和 JPasswordField 使用示例。

```
import java.awt.*;
import java.awt.event.*;
import javax.swing.*;
public class Demo extends JFrame
{
  private JTextField username;
  private JPasswordField password;
  private JButton okButton;
  private JButton cancelButton;
  public Demo()
  {
    JPanel panel = new JPanel();
    panel.setLayout(new GridLayout(2, 2));
    panel.add(new JLabel("Username:"));
    panel.add(username = new JTextField());
    panel.add(new JLabel("Password:"));
    panel.add(password = new JPasswordField());
    okButton = new JButton("Ok");
    cancelButton = new JButton("Cancel");
    JPanel buttonPanel = new JPanel();
    buttonPanel.add(okButton);
    buttonPanel.add(cancelButton);
    this.getContentPane().add(panel,BorderLayout.CENTER);
    this.getContentPane().add(buttonPanel,BorderLayout.SOUTH);
    this.pack();
    this.setVisible(true);
  }
  public static void main(String [] args)
  {
```

```
        new Demo();
    }
}
```

运行结果如图 8.21 所示。

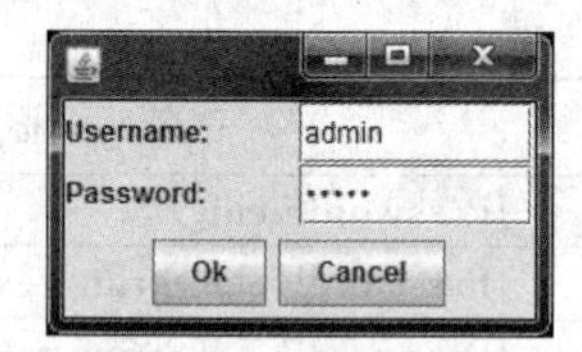

图 8.21 例 8.16 的运行结果

8.6.5 标签(JLabel)

JLabel 对象可以显示文本、图像或同时显示。可以通过设置垂直和水平对齐方式，指定标签显示区中标签内容如何对齐。默认情况下，标签在显示区内垂直居中对齐。默认情况下，只显示文本的标签是左对齐，只显示图像的标签则水平居中对齐。还可以指定文本相对于图像的位置。默认情况下，文本位于图像的结尾，文本和图像都垂直对齐。表 8.20 和表 8.21 所示为 JLabel 的构造方法和常用方法。

表 8.20 JLabel 的构造方法

名　称	描　述
JLabel()	创建无图像并且其标题为空字符串的 JLabel
JLabel(Icon image)	创建具有指定图像的 JLabel 实例
JLabel(Icon image,int horizontalAlignment)	创建具有指定图像和水平对齐方式的 JLabel 实例
JLabel(String text)	创建具有指定文本的 JLabel 实例
JLabel(String text,Icon icon,int horizontalAlignment)	创建具有指定文本、图像和水平对齐方式的 JLabel 实例
JLabel(String text,int horizontalAlignment)	创建具有指定文本和水平对齐方式的 JLabel 实例

表 8.21 JLabel 的常用方法

名　称	描　述
getHorizontalAlignment()	返回标签内容沿 X 轴的对齐方式
getHorizontalTextPosition()	返回标签的文本相对图像的水平位置
getText()	返回该标签显示的文本字符串
getIcon()	返回该标签显示的图形图像(字形、图标)
setHorizontalAlignment(int alignment)	设置标签内容沿 X 轴的对齐方式
setHorizontalTextPosition(int textPosition)	设置标签的文本相对图像的水平位置
setIcon(Icon icon)	定义此组件将要显示的图标
setText(String text)	定义此组件将要显示的单行文本
setVerticalAlignment(int alignment)	设置标签内容沿 Y 轴的对齐方式
setVerticalTextPosition(int textPosition)	设置标签的文本相对图像的垂直位置

例 8.17 JLabel 的用法。

```
import javax.swing.*;
import java.awt.*;
public class Demo
{
  public static void main(String[] args)
  {
    JFrame jf = new JFrame("测试窗口");
    jf.setDefaultCloseOperation(WindowConstants.EXIT_ON_CLOSE);
    // 创建内容面板,默认使用流式布局
    JPanel panel = new JPanel();
```

```
        //只显示文本
        JLabel label01 = new JLabel();
        label01.setText("Only Text");
        //设置字体,null 表示使用默认字体
        label01.setFont(new Font(null, Font.PLAIN, 25));
        panel.add(label01);
        //只显示图片
        JLabel label02 = new JLabel();
        label02.setIcon(new ImageIcon("demo01.jpg"));
        panel.add(label02);
        //同时显示文本和图片
        JLabel label03 = new JLabel();
        label03.setText("文本和图片");
        label03.setIcon(new ImageIcon("cat.jpg"));
        // 水平方向文本在图片中心
        label03.setHorizontalTextPosition(SwingConstants.CENTER);
        // 垂直方向文本在图片下方
        label03.setVerticalTextPosition(SwingConstants.BOTTOM);
        panel.add(label03);
        jf.setContentPane(panel);
        jf.pack();
        jf.setLocationRelativeTo(null);
        jf.setVisible(true);
    }
}
```

运行结果如图 8.22 所示。

图 8.22 例 8.17 的运行结果

8.6.6 单选按钮(JRadioButton)

JRadioButton 组件实现的是一个单选按钮。JRadioButton 类可以单独使用,也可以与 ButtonGroup 类联合使用。当单独使用时,该单选按钮可以被选定和取消选定;当与 ButtonGroup 类联合使用时,需要使用 add()方法将 JRadioButton 添加到 ButtonGroup 中,并组成一个单选按钮组,此时用户只能选定按钮组中的一个单选按钮。表 8.22 和表 8.23 所示为 JRadioButton 的构造方法和常用方法。

表 8.22 JRadioButton 的构造方法

名　　称	描　　述
JRadioButton()	默认无显示文本,未选中状态
JRadioButton(String text)	显示 text 文本信息,未选中状态
JRadioButton(String text,boolean selected)	显示 text 文本信息,并指定是否选中

表 8.23 JRadioButton 的常用方法

名　　称	描　　述
setText(String text)	设置单选按钮的标签文本
setSelected(boolean b)	设置单选按钮的状态,默认情况下未被选中,当设为true时表示单选按钮被选中
add(AbatractButton b)	添加按钮到按钮组中
remove(AbatractButton b)	从按钮组中移除按钮
getButtonCount()	返回按钮组中包含按钮的个数,返回值为 int 型
getElements()	返回一个 Enumeration 类型的对象,通过该对象可以遍历按钮组中包含的所有按钮对象
isSelected()	返回单选按钮的状态,当设为 true 时为选中
setSelected(boolean b)	设定单选按钮的状态

例 8.18 JRadioButton 使用示例,选择用户所喜欢的网站。

注意:同一组单选按钮,必须先创建一个 ButtonGroup,然后把单选按钮放到 ButtonGroup 中,这样才能实现单选的效果。

```
import java.awt.Container;
import java.awt.GridLayout;
import java.awt.event.WindowAdapter;
import java.awt.event.WindowEvent;
import javax.swing.BorderFactory;
import javax.swing.ButtonGroup;
import javax.swing.JFrame;
import javax.swing.JPanel;
import javax.swing.JRadioButton;
public class Demo extends JFrame
{
  private ButtonGroup group = new ButtonGroup();
  private JRadioButton jb1 = new JRadioButton("主站");   // 定义一个单选按钮
  private JRadioButton jb2 = new JRadioButton("博客");   // 定义一个单选按钮
  private JRadioButton jb3 = new JRadioButton("论坛");   // 定义一个单选按钮
  private JPanel panel = new JPanel();                   // /定义一个面板
  public Demo()
  {
    super("单选按钮示例");
    panel.setBorder(BorderFactory.createTitledBorder("请选择最喜欢的网站"));
    // 定义一个面板的边框显示条
    panel.setLayout(new GridLayout(1, 3));               // 定义排版,一行三列
    panel.add(this.jb1);                                 // 加入组件
    panel.add(this.jb2);                                 // 加入组件
    panel.add(this.jb3);                                 // 加入组件
```

```
    group.add(this.jb1);
    group.add(this.jb2);
    group.add(this.jb3);
    jb1.setSelected(true);
    this.getContentPane().add(panel);                        //加入面板
    this.pack();                                             //设置窗体大小
    this.setVisible(true);                                   //显示窗体
  }
  public static void main(String[] args)
  {
    new Demo();
  }
}
```

运行结果如图 8.23 所示。

图 8.23　例 8.18 的运行结果

8.6.7　复选框(JCheckBox)

使用复选框可以完成多项选择。Swing 中的复选框与 AWT 中的复选框相比,优点是 Swing 复选框中可以添加图片。复选框可以为每一次的单击操作添加一个事件。表 8.24 和表 8.25 所示为复选框的构造方法和常用方法。

表 8.24　复选框的构造方法

名　　称	描　　述
JCheckBox(Icon icon)	创建一个有图标,但未被选中的复选框
JCheckBox(Icon icon,boolean selected)	创建一个有图标复选框,并且制定是否被选中
JCheckBox(String text)	创建一个有文本,但未被选中的复选框
JCheckBox(String text,boolean selected)	创建一个有文本复选框,并且制定是否被选中
JCheckBox(String text,Icon icon)	创建一个指定文本和图标,但未被选中的复选框
JCheckBox(String text,Icon icon,boolean selected)	创建一个指定文本和图标,并且制定是否被选中的复选框

表 8.25　复选框的常用方法

名　　称	描　　述
public boolean isSelected()	返回复选框状态,true 时为选中
public void setSelected(boolean b)	设定复选框状态

例 8.19　JCheckBox 使用示例。

```
import javax.swing.*;
public class Demo extends JFrame
{
  JCheckBox c1= new JCheckBox("北京");
  JCheckBox c2 = new JCheckBox("南京");
  JCheckBox c3 = new JCheckBox("深圳");
  public Demo()
  {
    super("请选择喜欢的城市");
    this.setDefaultCloseOperation(JFrame.EXIT_ON_CLOSE);
    //默认选中
```

```
        c1.setSelected(true);
        JPanel p = new JPanel();
        p.add(c1);
        p.add(c2);
        p.add(c3);
        this.getContentPane().add(p);
        this.pack();
        this.setVisible(true);
    }
    public static void main(String[] args)
    {
        new Demo();
    }
}
```

运行结果如图 8.24 所示。

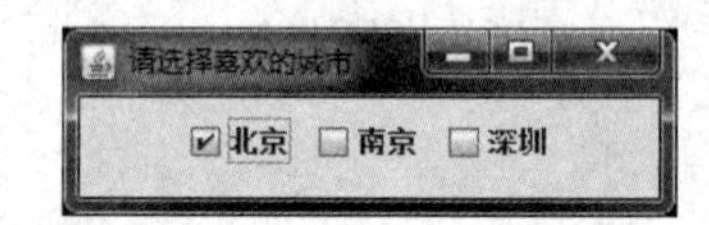

图 8.24 例 8.19 的运行结果

8.6.8 组合框(JComboBox)

JComboBox 组件用来创建组合框对象。通常，根据组合框是否可编辑的状态，可以将组合框分成可编辑状态外观和不可编辑状态外观两种常见的外观。可编辑状态外观可视为文本框和下拉列表的组合，不可编辑状态外观可视为按钮和下拉列表的组合。在按钮或文本框的右边有一个带三角符号的下拉按钮，用户单击该下拉按钮，便可出现一个内容列表，这也是组合框的得名。组合框通常用于从列表的“多个项目中选择一个”的操作。表 8.26 和表 8.27 所示为 JComboBox 的构造方法和常用方法。

表 8.26 JComboBox 的构造方法

名 称	描 述
JComboBox()	创建一个默认模型的组合框
JComboBox(ComboBoxModel aModel)	创建一个指定模型的组合框
JComboBox(Object[]items)	创建一个具有数组定义列表内容的组合框

表 8.27 JComboBox 的常用方法

名 称	描 述
addActionListener(ActionListener l)	添加 ActionListener
addItem(Object anObject)	为项列表添加项
addItemListener(ItemListener aListener)	添加 ItemListener
configureEditor(ComboBoxEditor anEditor, Object anItem)	利用指定项初始化编辑器
getEditor()	返回用于绘制和编辑 JComboBox 字段中所选项的编辑器
getItemAt(int index)	返回指定索引处的列表项
getItemCount()	返回列表中的项数
getModel()	返回 JComboBox 当前使用的数据模型
getRenderer()	返回用于显示 JComboBox 字段中所选项的渲染器
getSelectedIndex()	返回列表中与给定项匹配的第一个选项
getSelectedItem()	返回当前所选项
insertItemAt(Object anObject,int index)	在项列表中的给定索引处插入项

续表

名　　称	描　　述
isEditable()	如果 JComboBox 可编辑，则返回 true
removeAllItems()	从项列表中移除所有项
removeItem(Object anObject)	从项列表中移除项
removeItemAt(int anIndex)	移除 anIndex 处的项
setModel(ComboBoxModel aModel)	设置 JComboBox 用于获取项列表的数据模型
setRenderer(ListCellRenderer aRenderer)	设置渲染器，该渲染器用于绘制列表项和从 JComboBox 字段的列表中选择的项
setSelectedIndex(int anIndex)	选择索引 anIndex 处的项
setSelectedItem(Object anObject)	将组合框显示区域中所选项设置为参数中的对象

例 8.20 JComboBox 使用示例。

```
import java.awt.BorderLayout;
import java.awt.event.*;
import java.awt.*;
import javax.swing.*;
public class Demo extends JFrame
{
  private JComboBox<String> faceCombo;
  private JLabel label;
  static final int DEFAULT_SIZE=24;
  public static void main(String[] args)
  {
    new Demo();
  }
  public Demo()
  {
    label = new JLabel("显示用户的选择项");
    faceCombo = new JComboBox<String>();
    faceCombo.addItem("管理员");
    faceCombo.addItem("普通用户");
    faceCombo.addItem("高级用户");
    faceCombo.addActionListener(new ActionListener()
    {
      @Override
      public void actionPerformed(ActionEvent e)
      {
        label.setText(faceCombo.getItemAt(faceCombo.getSelectedIndex()));
      }
    });
    JPanel comboJPanel = new JPanel();
    comboJPanel.add(faceCombo);
    this.getContentPane().add(label,BorderLayout.CENTER);
    this.getContentPane().add(comboJPanel,BorderLayout.SOUTH);
    this.pack();
    this.setVisible(true);
  }
}
```

运行结果如图 8.25 所示。

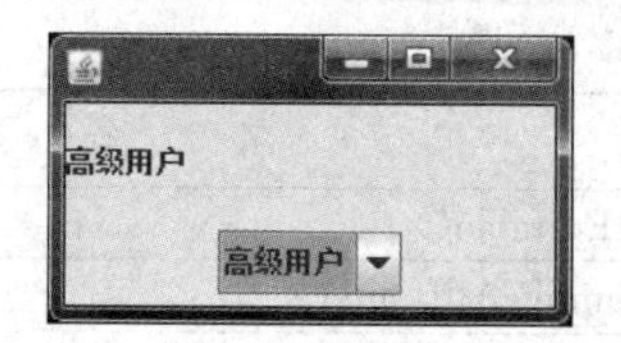

图 8.25 例 8.20 的运行结果

8.6.9 列表(JList)

JList 组件用于定义列表,允许用户选择一个或多个项目。与 JTextArea 类似,JList 本身不支持滚动功能,如果要显示超出显示范围的项目,可以将 JList 对象放到滚动窗格 JScrollPane 对象中实现滚动操作。表 8.28 和表 8.29 所示为 JList 的构造方法和常用方法。

表 8.28 JList 的构造方法

名　称	描　述
JList()	创建一个空模型的列表
JList(ListModel dataModel)	创建一个指定模型的列表
JList(Object[]listdatas)	创建一个具有数组指定项目内容的列表

表 8.29 JList 的常用方法

名　称	描　述
int getFirstVisibleIndex()	获取第一个可见单元的索引
void setFirstVisibleIndex(int)	设置第一个可见单元的索引
int getLastVisibleIndex()	获取最后一个可见单元的索引
void setLastVisibleIndex(int)	设置最后一个可见单元的索引
int getSelectedIndex()	获取第一个已选的索引
void setSelectedIndex(int)	设置第一个已选的索引
Object getSelectedValue()	获取第一个已选的对象
void setSelectedValue(Object)	设置第一个已选的对象
Object[]getSelectedValues()	获取已选的所有对象
Color getSelectionBackground()	获取选中项目的背景色
void setSelectionBackground()	设置选中项目的背景色
Color getSelectionForeground()	获取选中项目的前景色
void setSelectionForeground()	设置选中项目的前景色

例 8.21 JList 使用示例。

```
import java.awt.BorderLayout;
import java.awt.EventQueue;
import javax.swing.JFrame;
import javax.swing.JLabel;
import javax.swing.JList;
import javax.swing.JOptionPane;
import javax.swing.JPanel;
import javax.swing.JScrollPane;
import javax.swing.UIManager;
import javax.swing.border.EmptyBorder;
import javax.swing.event.ListSelectionEvent;
import javax.swing.event.ListSelectionListener;
public class Demo extends JFrame
{
  private static final long serialVersionUID = -5544682166217202148L;
```

```
    private JPanel contentPane;
    private JList<String> list;
    private JLabel label;
    public static void main(String[] args)
    {
      new Demo();
    }
    public Demo()
    {
      this.setTitle("监听列表项选择事件");
      this.setDefaultCloseOperation(JFrame.EXIT_ON_CLOSE);
      label = new JLabel(" ");
      this.getContentPane().add(label, BorderLayout.SOUTH);
      JScrollPane scrollPane = new JScrollPane();
      this.getContentPane().add(scrollPane, BorderLayout.CENTER);
      list = new JList<String>();
      list.addListSelectionListener(new ListSelectionListener()
      {
        public void valueChanged(ListSelectionEvent e)
        {
          do_list_valueChanged(e);
        }
      });
      scrollPane.setViewportView(list);
      String[] listData = new String[7];
      listData[0] = "《平凡的世界》";
      listData[1] = "《活着》";
      listData[2] = "《三体》";
      listData[3] = "《追风筝的人》";
      listData[4] = "《小王子》";
      listData[5] = "《围城》";
      listData[6] = "《月亮与六便士》";
      list.setListData(listData);
      this.pack();
      this.setVisible(true);
    }
    protected void do_list_valueChanged(ListSelectionEvent e) {
        label.setText("当前选择的小说是：" +list
  .getSelectedValue());
        //JOptionPane.showMessageDialog(this, "当前
  选择的小说是：" +list.getSelectedValue(), null,
  JOptionPane.INFORMATION_MESSAGE);
    }
  }
```

运行结果如图 8.26 所示。

图 8.26 例 8.21 的运行结果

8.6.10 文本域(JTextArea)

JTextArea 用来编辑多行的文本。JTextArea 除了允许多行编辑外，其他用法和 JTextField 基本一致。表 8.30 和表 8.31 所示为 JFextArea 的构造方法和常用方法。

表 8.30 JTextArea 的构造方法

名　称	描　述
JTextArea()	构造新的 TextArea
JTextArea(String text)	构造显示指定文本的新的 TextArea
JTextArea(int rows,int columns)	构造具有指定行数和列数的新的空 TextArea
JTextArea(String text,int rows,int columns)	构造具有指定文本、行数和列数的新的 TextArea

表 8.31 JTextArea 的常用方法

名　称	描　述
void setLineWrap(boolean wrap)	是否自动换行,默认为 false
void setWrapStyleWord(boolean word)	设置自动换行方式。如果为 true,则将在单词边界(空白)处换行;如果为 false,则将在字符边界处换行。默认为 false
String getText()	获取文本框中的文本
void append(String str)	追加文本到文档末尾
void replaceRange(String str,int start,int end)	替换部分文本
void setText(String text)	设置文本框的文本
void setFont(Font font)	设置文本框的字体
void setForeground(Color fg)	设置文本框的字体颜色
int getLineCount()	获取内容的行数(以换行符计算,满行自动换下一行不算增加行数)
int getLineEndOffset(int line)	获取指定行(行数从 0 开始)的行尾(包括换行符)在全文中的偏移量
int getLineOfOffset(int offset)	获取指定偏移量所在的行数(行数从 0 开始)
void setCaretColor(Color c)	设置光标颜色
void setSelectionColor(Color c)	设置呈现选中部分的背景颜色
void setSelectedTextColor(Color c)	设置选中部分文本的颜色
void setDisabledTextColor(Color c)	设置不可用时文本的颜色
void setEditable(boolean b)	设置文本框是否可编辑

例 8.22 JTextArea 在使用时通常把它放到 JScrollPane 容器中,以此来实现内容增多时可水平或垂直滚动的效果。

```
import javax.swing.*;
import java.awt.event.ActionEvent;
import java.awt.event.ActionListener;
public class Demo
{
  public static void main(String[] args)
  {
    JFrame jf = new JFrame("测试窗口");
    jf.setSize(250, 250);
    //jf.setLocationRelativeTo(null);
```

```
        jf.setDefaultCloseOperation(WindowConstants.EXIT_ON_CLOSE);
        // 创建一个 5 行 10 列的文本区域
        final JTextArea textArea = new JTextArea(5, 10);
        // 设置自动换行
        textArea.setLineWrap(true);
        // 添加到滚动面板,实现内容超出编辑范围时垂直滚动
        JScrollPane scroll=new JScrollPane(textArea);
        jf.setContentPane(scroll);
        jf.setVisible(true);
    }
}
```

运行结果如图 8.27 所示。

图 8.27　例 8.22 的运行结果

8.6.11　表格(JTable)

表格是 Swing 新增加的组件，主要功能是把数据以二维表格的形式显示出来。使用表格，应该先生成一个 MyTableModel 类型的对象来表示数据，这个类是从 AbstractTableModel 类中集成而来的，其中有几个方法要重写，例如 geColumnCount、getRowCount、getColumnName 和 getValueAt。因为 JTable 会从这个对象中自动获取表格显示必需的数据，AbstractTableModel 类的对象负责表格大小的确定(行、列)、内容的填写、赋值、表格单元更新的检测等一切与表格内容有关的属性及操作。JTable 类生成的对象以该 TableModel 为参数，并负责将 TableModel 对象中的数据以表格的形式显示出来。例 8.23 演示了表格的简单用法，复杂的用法请参照 API。

例 8.23　JTable 简单用法示例。

```
import javax.swing.*;
import java.awt.*;
public class Demo
{
  JFrame mainJFrame;
  Container con;
  JScrollPane JSPane;
  JTable DataTable;
  public Demo()
  {
    mainJFrame = new JFrame();
    Object[][] playerInfo=
    {
        {"张三","经理",new Integer(6500),new Integer(2000),new Integer(200)},
        {"李四","主管",new Integer(4500),new Integer(1000),new Integer(300)},
    };
    String[] Names={"姓名","职务","工资","奖金","罚款"};
    //创建带内容和表头信息的表格
    DataTable=new JTable(playerInfo,Names);
    JSPane=new JScrollPane(DataTable);
    mainJFrame.add(JSPane);
    mainJFrame.setTitle("JTable 使用示例");
    mainJFrame.setSize(300,200);
```

```
        mainJFrame.setVisible(true);
        mainJFrame.setDefaultCloseOperation(JFrame.EXIT_ON_CLOSE);
    }
    public static void main(String[] args)
    {
        new Demo();
    }
}
```

运行结果如图 8.28 所示。

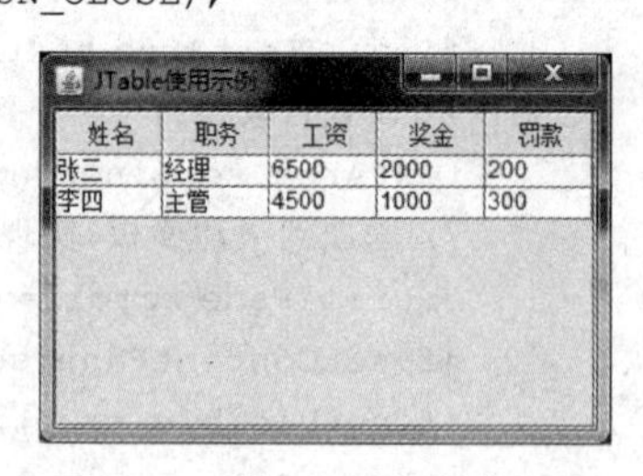

图 8.28 例 8.23 的运行结果

8.7 菜单与工具条

8.7.1 菜单的定义与使用

菜单是非常重要的 GUI 组件，每个菜单组件包括一个菜单条，称为 JMenuBar，每个菜单条又包含若干菜单项，称为 JMenu，每个菜单项再包含若干菜单子项，称为 JMenuItem。每个菜单子项的作用与按钮相似，也是在用户单击时引发一个动作命令。Java 中菜单分为两大类，一类是菜单条式菜单，通常所说的菜单就是指这一类菜单；另一类是弹出式菜单。

图 8.29 所示就是是一个带菜单的窗体。

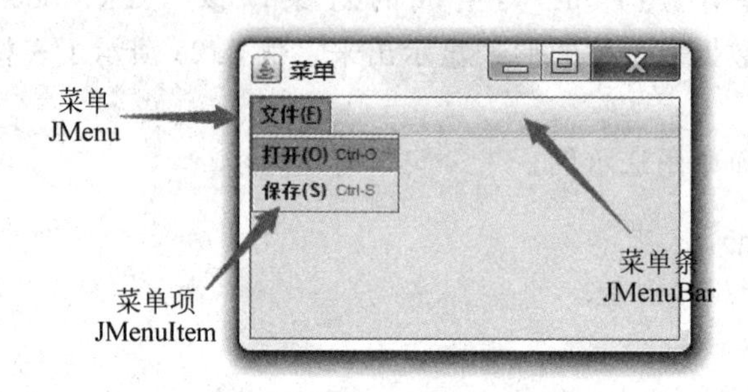

图 8.29 带菜单的窗体

菜单的设计与实现步骤如下。

(1) 要创建一个空的菜单栏 JMenuBar。

```
JMenuBar menuBar = new JMenuBar();
```

(2) 创建不同的菜单项 JMenu 加入空菜单条中。

```
JMenu fileMenu = new JMenu("文件");
menuBar.add(fileMenu);
```

(3) 为每个菜单项创建其包含的菜单子项 JMenuItem，并把菜单子项加入菜单项中。

```
JMenuItem fileMenuOpen = new JMenuItem("打开");
fileMenu.add(fileMenuOpen);
```

(4) 将建成的菜单条加入窗体容器。

```
JFrame f=new JFrame();
f.setMenuBar(menuBar);
```

(5) 将菜单子项注册给实现了动作事件的监听接口 ActionListener 的监听者,为监听者定义 actionPerformed(ActionEvent e)方法,在这个方法中可以调用 e.getSource()或者 e.getActionCommand()来判断用户单击的是哪个菜单子项,并完成这个菜单子项定义的操作。

例 8.24 菜单使用示例。

```
import java.awt.event.*;
import java.awt.*;
import javax.swing.*;
public class Demo extends JFrame implements ActionListener
{
  JMenuBar menubar;                              //菜单条
  JMenu menuFile;                                //菜单
  JMenuItem itemOpen, itemSave,itemExit;  //菜单项
  public Demo() {}
  public Demo(String string)
  {
    init(string);
    setBounds(10, 10, 300, 200);
    setVisible(true);
    setDefaultCloseOperation(EXIT_ON_CLOSE);
  }
  void init(String s)
  {
    setTitle(s);
    menubar = new JMenuBar();
    menuFile = new JMenu("文件(F)");
    menuFile.setMnemonic('F');          //设置菜单的键盘操作方式是 Alt+ F
    itemOpen = new JMenuItem("打开(O)",KeyEvent.VK_O);
                                        //设置菜单的键盘操作方式是 Alt + O
    itemSave = new JMenuItem("保存(S)",KeyEvent.VK_S);
                                        //设置菜单的键盘操作方式是 Alt + S
    itemExit = new JMenuItem("退出(X)",KeyEvent.VK_E);
                                        //设置菜单的键盘操作方式是 Alt + E
    itemOpen.addActionListener(this);
    itemSave.addActionListener(this);
    itemExit.addActionListener(this);
    menuFile.add(itemOpen);
    menuFile.add(itemSave);
    menuFile.addSeparator();            //添加分割符
    menuFile.add(itemExit);
    menubar.add(menuFile);              //将菜单添加到菜单条上
    setJMenuBar(menubar);
  }
  public void actionPerformed(ActionEvent event )
  {
    System.out.println("Selected: "+event.getActionCommand());
  }
  public static void main(String args[]) {
    new Demo("菜单示例");
  }
}
```

运行结果如图 8.30 所示。

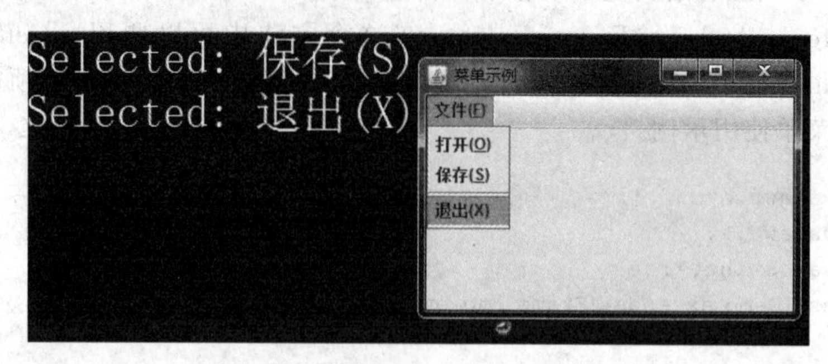

图 8.30 例 8.24 的运行结果

8.7.2 工具栏的定义与使用

JToolBar 工具栏相当于一个组件的容器，可以添加按钮、微调控制器等组件到工具栏中。每个添加的组件会被分配一个整数的索引，来确定这个组件的显示顺序。另外，组件可以位于窗体的任何一个边框中，也可以成为一个单独的窗体

一般来说，工具栏主要用图标来表示，位于菜单栏的下方，也可以成为浮动的工具栏，形式灵活。JToolBar 的构造函数及常用方法分别如表 8.32 和表 8.33 所示。

表 8.32 JToolBar 的构造函数

名　称	描　述
JToolBar()	建立一个新的 JToolBar，位置为默认的水平方向
JToolBar(int orientation)	建立一个指定的 JToolBar
JToolBar(String name)	建立一个指定名称的 JToolBar
JToolBar(String name,int orientation)	建立一个指定名称和位置的 JToolBar

表 8.33 JToolBar 的常用方法

名　称	描　述
public JButton add(Action a)	向工具栏中添加一个指派动作的 Button
public void addSeparator()	将默认大小的分隔符添加到工具栏的末尾
public Component getComponentAtIndex(int i)	返回指定索引位置的组件
public int getComponentIndex(Component c)	返回指定组件的索引
public int getOrientation()	返回工具栏的当前方向
public boolean isFloatable()	获取 Floatable 属性，以确定工具栏是否能拖动，如果可以则返回 true，否则返回 false
public boolean isRollover ()	获取 rollover 状态，以确定当鼠标经过工具栏按钮时，是否绘制按钮的边框，如果需要绘制则返回 true，否则返回 false
public void setFloatable(boolean b)	设置 Floatable 属性，如果要移动工具栏，此属性必须设置为 true

例 8.25 工具栏的使用示例。

```
import java.awt.BorderLayout;
import java.awt.event.*;
import javax.swing.*;
```

```
public class Demo extends JFrame implements ActionListener
{
  JButton leftbutton = new JButton("左对齐",new ImageIcon("D:/1/1.png"));
  JButton middlebutton = new JButton("居中",new ImageIcon("D:/1/2.png"));
  JButton rightbutton = new JButton("左居中",new ImageIcon("D:/1/3.png"));
  private JButton[] buttonArray = new JButton[]{leftbutton,middlebutton,rightbutton};
  private JToolBar toolbar = new JToolBar("简易工具栏");
  private JLabel jl = new JLabel("请单击工具栏,选择对齐方式!");
  public Demo()
  {
    for(int i=0;i<buttonArray.length;i++)
    {
      toolbar.add(buttonArray[i]);
      //为按钮设置工具提示信息,当把鼠标放在其上时显示提示信息
      buttonArray[i].setToolTipText(buttonArray[i].getText());
      buttonArray[i].addActionListener(this);
    }
    toolbar.setFloatable(true);  //设置工具栏,true为可以成为浮动工具栏
    this.add(toolbar,BorderLayout.NORTH);
    this.add(jl);
    this.setTitle("工具栏测试窗口");
    this.setVisible(true);
    this.setBounds(200,200,300,200);
    this.setDefaultCloseOperation(JFrame.EXIT_ON_CLOSE);
  }
  public void actionPerformed(ActionEvent a)
  {
    if(a.getSource()==buttonArray[0])
    {
      jl.setHorizontalAlignment(JLabel.LEFT);
      jl.setText("你选择的对齐方式为: "+buttonArray[0].getText()+"!");
    }
    if(a.getSource()==buttonArray[1])
    {
      jl.setHorizontalAlignment(JLabel.CENTER);
      jl.setText("你选择的对齐方式为: "+buttonArray[1].getText()+"!");
    }
    if(a.getSource()==buttonArray[2])
    {
      jl.setHorizontalAlignment(JLabel.RIGHT);
      jl.setText("你选择的对齐方式为: "+buttonArray[2].getText()+"!");
    }
  }
  public static void main(String args[])
  {
    new Demo();
  }
}
```

运行结果如图 8.31 所示。

图 8.31　例 8.25 的运行结果

实训　简易仿 Windows 计算器

实训要求

本次实训要求使用 Java Swing 进行开发，设计并实现一个可以进行简单四则运算的计算器。

知识点

Java Swing 常用组件；
布局管理；
事件原理；
计算器逻辑运算实现。

效果参考图

效果参考如图 8.32 所示。

图 8.32　简易仿 Windows 计算器效果参考

参考代码

```
import java.awt.Color;
import java.awt.Container;
import java.awt.GridLayout;
import java.awt.Insets;
import java.awt.event.ActionEvent;
import java.awt.event.ActionListener;
import javax.swing.JFrame;
import javax.swing.JButton;
import javax.swing.JMenu;
import javax.swing.JMenuBar;
import javax.swing.JMenuItem;
import javax.swing.JPanel;
import javax.swing.JTextField;
import javax.swing.SwingConstants;
import javax.swing.plaf.basic.BasicBorders;
public class MyCalculator extends JFrame
{
  private static final long serialVersionUID = 1L;
  Container c = getContentPane();
  StringBuilder number1 = new StringBuilder("");  // 储存第 1 个数字字符串
```

```
StringBuilder number2 = new StringBuilder("");  // 储存第 2 个数字字符串
StringBuilder operator = new StringBuilder(""); // 储存运算符
StringBuilder result = new StringBuilder("");   // 储存运算结果
JTextField numbershow = new JTextField("0.");   // 数字显示区域,初始显示为"0."
public static void main(String[] args)
{                                               // 主方法
  MyCalculator c1 = new MyCalculator();
  c1.setVisible(true);
}
public MyCalculator()
{ // 计算器构造方法
  setTitle("计算器");
  setBounds(100, 100, 260, 245);
  setResizable(false);
  setLayout(null);
  setDefaultCloseOperation(JFrame.EXIT_ON_CLOSE);
  createMenuBar();                              // 创建菜单栏
  createNumberShow();                           // 创建数字显示区域
  createMemoShow();                             // 创建记忆显示
  createClearButtons();                         // 创建 Backspace,CE,C 等三个按钮
  createButtonArea();                           // 创建数字按钮区域
}
private void createMenuBar()
{ // 创建菜单栏的方法
  JMenuBar menubar = new JMenuBar();
  setJMenuBar(menubar);
  JMenu menu1 = new JMenu("编辑");
  JMenu menu2 = new JMenu("查看");
  JMenu menu3 = new JMenu("帮助");
  menubar.add(menu1);
  menubar.add(menu2);
  menubar.add(menu3);
  JMenuItem menu1item1 = new JMenuItem("复制");
  JMenuItem menu1item2 = new JMenuItem("粘贴");
  JMenuItem menu2item1 = new JMenuItem("标准型");
  JMenuItem menu2item2 = new JMenuItem("科学型");
  JMenuItem menu2item3 = new JMenuItem("科学分组");
  JMenuItem menu3item1 = new JMenuItem("帮助主题");
  JMenuItem menu3item2 = new JMenuItem("关于计算器");
  menu1.add(menu1item1);
  menu1.add(menu1item2);
  menu2.add(menu2item1);
  menu2.add(menu2item2);
  menu2.add(menu2item3);
  menu3.add(menu3item1);
  menu3.add(menu3item2);
}
private void createNumberShow()
{ // 创建数字显示区域的方法
  numbershow.setHorizontalAlignment(JTextField.RIGHT);
  numbershow.setBounds(5, 0, 245, 22);
  numbershow.setEnabled(false);
  numbershow.setDisabledTextColor(Color.BLACK);
  c.add(numbershow);
}
```

```
    private void createMemoShow()
    { // 创建记忆显示的方法
      JTextField memoshow = new JTextField();
      memoshow.setEditable(false);
      memoshow.setBounds(10, 30, 28, 22);
      memoshow.setBorder(new BasicBorders.FieldBorder(Color.black, Color.black, Color.
white, Color.white));
      c.add(memoshow);
    }
    private void createClearButtons()
    { // 创建 Backspace,CE,C 3 个按钮的方法
      JButton[] clearbutton = new JButton[3];
      String[] clearbuttontext = { "Backspace", "CE", "C" };
      for (int i = 0; i < 3; i++)
      {
        clearbutton[i] = new JButton();
        clearbutton[i].setText(clearbuttontext[i]);
        clearbutton[i].setHorizontalAlignment(SwingConstants.CENTER);
        clearbutton[i].setMargin(new Insets(0, 0, 0, 0));
        clearbutton[i].setFont(new java.awt.Font("Arial", 0, 9));
        clearbutton[i].setForeground(Color.blue);
        clearbutton[i].setBounds(48 + i * 68, 30, 63, 22);
        clearbutton[i].setForeground(Color.red);
        c.add(clearbutton[i]);
      }
      clearbutton[0].addActionListener(new ActionListener()
      { // 为 Backspace 按钮添加监听器
        @Override
        public void actionPerformed(ActionEvent e)
        {
          if (number1.toString().equals(""))
          { // 如果未作任何输入
            showNumber(numbershow, number1);     // 显示 number1
          } else if (operator.toString().equals(""))
          { // 如果只输入了 number1
            number1.deleteCharAt(number1.toString().length() - 1);
                                                 // 将 number1 的最后一个字符去掉
            showNumber(numbershow, number1);     // 显示 number1
          } else if (number2.toString().equals(""))
          { // 如果只输入了 number1 和 operator
            showNumber(numbershow, number1);     // 不作任何处理,显示 number1
          } else
          { // 如果输入了 number1、operator、number2
            number2.deleteCharAt(number2.toString().length() - 1);
                                                 // 将 number2 的最后一个字符去掉
            showNumber(numbershow, number2);     // 显示 number2
          }
        }
      });
      clearbutton[1].addActionListener(new ActionListener()
      { // 为 CE 按钮添加监听器
        @Override
```

```
            public void actionPerformed(ActionEvent e)
            {
              if (number1.toString().equals(""))
              { // 如果未作任何输入
                showNumber(numbershow, number1);     // 显示 number1
              } else if (operator.toString().equals(""))
              { // 如果只输入了 number1
                number1.setLength(0);                // 清除 number1
                showNumber(numbershow, number1);     // 显示 number1
              } else if (number2.toString().equals(""))
              { // 如果输入了 number1 和 operator
                showNumber(numbershow, number2);     // 不作任何处理,显示 number2
              } else {                              // 如果输入了 number1、operator、number2
                number2.setLength(0);                // 清除 number2
                showNumber(numbershow, number2);     // 显示 number2
              }
            }
          });
          clearbutton[2].addActionListener(new ActionListener()
          { // 为 C 按钮添加监听器
            @Override
            public void actionPerformed(ActionEvent e)
            { // 将所有储存清零
              number1.setLength(0);
              number2.setLength(0);
              operator.setLength(0);
              numbershow.setText("0.");
              result.setLength(0);
            }
          });
        }
        private void createButtonArea()
        { // 创建数字按钮区域的方法
          JPanel ButtonArea = new JPanel();
          ButtonArea.setBounds(5, 55, 245, 125);
          ButtonArea.setLayout(new GridLayout(4, 6, 5, 5));
          c.add(ButtonArea);
          JButton[] numberbutton = new JButton[24];
          String[] numberbuttontext = { "MC", "7", "8", "9", "/", "sqrt", "MR","4", "5", "6",
      "*", "%", "MS", "1", "2", "3", "-", "1/X", "M+","0", "+/-", ".", "+", "=" };
          for (int i = 0; i < 24; i++)
          { // 使用循环为这 24 个按钮添加标识
            numberbutton[i] = new JButton(numberbuttontext[i]);
            ButtonArea.add(numberbutton[i]);
            if (i % 6 == 0 || i % 6 == 4 || i == 23)
            { // 操作符按钮设置为红色
              numberbutton[i].setHorizontalAlignment(SwingConstants.CENTER);
              numberbutton[i].setMargin(new Insets(0, 0, 0, 0));
              numberbutton[i].setFont(new java.awt.Font("Arial", 0, 9));
              numberbutton[i].setForeground(Color.red);
            } else
            { // 其他设置为蓝色
```

```
      numberbutton[i].setHorizontalAlignment(SwingConstants.CENTER);
      numberbutton[i].setMargin(new Insets(0, 0, 0, 0));
      numberbutton[i].setFont(new java.awt.Font("Arial", 0, 9));
      numberbutton[i].setForeground(Color.blue);
    }
  }
  int[] numbers = { 19, 13, 14, 15, 7, 8, 9, 1, 2, 3 };
  // 该数组中的数字分别代表 0~9 等数字在 numberbuttontext 数组中序号
  for (int i = 0; i <= 9; i++)
  { // 使用循环为 0~9 十个数字按钮添加监听器
    final String str = String.valueOf(i);
    numberbutton[numbers[i]].addActionListener(new ActionListener()
    { //为 0~9 按钮添加监听器
      @Override
      public void actionPerformed(ActionEvent e)
      {
        if (operator.toString().equals(""))
        { // 没有输入 operator 之前
          add(number1, str);                    // 只设置 number1 的值
          showNumber(numbershow, number1);      // 只显示 number1 的值
        } else {                                // 输入 operator 之后
          add(number2, str);                    // 只设置 number2 的值
          showNumber(numbershow, number2);      // 只显示 number2 的值
        }
      }
    });
  }
  numberbutton[20].addActionListener(new ActionListener()
  { // 为"+/-"按钮添加监听器
    @Override
    public void actionPerformed(ActionEvent e)
    {
      if (operator.toString().equals(""))
      { // 没有输入 operator 之前
        add(number1, "+/-");                    // 只设置 number1 的值
        showNumber(numbershow, number1);        // 只显示 number1 的值
      } else {                                  // 输入 operator 之后
        add(number2, "+/-");                    // 只设置 number2 的值
        showNumber(numbershow, number2);        // 只显示 number2 的值
      }
    }
  });
  numberbutton[21].addActionListener(new ActionListener()
  { // 为"."按钮添加监听器
    @Override
    public void actionPerformed(ActionEvent e)
    {
      if (operator.toString().equals(""))
      { // 在输入 operator 之前,只显示 number1 的值
        add(number1, ".");
        showNumber(numbershow, number1);
      } else
```

```
            { // 在输入 operator 之后,只显示 number2 的值
                add(number2, ".");
                showNumber(numbershow, number2);
            }
        }
    });
    numberbutton[22].addActionListener(new ActionListener()
    { // 为"+"按钮添加监听器
        @Override
        public void actionPerformed(ActionEvent e)
        {
            operator.setLength(0);
            operator.append("+");
        }
    });
    numberbutton[16].addActionListener(new ActionListener()
    { // 为"-"按钮添加监听器
        @Override
        public void actionPerformed(ActionEvent e)
        {
            operator.setLength(0);
            operator.append("-");
        }
    });
    numberbutton[10].addActionListener(new ActionListener()
    { // 为"*"按钮添加监听器
        @Override
        public void actionPerformed(ActionEvent e)
        {
            operator.setLength(0);
            operator.append("*");
        }
    });
    numberbutton[4].addActionListener(new ActionListener()
    { // 为"/"按钮添加监听器
        @Override
        public void actionPerformed(ActionEvent e)
        {
            operator.setLength(0);
            operator.append("/");
        }
    });
    numberbutton[23].addActionListener(new ActionListener()
    { // 为"="按钮添加监听器
        @Override
        public void actionPerformed(ActionEvent e)
        {
            if (number1.toString().equals(""))
            { // 当 number1 为空时
                showNumber(numbershow, number1);
            } else if (operator.toString().equals(""))
            { // 当 number1 不为空,而 operator 为空时
```

```
            showNumber(numbershow, number1);
        } else if (number2.toString().equals(""))
        { //当 number1、operator 均不为空,而 number2 为空时
            switch (operator.toString())
            {
              case ("+"):
              {
                number2.append(number1.toString());
                double d = Double.parseDouble(number1.toString())+ Double.parseDouble
(number2.toString());
                result.setLength(0);
                result.append(d);
                showNumber(numbershow, result);
                number1.setLength(0);
                number1.append(d);
              }
              break;
              case ("-"):
              {
                number2.append(number1.toString());
                double d = Double.parseDouble(number1.toString())- Double.parseDouble
(number2.toString());
                result.setLength(0);
                result.append(d);
                showNumber(numbershow, result);
                number1.setLength(0);
                number1.append(d);
              }
              break;
              case ("*"):
              {
                number2.append(number1.toString());
                double d = Double.parseDouble(number1.toString())*Double.parseDouble
(number2.toString());
                result.setLength(0);
                result.append(d);
                showNumber(numbershow, result);
                number1.setLength(0);
                number1.append(d);
              }
              break;
              case ("/"):
              {
                number2.append(number1.toString());
                double d = Double.parseDouble(number1.toString())/ Double.parseDouble
(number2.toString());
                result.setLength(0);
                result.append(d);
                showNumber(numbershow, result);
                number1.setLength(0);
                number1.append(d);
              }
```

```
                break;
            }
        } else {// 当 number1、operator、number2 均不为空时
            switch (operator.toString())
            {
                case ("+"):
                {
                    double d = Double.parseDouble(number1.toString()) + Double.parseDouble
(number2.toString());
                    result.setLength(0);
                    result.append(d);
                    showNumber(numbershow, result);
                    number1.setLength(0);
                    number1.append(d);
                }
                break;
                case ("-"):
                {
                    double d = Double.parseDouble(number1.toString()) - Double.parseDouble
(number2.toString());
                    result.setLength(0);
                    result.append(d);
                    showNumber(numbershow, result);
                    number1.setLength(0);
                    number1.append(d);
                }
                break;
                case ("*"):
                {
                    double d = Double.parseDouble(number1.toString()) * Double.parseDouble
(number2.toString());
                    result.setLength(0);
                    result.append(d);
                    showNumber(numbershow, result);
                    number1.setLength(0);
                    number1.append(d);
                }
                break;
                case ("/"):
                {
                    double d = Double.parseDouble(number1.toString()) / Double.parseDouble
(number2.toString());
                    result.setLength(0);
                    result.append(d);
                    showNumber(numbershow, result);
                    number1.setLength(0);
                    number1.append(d);
                }
                break;
            }
        }
    }
});
numberbutton[17].addActionListener(new ActionListener()
{ // 为"1/x"按钮添加监听器
```

```
    @Override
    public void actionPerformed(ActionEvent e)
    {
      if (number1.toString().equals(""))
      { // 没有输入 number1 时
        numbershow.setText("除数不能为零");
      } else if (operator.toString().equals(""))
      { // 输入了 number1,但没有输入 operator
        if (Double.parseDouble(number1.toString()) == 0)
        { // 如果 number1 的值为零
          numbershow.setText("除数不能为零");
        } else
        { // 如果 number1 的值不为零
          double d = 1 / (Double.parseDouble(number1.toString()));
          number1.setLength(0);
          number1.append(d);        // 将 number1 的值开放并存储
          showNumber(numbershow, number1);
        }
      } else if (number2.toString().equals(""))
      { // 输入了 number1、operator,但没有输入 number2
        double d = 1 / (Double.parseDouble(number1.toString()));
        number2.append(d);          // 将 number1 的值开放并存储
        showNumber(numbershow, number2);
      } else
      { // 输入了 number1、operator,number2
        double d = 1 / (Double.parseDouble(number2.toString()));
        number2.setLength(0);
        number2.append(d);          // 将 number2 的值开放并存储
        showNumber(numbershow, number2);
      }
    }
  });
  numberbutton[11].addActionListener(new ActionListener()
  { // 为"%"按钮添加监听器
    @Override
    public void actionPerformed(ActionEvent e)
    {
      // 暂时空缺
    }
  });
  numberbutton[5].addActionListener(new ActionListener()
  { // 为"sqrt"按钮添加监听器
    @Override
    public void actionPerformed(ActionEvent e)
    {
      if (number1.toString().equals(""))
      { // 没有输入 number1 时
        showNumber(numbershow, number1);
      } else if (operator.toString().equals(""))
      { // 输入了 number1,但没有输入 operator
        if (Double.parseDouble(number1.toString()) < 0)
        { // number1 小于 0
          numbershow.setText("函数输入无效");
        } else
        { // number1 大于 0
```

```
            double d = Math.sqrt(Double.parseDouble(number1.toString()));
            number1.setLength(0);
            number1.append(d);          // 将 number1 的值开放并存储
            showNumber(numbershow, number1);
          }
        } else if (number2.toString().equals(""))
        { // 输入了 number1、operator,但没有输入 number2
          double d = Math.sqrt(Double.parseDouble(number1.toString()));
          number2.append(d);            // 将 number1 的值开放并存储
          showNumber(numbershow, number2);
        } else
        { // 输入了 number1、operator、number2
          double d = Math.sqrt(Double.parseDouble(number2.toString()));
          number2.setLength(0);
          number2.append(d);            // 将 number2 的值开放并存储
          showNumber(numbershow, number2);
        }
      }
    });
  }
  public void add(StringBuilder s1, String s2)
  { // 定义按钮输入后数字字符串变化的方法
    if (s2.equals("+/-"))
    { // 定义输入"+/-"后数字字符串的变化
      if (s1.toString().equals("") || s1.toString().equals("0"))
      { // 如果数字字符串为空或者 0,那么不发生变化
        s1.append("");
      } else
      { // 如果数字字符串不为空也不为 0,那么在数字字符串前增加或删除"-"字符
        if (s1.toString().startsWith("-"))
        {
          s1.deleteCharAt(0);
        } else
        {
          s1.insert(0, "-");
        }
      }
    }
    if (s2.equals("."))
    { // 定义输入"."后数字字符串的变化
      if (s1.toString().indexOf(".") == -1)
      { // 查找数字字符串中是否含有"."字符,如果没有则执行以下代码
        if (s1.toString().equals(""))
        { // 如果数字字符串为空,那么将数字字符串设置为"0."
          s1.setLength(0);
          s1.append("0.");
        } else
        {
          s1.append(".");
        }
      } else
      { // 如果有,则不发生变化
```

```
            s1.append("");
          }
        }
        if (s2.equals("0"))
        { // 定义输入"0"后数字字符串的变化
          if (s1.toString().equals("0"))
          { // 当数字的字符串为"0"时,不发生变化
            s1.append("");
          } else
          { // 当数字的字符串为"0"时,在其字符串后增加"0"
            s1.append("0");
          }
        }
        for (int i = 1; i < 10; i++)
        { // 通过循环,定义输入 1~9 后数字字符串的变化
          String str = String.valueOf(i);
          if (s2.equals(str))
          { // 定义输入 1~9 后数字字符串的变化
            if (s1.toString().equals("0"))
            {
              s1.setLength(0);
              s1.append(str);
            } else
            s1.append(str);
          }
        }
      }
      public void showNumber(JTextField j, StringBuilder s)
      { // 定义数字显示区域如何显示数字字符串的方法
        if (s.toString().equals("") == true || s.toString().equals("0") == true)
        {
          j.setText("0.");
        } else if (s.toString().indexOf(".") == -1)
        {
          j.setText(s.toString() + ".");
        } else
        {
          j.setText(s.toString());
        }
      }
    }
```

习　　题

(1) 简述 Java 的事件处理机制。

(2) 解释什么是事件源,什么是监听者。

(3) 编写程序,包括一个标签、一个文本框和一个按钮,当用户单击按钮时,程序把文本框中的内容复制到标签中。

第9章

线　程

Chapter 9

实习学徒学习目标

(1) 理解线程和进程的概念。

(2) 掌握线程对象创建方式。

(3) 掌握线程的控制方式。

9.1　进程与线程概念

9.1.1　基本概念

线程(Thread)是进程中的一个任务,一个进程至少包含一个线程,如果只包含一个线程,称为单线程程序;如果包含多个线程,称为多线程程序。进程(Process)是指正在运行的程序,例如,打开 Word 就会启动一个进程。通过任务管理器可以查看进程。如图 9.1 所示的任务管理器,每一行是一个进程,在"线程数"列中显示了每个进程包含的线程数。

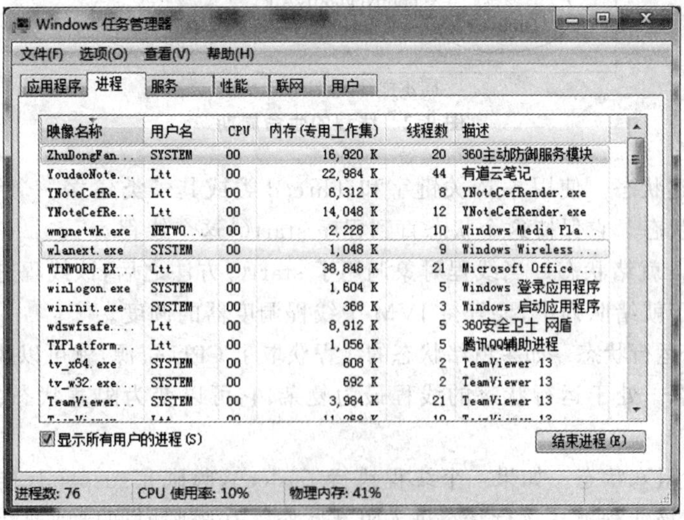

图 9.1　在任务管理器中查看进程

程序执行一般有两种方式,一种是顺序执行;另一种是并发执行。顺序执行就是指程序中的程序段必须按照先后顺序来执行,也就是只有前面的程序段执行完了,后面的程序段才开始执行。这种做法极大地浪费了 CPU 资源,比如系统中有一个程序在等待 I/O 输入,那么 CPU 除了等待就不能做任何事情了。为了提高 CPU 的使用效率、支持多任务操作,操作系统中引入了并发技术。所谓"并发"是指系统中的多个程序或程序段能够同时执行,这里的同时执行并不是指某一个时刻多段程序在同进执行(除非有多个 CPU),而是 CPU 能把时间分给不同的程序段。比如前面等待 I/O 的例子,若采用并发技术,当一个程序在等待 I/O 时,系统可以把 CPU 资源分配给另外的程序,这样能减少 CPU 的空闲时间,提高了资源利用率。

Java 给多线程编程提供了内置的支持。多线程程序可以使一个进程中的多个任务同时执行,即多任务并行执行。一条线程是指进程中一个单一顺序的控制流,一个进程中可以并发多个线程,每条线程并发执行不同的任务。多线程是多任务的一种特别的形式,但多线程使用了更小的资源开销。一个线程不能独立地存在,它必须是进程的一部分。一个进程一直运行,直到所有的非守护线程都结束运行后才能结束。多线程能满足程序员编写高效率的程序,以达到充分利用 CPU 的目的。

9.1.2 线程的生命周期

线程是一个动态执行的过程,它也有一个从产生到死亡的过程。图 9.2 所示为一个线程完整的生命周期。

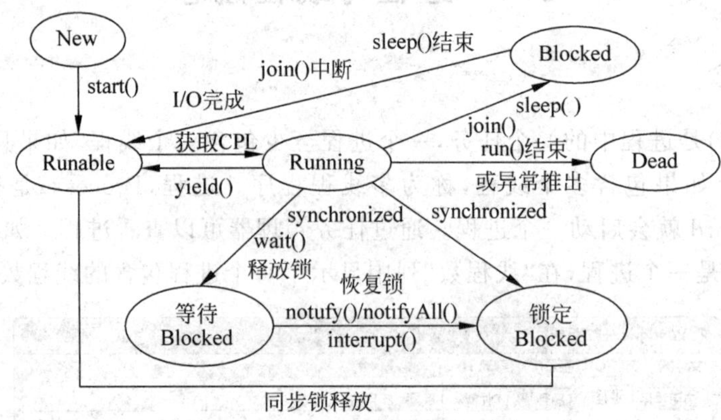

图 9.2 线程的生命周期

(1) New 新建状态。使用 new 关键字和 Thread 类或其子类建立一个线程对象后,该线程对象处于新建状态。它保持这个状态直到程序 start()这个线程。

(2) Runnable 就绪状态。当线程对象调用了 start()方法之后,该线程进入就绪状态。就绪状态的线程处于就绪队列中,要等待 JVM 中线程调度器的调度。

(3) Running 运行状态。如果就绪状态的线程获取了 CPU 资源,就可以执行 run(),此时线程便处于运行状态。处于运行状态的线程最为复杂,它可以变为阻塞状态、就绪状态和死亡状态。

(4) Blocked 阻塞状态。如果一个线程执行了 sleep(睡眠)、suspend(挂起)等方法,失去所占用资源之后,该线程就从运行状态进入阻塞状态。在睡眠时间已到或获得设备资源后可以重新进入就绪状态。可以分为以下三种。

① 等待阻塞:运行状态中的线程执行 wait()方法,使线程进入等待阻塞状态。

② 同步阻塞:线程在获取 synchronized 同步锁失败(因为同步锁被其他线程占用)。

③ 其他阻塞:通过调用线程的 sleep()或 join()发出了 I/O 请求时,线程就会进入阻塞状态。当 sleep()状态超时,join()等待线程终止或超时,或者 I/O 处理完毕,线程重新转入就绪状态。

(5) Dead 死亡状态。一个运行状态的线程完成任务或者其他终止条件发生时,该线程就切换到终止状态。

9.2 线程的创建与启动

在 Java 中，Java 的线程是通过 java. lang. Thread 类来实现的，每一个 Thread 对象代表一个新的线程。

创建一个新线程有 3 种方法，第 1 个是从 Thread 类继承；第 2 个是实现接口 Runnable；第 3 个是通过 Callable 和 Future 创建线程。

在对继承 Thread 类和实现 Runnable 接口这两种开辟新线程的方法的选择时，应该优先选择实现 Runnable 接口这种方式。因为接口的实现可以实现多个，而类的继承只能是单继承。因此在开辟新线程时能够使用 Runnable 接口就不要使用从 Thread 类继承的方式。

每个线程都是通过某个特定的 Thread 对象所对应的方法 run()来完成其操作的，方法 run()称为线程体。VM 启动时会有一个由主方法(public static void main())定义的线程，这个线程叫主线程。

9.2.1 继承 Thread 类创建和启动新的线程

可以通过继承 Thread 类并重写其 run()方法创建和启动新的线程。

例 9.1 通过继承 Thread 类定义一个线程，实现和主线程同时在屏幕输出信息。

```
public class Demo
{
  public static void main(String args[])
  {
    MyThread t= new MyThread();
    t.start();                          //调用 start()方法启动新开辟的线程
    for(int i=0;i<5;i++)
    {
      System.out.println("主线程："+i);
    }
  }
}
/*
MyThread 类从 Thread 类继承
通过实例化 MyThread 类的一个对象可以开辟一个新的线程
调用从 Thread 类继承来的 start()方法可以启动新开辟的线程
 */
class MyThread extends Thread
{
  public void run(){//重写 run()方法的实现
    for(int i=0;i<5;i++)
    {
      System.out.println("我的线程 ："+i);
    }
  }
}
```

图 9.3 例 9.1 的运行结果

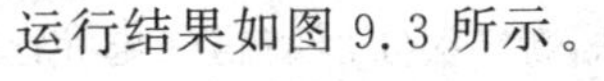

运行结果如图 9.3 所示。

Thread 类的一些重要方法，如表 9.1 所示。

表 9.1 Thread 类的一些重要方法

名 称	描 述
public void start()	使该线程开始执行；Java 虚拟机调用该线程的 run()方法
public void run()	如果该线程使用独立的 Runnable 运行对象构造，则调用该 Runnable 对象的 run()方法；否则，该方法不执行任何操作并返回
public final void setName(String name)	改变线程名称，使之与参数 name 相同
public final void setPriority(int priority)	更改线程的优先级
public final void setDaemon(boolean on)	将该线程标记为守护线程或用户线程
public final void join(long millisec)	等待该线程终止的时间最长为 millis 毫秒
public void interrupt()	中断线程
public final boolean isAlive()	测试线程是否处于活动状态
public static void yield()	暂停当前正在执行的线程对象，并执行其他线程
public static void sleep(long millisec)	在指定的毫秒数内让当前正在执行的线程休眠(暂停执行)，此操作受到系统计时器、调度程序精度和准确性的影响
public static boolean holdsLock(Object x)	当且仅当当前线程在指定的对象上保持监视器锁时，才返回 true
public static Thread currentThread()	返回对当前正在执行的线程对象的引用
public static void dumpStack()	将当前线程的堆栈跟踪打印至标准错误流

9.2.2 实现 Runnable 接口创建和启动新线程

创建一个线程，最简单的方法是创建一个实现 Runnable 接口的类。在实现 Runnable 接口时，需要实现 run()方法，声明如下：

```
public void run()
```

可以重写该方法，重要的是理解 run()可以调用其他方法，使用其他类，并声明变量，就像主线程一样。

在创建一个实现 Runnable 接口的类之后，可以在类中实例化一个线程对象。

Thread 定义了几个构造方法，下面是经常使用的一种方法：

```
Thread(Runnable threadOb,String threadName);
```

这里，threadOb 是一个实现 Runnable 接口的类的实例，并且 threadName 指定新线程的名字。

新线程创建之后，调用它的 start()方法才会运行。

```
void start();
```

例 9.2 Runnable 接口示例代码。

```
public class TestThread1{
  public static void main(String args[]){
    Runner1 r1 = new Runner1();
    //这里使用 new 运算符将一个线程类的对象实例化
    Thread t = new Thread(r1);   //要启动一个新的线程就必须将一个 Thread 对象实例化
    //这里使用的是 Thread(Runnable target)构造方法
    t.start(); //启动新开辟的线程，新线程执行的是 run()方法，新线程与主线程会一起并行执行
    for(int i=0;i<10;i++){
```

```
        System.out.println("maintheod: "+i);
      }
    }
  }
  /*定义一个类用来实现 Runnable 接口,实现 Runnable 接口就表示这个类是一个线程类*/
  class Runner1 implements Runnable{
    public void run(){
      for(int i=0;i<10;i++){
        System.out.println("Runner1: "+i);
      }
    }
  }
```

运行结果如图 9.4 所示。

```
maintheod: 0
Runner1: 0
maintheod: 1
Runner1: 1
Runner1: 2
Runner1: 3
Runner1: 4
maintheod: 2
maintheod: 3
maintheod: 4
```

图 9.4　例 9.2 的运行结果

9.2.3　使用 Callable 和 Future 接口创建线程

Callable 接口类似于 Runnable,但是 Runnable 不会返回结果,并且无法抛出返回结果的异常,而 Callable 功能更强大一些,被线程执行后有返回值,这个返回值可以被 Future 获得,也就是说,Future 可以获得异步执行任务的返回值。

使用 Callable 和 Future 接口创建线程步骤如下。

(1) 创建 Callable 接口的实现类,并实现 call()方法,该 call()方法将作为线程执行体,并且有返回值。

(2) 创建 Callable 实现类的实例,使用 FutureTask 类包装 Callable 对象,该 FutureTask 对象封装了该 Callable 对象的 call()方法的返回值。

(3) 使用 FutureTask 对象作为 Thread 对象的目标创建并启动新线程。

(4) 调用 FutureTask 对象的 get()方法获得子线程执行结束后的返回值。

例 9.3　使用 Callable 和 Future 接口创建线程。

```
import java.util.concurrent.Callable;
import java.util.concurrent.ExecutionException;
import java.util.concurrent.FutureTask;
public class CallableThreadTest implements Callable<Integer>
{
  public static void main(String[] args)
  {
    CallableThreadTest ctt = new CallableThreadTest();
    FutureTask<Integer> ft = new FutureTask<>(ctt);
    for(int i = 0;i < 5;i++)
    {
      System.out.println(Thread.currentThread().getName()+" 的循环变量 i 的值"+i);
      if(i==2)
      {
        new Thread(ft,"有返回值的线程").start();
      }
    }
    try
    {
      System.out.println("子线程的返回值:"+ft.get());
```

```
            } catch (InterruptedException e)
            {
                e.printStackTrace();
            } catch (ExecutionException e)
            {
                e.printStackTrace();
            }
        }
    @Override
    public Integer call() throws Exception
    {
        int i = 0;
        for(;i<5;i++)
        {
            System.out.println(Thread.currentThread().getName()+" "+i);
        }
        return i;
    }
}
```

运行结果如图 9.5 所示。

```
main 的循环变量i的值0
main 的循环变量i的值1
main 的循环变量i的值2
main 的循环变量i的值3
main 的循环变量i的值4
有返回值的线程 0
有返回值的线程 1
有返回值的线程 2
有返回值的线程 3
有返回值的线程 4
子线程的返回值: 5
```

图 9.5　例 9.3 的运行结果

9.2.4　创建线程的三种方式对比

采用实现 Runnable、Callable 接口的方式创建多线程时，线程类只是实现了 Runnable 接口或 Callable 接口，还可以继承其他类。使用继承 Thread 类的方式创建多线程时，编写简单，如果需要访问当前线程，则无须使用 Thread. currentThread() 方法，直接使用 this 即可获得当前线程。

9.3　线程的控制

Thread 提供一些便捷的工具方法，通过这些便捷的工具方法可以很好地控制线程的执行。

9.3.1　线程的优先级

每个线程执行时都有一个优先级的属性，优先级高的线程可以获得较多的执行机会，而优先级低的线程只能获得较少的执行机会。与线程休眠类似，线程的优先级仍然无法保障线程的执行次序，只不过，优先级高的线程获取 CPU 资源的概率较大，优先级低的也并非没机会执行。

每个线程默认的优先级都与创建它的父线程具有相同的优先级，在默认情况下，main 线程具有普通优先级。

Thread 类提供了 setPriority(int newPriority) 和 getPriority() 方法来设置和返回一个指定线程的优先级，其中 setPriority() 方法的参数是一个整数，范围是 1～10 之间，也可以使用 Thread 类提供的 3 个静态常量：

```
MAX_PRIORITY =10
```

```
MIN_PRIORITY =1
NORM_PRIORITY =5
```

例 9.4 指定线程优先级。

```
public class Test
{
  public static void main(String[] args) throws InterruptedException
  {
    new MyThread("高级", 10).start();
    new MyThread("低级", 1).start();
  }
}
class MyThread extends Thread
{
  public MyThread(String name,int pro)
  {
    super(name);                          //设置线程的名称
    setPriority(pro);                     //设置线程的优先级
  }
  @Override
  public void run()
  {
    for (int i = 0; i < 5; i++)
    {
      System.out.println(this.getName() + "线程第" + i + "次执行!");
    }
  }
}
```

图 9.6 例 9.4 的运行结果

运行结果如图 9.6 所示。

从结果可以看到，一般情况下，高级线程会优先执行完毕。

需要注意的是，虽然 Java 提供了 10 个优先级别，但这些优先级别需要操作系统的支持。不同的操作系统的优先级并不相同，而且不能很好地和 Java 的 10 个优先级别对应。所以应该使用 MAX_PRIORITY、MIN_PRIORITY 和 NORM_PRIORITY 3 个静态常量来设定优先级，这样才能保证程序最好的可移植性。

9.3.2 线程合并 jion

Thread 提供了让一个线程等待另一个线程执行完毕的方法——join()方法。当在某个程序执行流中调用其他线程的 join()方法时，调用线程将被阻塞，直到被 join()方法加入的线程执行完为止。

join()方法通常由使用线程的程序调用，将问题划分为许多小问题，每个小问题分配一个线程。当所有的小问题都得到处理之后，再调用主线程进行下一步操作。

例 9.5 join()方法示例。

```
public class Demo extends Thread
{
  //提供一个有参数的构造器，用于设置该线程的名字
```

```
    public Demo(String name)
    {
      super(name);
    }
    //重写 run()方法,定义线程执行体
    public void run()
    {
      for(int i = 0 ;i < 5;i++)
      {
        System.out.println(getName() + " " + i);
      }
    }
    public static void main(String[] args) throws InterruptedException
    {
      //启动子线程
      new Demo("新线程").start();
      for(int i = 0 ;i < 5;i++)
      {
        if(i == 2){
          Demo jt = new Demo("被 Join 的线程");
          jt.start();
          //main 线程调用了 jt 线程的 join()方法
          //main 线程必须等 jt 线程执行结束才会向下执行
          jt.join();
        }
        System.out.println(Thread.currentThread().getName() + " " + i);
      }
    }
}
```

运行结果如图 9.7 所示。

主程序一共有 3 个线程,主方法开始的同时启动了名为"新线程"的子线程,该子线程与 main 线程并发执行。当主线程的循环变量 i 等于 2 时,启动了名为"被 Join 线程"的线程,该线程不会和 main 线程并发执行,main 线程必须等该线程执行结束后才可以向下执行。

图 9.7 例 9.5 的运行结果

9.3.3 线程睡眠 sleep

如果需要让当前正在执行的线程暂停一段时间,进入阻塞状态,可以通过调用 sleep()方法来实现。sleep()方法有两种重载形式。

(1) static void sleep(long millis):让当前线程暂停 millis 毫秒,并进入阻塞状态。该方法受到系统计时器和线程调度器的影响。

(2) static void sleep(long millis,int nanos):让当前正在执行的线程暂停 millis 毫秒加 nanos 毫微秒,并进入阻塞状态。该方法受到系统计时器和线程调度器的影响。

当前调用 sleep()方法进入阻塞状态后,在其睡眠时间段内,该线程不会获得执行的机会,即使系统中没有其他可执行的线程,处于 sleep()中的线程也不会执行,因此 sleep()方法常用来暂停程序的执行。

例 9.6 主线程每隔 1000 毫秒打印出一个数字。

```
public class Demo
{
  public static void main(String[] args) throws InterruptedException
  {
    for(int i=0;i<5;i++)
    {
      System.out.println("main"+i);
      Thread.sleep(1000);
    }
  }
}
```

运行时可以明显看到打印的数字在时间上有些许的间隔。

使用 sleep()方法时应注意如下两点。

(1) sleep 是静态方法,不要用 Thread 的实例对象调用它,因为它睡眠的始终是当前正在运行的线程,而不是调用它的线程对象。

例 9.7 程序对线程对象 myThread 调用 sleep()方法,并不能实现对线程 MyThread 运行的阻塞。

```
public class Test1
{
  public static void main(String[] args) throws InterruptedException
  {
    System.out.println(Thread.currentThread().getName());
    MyThread myThread=new MyThread();
    myThread.start();
    myThread.sleep(1000);          //这里 sleep 的就是 main 线程,而非 myThread 线程
    Thread.sleep(10);
    for(int i=0;i<100;i++)
    {
      System.out.println("main"+i);
    }
  }
}
```

(2) Java 线程调度是 Java 多线程的核心,只有良好的调度,才能充分发挥系统的性能,提高程序的执行效率。但是不管程序员怎么编写调度,只能最大限度地影响线程执行的次序,而不能做到精准控制。因为使用 sleep()方法之后,线程进入阻塞状态,只有当睡眠的时间结束,才会重新进入就绪状态,而就绪状态进入运行状态,是由系统控制的,不可能精准地进行干涉,所以如果调用 Thread. sleep(1000)使得线程睡眠 1 秒,可能结果会大于 1 秒。

例 9.8 多次运行下面的程序,仔细分析运行结果。

```
public class Test
{
  public static void main(String[] args) throws InterruptedException
  {
    new MyThread().start();
    new MyThread().start();
  }
}
class MyThread extends Thread
```

```
    {
      public void run()
      {
        for (int i = 0; i < 3; i++)
        {
          System.out.println(this.getName()+"线程" + i + "次执行!");
          try
          {
            Thread.sleep(50);
          } catch (InterruptedException e)
          {
            e.printStackTrace();
          }
        }
      }
    }
```

某一次的运行结果,如图 9.8 所示。

```
Thread-0线程0次执行!
Thread-1线程0次执行!
Thread-1线程1次执行!
Thread-0线程1次执行!
Thread-1线程2次执行!
Thread-0线程2次执行!
```

图 9.8 例 9.8 的运行结果

可以看到,线程 0 首先执行,然后线程 1 执行一次之后,又执行一次。可以看到它并不是按照 sleep()的顺序执行的。

9.3.4 线程让步 yield

yield()方法与 sleep()方法相似,它也是 Thread 类提供的一个静态方法,它也可以让当前正在执行的线程暂停,但不会阻塞该进程,只是将该线程转入就绪状态。yield()只是让当前线程暂停一下,让系统的线程调度器重新调度一次。有时候当某个线程调用了 yield()方法暂停之后,线程调度器又会将其调度出来重新执行。

实际上,当某个线程调用了 yield()方法暂停之后,只有优先级与当前线程相同,或者优先级比当前线程更高的处于就绪状态的线程才会获得执行的机会。

例 9.9 yield()方法示例。

```
public class Test
{
  public static void main(String[] args) throws InterruptedException
  {
    new MyThread("低级", 1).start();
    new MyThread("中级", 5).start();
    new MyThread("高级", 10).start();
  }
}
class MyThread extends Thread
{
  public MyThread(String name, int pro)
  {
    super(name);                          // 设置线程的名称
    this.setPriority(pro);                // 设置优先级
  }
  @Override
  public void run()
  {
    for (int i = 0; i < 5; i++)
    {
```

```
            System.out.println(this.getName() + "线程第" + i + "次执行!");
            if (i % 2 == 0)
                Thread.yield();
        }
    }
}
```

某一次运行结果如图 9.9 所示。

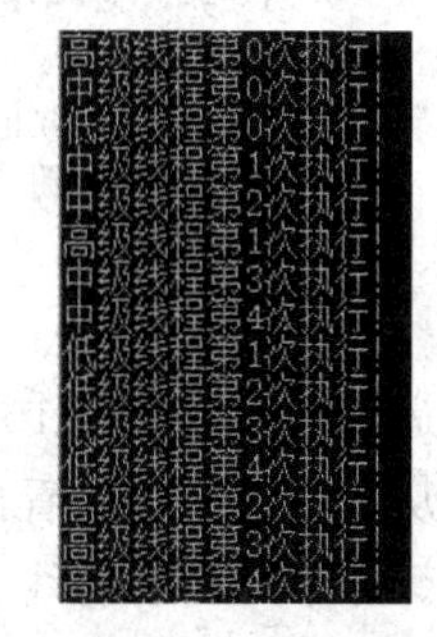

图 9.9 例 9.9 的运行结果

关于 sleep()方法和 yield()方法的区别如下。

(1) sleep()方法暂停当前线程后,会给其他线程执行的机会,不会理会其他线程的优先级;但 yield()方法只会给优先级相同,或优先级更高的线程执行机会。

(2) sleep()方法会将线程转入阻塞状态,直到经过阻塞时间才会转入就绪状态;而 yield()不会将线程转入阻塞状态,它只是强制当前线程进入就绪状态,因此完全有可能某个线程调用 yield()方法暂停之后,立即再次获得处理器资源被执行。

(3) sleep()方法声明抛出了 InterruptedException 异常,所以调用 sleep()方法时要么捕捉该异常,要么显式声明抛出该异常;而 yield()方法则没有声明抛出任何异常。

(4) sleep()方法比 yield()方法有更好的可移植性,通常不建议使用 yield()方法来控制并发线程的执行。

9.3.5 后台线程

有一种线程在后台运行,它的任务是为其他线程提供服务,这种线程被称为“后台线程(Demon Thread)”,又称为“守护线程”或“精灵线程”。JVM 的垃圾回收线程就是典型的后台线程。后台线程有个特征:如果所有的前台线程都死亡,后台线程会自动死亡。

调用 Thread 对象的 setDaemon(true)方法可将指定线程设置为后台线程。例 9.10 将执行线程设置为后台线程,可以看到当所有前台线程死亡时,后台线程随之死亡。当整个虚拟机中只剩下后台线程时,程序就没有运行的必要了,所以虚拟机退出。

例 9.10 守护线程示例。

```
public class Demo extends Thread
{
    public Demo(String name)
    {
        super(name);
    }
    public void run()
    {
        for(int i = 0;i < 100;i++)
        {
            System.out.println(getName() + " " + i );
        }
    }
    public static void main(String[] args)
    {
        Demo dt = new Demo("守护线程");
```

```
        //将此线程设置为后台线程
        dt.setDaemon(true);
        //启动后台线程
        dt.start();
        for(int i = 0;i < 5;i++)
        {
          System.out.println(Thread.currentThread().getName()+ " " + i);
        }
        //程序执行到此时,前台线程(main 线程)结束
        //后台线程也随之结束
    }
}
```

运行结果如图 9.10 所示。

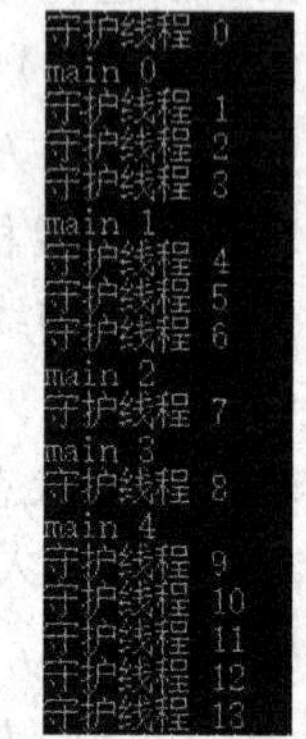

图 9.10　例 9.10 的运行结果

从上面程序可以看出,主线程默认是前台线程,dt 线程默认也是前台线程。并不是所有的线程默认都是前台线程,有些线程默认是后台线程,前台线程创建的子线程默认是前台线程,后台线程创建的子线程默认是后台线程。

注意:前台线程死亡后,JVM 会通知后台线程死亡,但从它接收指令到做出响应,需要一定的时间,而且要将某个线程设置为后台线程,必须在该线程启动之前设置,也就是说,setDaemon(true)必须在 start()方法之前调用,否则会引发 IlleaglThreadStateException 异常。

9.3.6 结束线程

Thread 类中提供了一些停止线程的方法,如 Thread. stop()、Thread. suspend()、Thread. resume()、Runtime. runFinalizersOnExit(),不过因为安全性较差,这些终止线程运行的方法已经不再使用,想要安全有效地结束一个线程,可以使用下面的方法。

(1) 正常执行完 run()方法,线程自然结束。

(2) 运用控制循环条件和判断条件的标识符结束线程。

例 9.11 根据条件判断结束 run()方法。

```
class MyThread extends Thread
{
  int i=0;
  public void run()
  {
    while (true)
    {
      if(i==10)
        break;
      i++;
      System.out.println(i);
    }
  }
}
```

或者

```
class MyThread extends Thread
{
  int i=0;
  boolean next=true;
  public void run()
  {
    while (next)
    {
      if(i==10)
        next=false;
      i++;
      System.out.println(i);
    }
  }
}
```

或者

```
class MyThread extends Thread
{
  int i=0;
  public void run()
  {
    while (true)
    {
      if(i==10)
        return;
      i++;
      System.out.println(i);
    }
  }
}
```

只要保证在一定的情况下，run()方法能够执行完毕，而不是 while(true)的无限循环即可。

9.4 线程同步

在多线程编程中对于共享变量的控制非常重要，正常的程序由于是单线程处理，所以不会出现变量资源同时被多个线程访问修改，程序的运行是顺序的。然而多线程的环境中会出现资源同时被多个线程获取的情况，因此加入同步锁，以避免在该线程没有完成操作之前被其他线程调用，从而保证了该变量的唯一性和准确性。

线程的同步可以使用 synchronized 关键字，或者使用 java. util. concurrent. lock 包中的 Lock 对象。这里简单讨论 synchronized 关键字的使用。

synchronized 关键字可以修饰方法，也可以修饰代码块，但不能修饰构造器、属性等。

常用的线程同步方式有以下两种。

(1) 同步方法，使用 synchronized 关键字修饰方法。

由于 Java 的每个对象都有一个内置锁，当用此关键字修饰方法时，内置锁会保护整个方法。在调用该方法前,需要获得内置锁,否则就处于阻塞状态。

如:

```
public synchronized void save(){}
```

注意:synchronized 关键字也可以修饰静态方法,此时如果调用该静态方法,将会锁住整个类。

(2) 同步代码块,使用 synchronized 关键字修饰的语句块。

被该关键字修饰的语句块会自动加上内置锁,从而实现同步。

如:

```
synchronized(object){ }
```

注意:同步是一种高开销的操作,因此应该尽量减少同步的内容。通常没有必要同步整个方法,使用 synchronized 代码块同步关键代码即可。

例 9.12 设计程序实现账户管理,不考虑线程同步问题。

```
public class Test
{
  class Bank
  {
    private int account = 100;
    public int getAccount()
    {
      return account;
    }
    //存钱操作
    public void save(int money)
    {
      System.out.println("save 操作开始: 原来账户余额为:" +account);
      account += money;
      System.out.println("save 操作完成: 现在账户余额为:" +account);
    }
    //取钱操作
    public void draw(int money)
    {
      System.out.println("draw 操作开始: 原来账户余额为:" +account);
      account - =  money;
      System.out.println("draw 操作完成: 现在账户余额为:" +account);
    }
    //用同步代码块实现
    public void save1(int money)
    {
      synchronized (this)
      {
        account += money;
      }
    }
  }
  class NewThread1 implements Runnable
  {
    private Bank bank;
    public NewThread1(Bank bank)
```

```
    {
      this.bank = bank;
    }
    public void run()
    {
      for (int i = 0; i < 3; i++)
      {
        // bank.save1(10);
        bank.save(10);
          try
          {
          Thread.sleep(1000);
        } catch(Exception e)
          {
          System.out.println(e.getMessage());
          }
      }
    }
  }
  class NewThread2 implements Runnable
  {
    private Bank bank;
    public NewThread2(Bank bank)
    {
      this.bank = bank;
    }
    public void run()
    {
      for (int i = 0; i < 3; i++)
      {
        // bank.save1(10);
        bank.draw(10);
        try
        {
          Thread.sleep(1000);
        } catch(Exception e)
        {
          System.out.println(e.getMessage());
        }
      }
    }
  }
  /**
  *建立线程,调用内部类
  */
  public void useThread()
  {
    Bank bank = new Bank();
```

```
        NewThread1 new_thread1 = new NewThread1(bank);
        NewThread2 new_thread2 = new NewThread2(bank);
        Thread thread1 = new Thread(new_thread1);
        thread1.start();
        Thread thread2 = new Thread(new_thread2);
        thread2.start();
    }
    public static void main(String[] args)
    {
        Test st = new Test();
        st.useThread();
    }
}
```

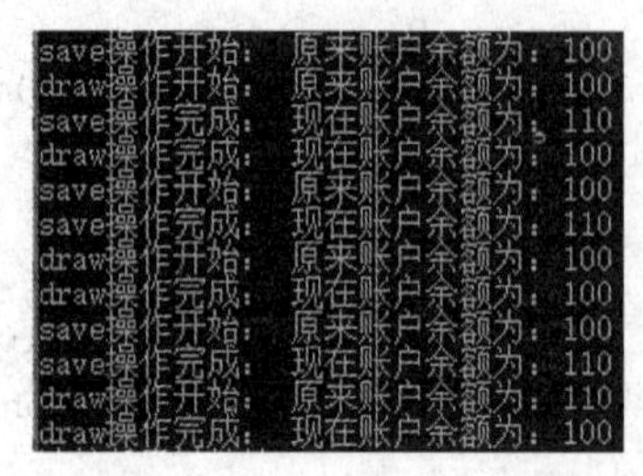

图 9.11　例 9.12 的运行结果

运行结果如图 9.11 所示。

程序模拟了 3 次存钱取钱过程,由运行结果不难看出,在存钱过程中,业务没有完成就被取钱线程取代,导致存钱时账户余额 100 元,存钱结束,账户余额仍为 100 元,账户余额不准确。

为了避免存钱或取钱方法在执行过程中被其他线程切换,导致多个线程同时修改共享变量 account,在 save 和 draw 方法前使用 synchronized 关键字,程序修改如例 9.13 所示。

例 9.13　synchronized 实现线程同步。

```
public class Test
{
    class Bank
    {
        private int account = 100;
        public int getAccount()
        {
            return account;
        }
        //用同步方法实现
        public synchronized void save(int money)
        {
            System.out.println("save 操作开始：原来账户余额为：" +account);
            account += money;
            System.out.println("save 操作完成：现在账户余额为：" +account);
        }
        //用同步方法实现
        public synchronized void draw(int money)
        {
            System.out.println("draw 操作开始：原来账户余额为：" +account);
            account -= money;
            System.out.println("draw 操作完成：现在账户余额为：" +account);
        }
        //用同步代码块实现
        public void save1(int money)
        {
            synchronized (this)
            {
                account += money;
```

```
      }
    }
  }
  class NewThread1 implements Runnable
  {
    private Bank bank;
    public NewThread1(Bank bank)
    {
      this.bank = bank;
    }
    public void run()
    {
      for (int i = 0; i < 3; i++)
      {
        // bank.save1(10);
        bank.save(10);
        try
        {
          Thread.sleep(1000);
        } catch(Exception e)
        {
          System.out.println(e.getMessage());
        }
      }
    }
  }
  class NewThread2 implements Runnable
  {
    private Bank bank;
    public NewThread2(Bank bank)
    {
      this.bank = bank;
    }
    public void run()
    {
      for (int i = 0; i < 3; i++)
      {
        // bank.save1(10);
        bank.draw(10);
        try
        {
          Thread.sleep(1000);
        } catch(Exception e)
        {
          System.out.println(e.getMessage());
        }
      }
    }
  }
  /**
   *建立线程,调用内部类
   */
  public void useThread()
  {
```

```
        Bank bank = new Bank();
        NewThread1 new_thread1 = new NewThread1(bank);
        NewThread2 new_thread2 = new NewThread2(bank);
        Thread thread1 = new Thread(new_thread1);
        thread1.start();
        Thread thread2 = new Thread(new_thread2);
        thread2.start();
    }
    public static void main(String[] args)
    {
        Test st = new Test();
        st.useThread();
    }
}
```

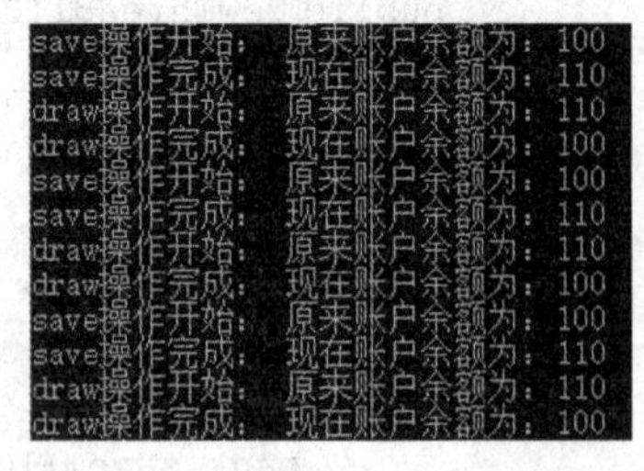
save操作开始：原来账户余额为：100
save操作完成：现在账户余额为：110
draw操作开始：原来账户余额为：110
draw操作完成：现在账户余额为：100
save操作开始：原来账户余额为：100
save操作完成：现在账户余额为：110
draw操作开始：原来账户余额为：110
draw操作完成：现在账户余额为：100
save操作开始：原来账户余额为：100
save操作完成：现在账户余额为：110
draw操作开始：原来账户余额为：110
draw操作完成：现在账户余额为：100

图 9.12　例 9.13 的运行结果

某一时刻运行结果如图 9.12 所示。

实训　简易秒表

实训要求

本次实训要求使用 Java swing 进行开发，设计并实现一个简易秒表，实现计时功能，精确到 1 毫秒。

知识点

(1) Java Swing 常用组件；

(2) 布局管理；

(3) 事件原理；

(4) 多线程控制；

(5) 秒表逻辑运算实现。

(6) 实训效果参考图如图 9.13 所示。

图 9.13　实训效果参考图

参考代码

```
import javax.swing.*;
import java.awt.HeadlessException;
import java.awt.BorderLayout;
import java.awt.FlowLayout;
import java.awt.Font;
import java.awt.event.ActionListener;
import java.awt.event.ActionEvent;
/**
 *计时器
 */
public class TimerDemo extends JFrame
{
    private static final long serialVersionUID = 1L;
    private static final String INITIAL_LABEL_TEXT = "00:00:00 000";
```

```
// 计数线程
private CountingThread thread = new CountingThread();
// 记录程序开始时间
private long programStart = System.currentTimeMillis();
// 程序开始是暂停的
private long pauseStart = programStart;
// 程序暂停的总时间
private long pauseCount = 0;
private JLabel label = new JLabel(INITIAL_LABEL_TEXT);
private JButton startPauseButton = new JButton("开始");
private JButton resetButton = new JButton("清零");
private ActionListener startPauseButtonListener = new ActionListener()
{
  public void actionPerformed(ActionEvent e)
  {
    if (thread.stopped)
    {
      pauseCount += (System.currentTimeMillis() - pauseStart);
      thread.stopped = false;
      startPauseButton.setText("暂停");
    } else
    {
      pauseStart = System.currentTimeMillis();
      thread.stopped = true;
      startPauseButton.setText("继续");
    }
  }
};
private ActionListener resetButtonListener = new ActionListener()
{
  public void actionPerformed(ActionEvent e)
  {
    pauseStart = programStart;
    pauseCount = 0;
    thread.stopped = true;
    label.setText(INITIAL_LABEL_TEXT);
    startPauseButton.setText("开始");
  }
};
public TimerDemo(String title) throws HeadlessException
{
  super(title);
  setDefaultCloseOperation(EXIT_ON_CLOSE);
  setLocation(300, 300);
  setResizable(false);
  setupBorder();
  setupLabel();
  setupButtonsPanel();
  startPauseButton.addActionListener(startPauseButtonListener);
  resetButton.addActionListener(resetButtonListener);
  thread.start();                      // 计数线程一直运行
}
```

```
// 为窗体面板添加边框
private void setupBorder()
{
  JPanel contentPane = new JPanel(new BorderLayout());
  contentPane.setBorder(BorderFactory.createEmptyBorder(5, 5, 5, 5));
  this.setContentPane(contentPane);
}
// 配置按钮
private void setupButtonsPanel()
{
  JPanel panel = new JPanel(new FlowLayout());
  panel.add(startPauseButton);
  panel.add(resetButton);
  add(panel, BorderLayout.SOUTH);
}
// 配置标签
private void setupLabel()
{
  label.setHorizontalAlignment(SwingConstants.CENTER);
  label.setFont(new Font(label.getFont().getName(), label.getFont().getStyle(), 40));
  this.add(label, BorderLayout.CENTER);
}
// 程序入口
public static void main(String[] args)
{
  TimerDemo frame = new TimerDemo("计时器");
  frame.pack();
  frame.setVisible(true);
}
private class CountingThread extends Thread
{
  public boolean stopped = true;
  private CountingThread()
  {
    setDaemon(true);
  }
  @ Override
  public void run()
  {
    while (true)
    {
      if (! stopped)
      {
        long elapsed = System.currentTimeMillis() - programStart - pauseCount;
        label.setText(format(elapsed));
      }
      try
      {
        sleep(1);                        // 1 毫秒更新一次显示
      } catch (InterruptedException e)
      {
        e.printStackTrace();
```

```
            System.exit(1);
          }
        }
      }
      // 将毫秒数格式化
      private String format(long elapsed)
      {
        int hour, minute, second, milli;
        milli = (int) (elapsed % 1000);
        elapsed = elapsed / 1000;
        second = (int) (elapsed % 60);
        elapsed = elapsed / 60;
        minute = (int) (elapsed % 60);
        elapsed = elapsed / 60;
        hour = (int) (elapsed % 60);
        return String.format("%02d:%02d:%02d %03d", hour, minute, second, milli);
      }
    }
  }
```

习　　题

（1）指出线程和进程的区别。

（2）描述线程的生命周期有哪些状态，各状态之间如何转换。

（3）编写两个线程，第1个线程用来计算2～10000的质数及个数，第2个线程用来计算10000～20000的质数及个数。

第 10 章 I/O 操 作

Chapter 10

实习学徒学习目标

(1) 了解流的概念。

(2) 熟练使用文件类 File。

(3) 掌握使用字节流及字符流读写数据的方法。

(4) 掌握对象的序列化。

10.1 流与文件概述

10.1.1 输入/输出

输入和输出是程序设计语言的重要功能，是程序和用户之间的桥梁。方便易用的输入与输出可以促使程序和用户之间产生良好的交互。输入功能使程序可以从外界如键盘、扫描仪等接收信息；输出功能可以将程序运算结果等信息传递到外界，如屏幕、打印机、磁盘文件等。

10.1.2 流

Java 语言的输入与输出是以流(Stream)的方式来处理的，流是一种数据流，是指在计算机输入和输出操作中流动的数据序列。数据可以是字符、数字或由二进制数字组成的字节。如果数据进入程序中，这样的流就称为输入流(input stream)；如果数据从程序而来，这样的流称为输出流(output stream)。例如，如果输入流与键盘连接，数据就从键盘进入程序中；如果输入流与文件连接，数据就从文件进入程序中。过程如图 10.1 所示。

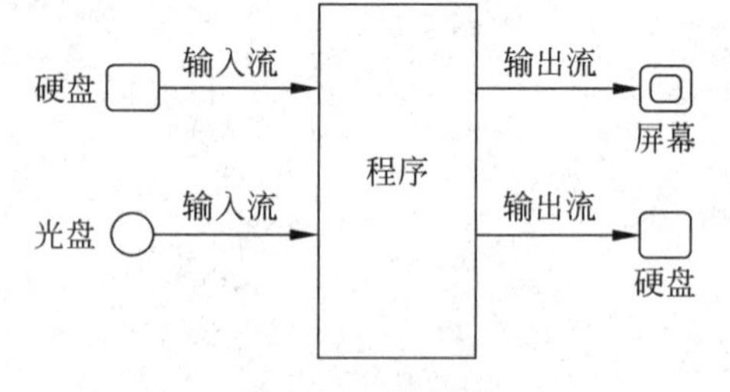

图 10.1 数据流

Java 流的分类比较丰富，主要有以下 3 种方式。

(1) 按照输入的方向可分为输入流和输出流，输入和输出的参照对象是 Java 程序。

(2) 按照处理数据的单位不同可分为字节流和字符流，字节流读取的最小单位是一个字节(1byte=8bit)，而字符流一次可以读取一个字符(1char=2byte=16bit)。

(3) 按照功能的不同可分为节点流和处理流(过滤流)。节点流是直接从一个源读写数据的流(这个流没有经过包装和修饰)，处理流是在对节点流封装的基础上的一种流，如 FileInputStream 是一个节点流，可以直接从文件读取数据，BufferedInputStream 可以包装 FileInputStream，使其增加缓冲功能。

① 输入：输入流如图 10.2 所示。

② 输出：输出流如图 10.3 所示。

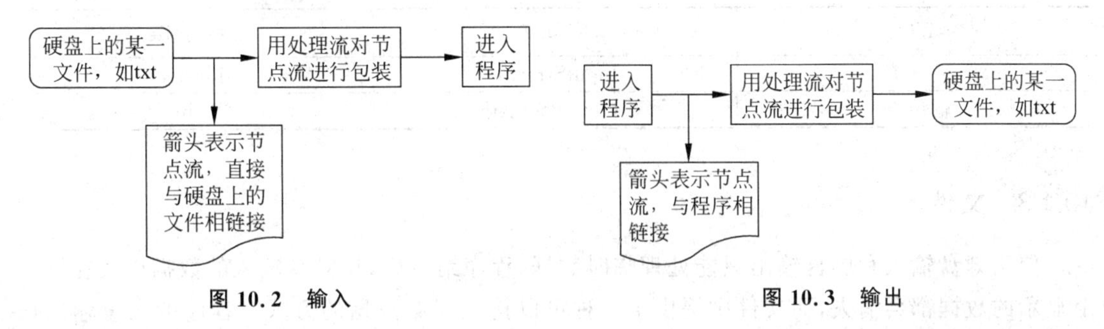

图 10.2 输入　　　　图 10.3 输出

注意：与目标链接的一定是节点流。在流的过程中可以通过处理流，但不能与目标直接进行链接。

③ 输入流的链接如图 10.4 所示。

图 10.4 输入流链接

④ 输出流的链接如图 10.5 所示。

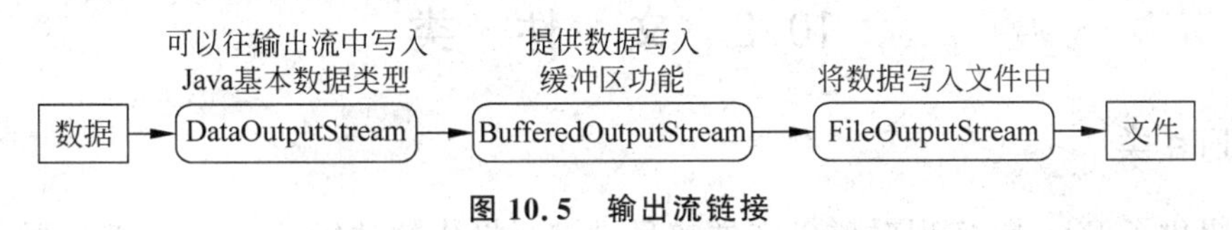

图 10.5 输出流链接

⑤ 图 10.6 为 I/O 流整体架构图。

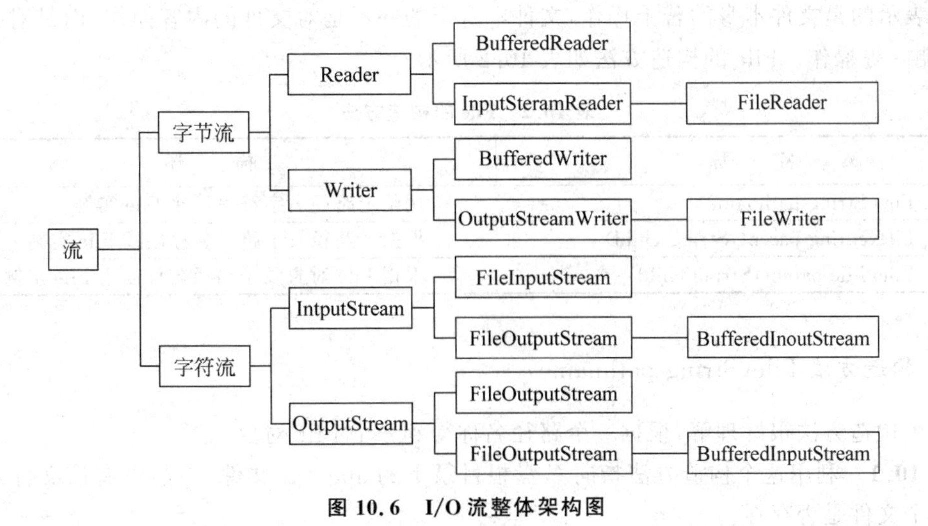

图 10.6 I/O 流整体架构图

如图 10.6 所示，不管流的分类多么丰富和复杂，其根源都是来自四个基本的类。这四个类的关系如表 10.1 所示。

表 10.1 基本流

I/O	字节流	字符流
输入流	InputStream	Reader
输出流	OutputStream	Writer

10.1.3 文件

使用键盘输入和屏幕输出只能处理临时数据，程序结束后，从键盘输入的数据以及在屏幕上显示的数据都会消失，而文件则提供了一种可以持久存储数据的方式。程序的大量输出信息可以直接写入磁盘文件，文件的内容可以一直保存，直到修改了该文件为止。而当程序运行过程中需要输入大量信息时，只要将要输入的信息预先保存到磁盘文件中，程序运行时，直接从文件读入信息即可。

在对文件的读/写操作中，字节流可用于读/写二进制文件，字符流用于读/写文本文件。所谓二进制文件，是指文件无字符编码格式，均由字节组成，图片文件、Word 文档等均为二进制文件。文本文件是一种特殊的二进制文件，也由字节组成，但需要通过特定的字符编码格式读取或写入，否则会出现乱码，扩展名为.txt 的文件就是典型的文本文件。可以通俗地理解文件是流的容器，流是文件的内容。

10.2 文件类

10.2.1 File 类

Java 提供了 File 类，实现对磁盘文件或目录进行操作的功能。Java.io.File 类是在整个 java.io 包中最特殊的一个类，虽然在 io 包中，但它不是流的类，不负责数据的输入、输出。File 类表示的是文件本身的若干操作，文件本身指的并不是对文件的内容操作，而是对文件的创建、删除等操作。File 的构造方法如表 10.2 所示。

表 10.2 File 的构造方法

名　称	描　述
File(String pathname)	用给定路径名字符串创建 File 实例
File(String parent,String child)	根据父路径及子路径名称创建 File 实例
File(File parent,String child)	根据 File 对象及子路径名称创建 File 实例

1. *构造方法* File(String pathname)

这个构造方法很好理解，根据一个路径名称得到一个 File 对象。

例 10.1 利用这个构造方法指向 C 盘根目录下的 abc.txt 文件(当前没有该文件)，然后判断这个文件是否存在。

```
import java.io.File;
public class Demo1_File
{
  public static void main(String[] args)
```

```
    {
      File file = new File("C:\\abc.txt");
      System.out.println(file.exists());
    }
}
```

运行结果为

```
false
```

2. 构造方法 File(String Parent, String child)

这个构造方法是根据一个目录和子目录得到 File 对象。如果想对某一个文件路径下的多个文件进行操作,采用这个构造函数比较有优势。

例 10.2 创建 File 对象,指向 C 盘根目录的 abc. txt 文件(提前创建好 abc. txt)。

```
import java.io.File;
public class Demo
{
  public static void main(String[] args)
  {
    String parent = "C:\\ ";
    String child = "abc.txt";
    File file = new File(parent,child);
    System.out.println(file.exists());
  }
}
```

运行结果为

```
true
```

3. 构造函数 File(File parent, String child)

这个构造函数和第 2 个相似,唯一的区别为参数 parent 是一个 File 对象。这个函数可以对 parent 进行 File 相关的操作,例如打印父路径下有多少个文件等。

例 10.3 使用构造器 File(File parent,String child)创建 File 对象,指向 C 盘根目录的 abc. txt 文件。

```
import java.io.File;
public class Demo
{
  public static void main(String[] args)
  {
    File parent = new File("C:\\");
    String child = "abc.txt";
    File file = new File(parent,child);
    System.out.println(file.exists());
    System.out.println(parent.exists());
  }
}
```

运行结果为

```
true
true
```

上面代码对 parent 进行 File 相关方法的调用测试，这个方法显然比第 2 个构造方法要灵活得多。

需要指出的是，当调用 File 类的构造方法时，仅仅是在程序运行环境中创建了一个 File 对象，而不是在文件系统中创建了一个文件。File 对象可以表示文件系统中对应的目录或文件，也可以表示在文件系统中尚不存在的目录或文件。

例 10.3 中的 exitsts()方法的主要功能是判断文件对象是否存在。File 类中定义了许多成员方法，表 10.3 列出了 File 类的常用方法。

表 10.3 File 类的常用方法

方 法	描 述
String getName()	获取文件的名称
boolean canRead()	判断文件是否是可读的
boolean canWrite()	判断文件是否可被写入
boolean exits()	判断文件长度是否存在
int length()	获取文件的长度(以字节为单位)
String getAbsolutePath()	获取文件的绝对路径
String getParent()	获取文件的父路径
boolean isFile()	判断此抽象路径名表示的文件是否为普通文件
boolean isDirectory()	判断此抽象路径名表示的是否是一个目录
boolean isHidden	判断文件是否是隐藏文件
long lastModified()	获取文件最后修改时间
Boolean canExecute()	测试应用程序是否可以执行此抽象路径名表示的文件
boolean createNewFile()	当且仅当具有该名称的文件尚不存在时，原子地创建一个由该抽象路径名命名的新的空文件
boolean delete()	删除由此抽象路径名表示的文件或目录
File[]listFiles()	返回一个抽象路径名数组，表示由该抽象路径名表示的目录中的文件
String[]list()	返回一个字符串数组，命名由此抽象路径名表示的目录中的文件和目录
boolean mkdirs()	创建由此抽象路径名命名的目录，包括任何必需但不存在的父目录。可创建多层文件包
boolean mkdir()	创建由此抽象路径名命名的目录。只能创建一层文件包
boolean reNameTo(File dest)	重命名由此抽象路径名表示的文件
boolean setReadOnly()	标记由此抽象路径名命名的文件或目录，以便只允许读取操作
boolean setWritable(boolean writable)	一种方便的方法来设置所有者对此抽象路径名的写入权限

下面是一些常用的操作示例。

(1) 创建文件 createNewFile()，返回文件是否创建成功。

```
try
{
  boolean flag = file.createNewFile();
```

```
    System.out.println(flag);
} catch (IOException e)
{
}
```

(2) 判断文件是否存在 exists()，如果不存在则创建,存在则不创建。

```
if(!file2.exists())
{                          // 判断文件是否存在
    try
    {
        file2.createNewFile();
    } catch (IOException e)
    {
        e.printStackTrace();
    }
}else
{
    System.out.println("已经存在了");
}
```

(3) 创建文件夹单层 mkdir()。

```
String string = "D:\\d";
File file = new File(string);
boolean flag = file.mkdir();              // 创建单层文件夹
System.out.println(flag);
```

(4) 利用 mkdirs 可以同时创建多层目录。

```
File file2 = new File("D:\\d\\a\\c\\w");
file2.mkdirs();                           // 利用 mkdirs 可以同时创建多层目录
```

(5) 区分是文件还是文件夹。

```
if(file2.isDirectory())
{                                         // 判断是否是文件夹
    System.out.println("是文件夹");
}
if(file3.isFile())
{
    System.out.println("是文件");
}
```

(6) 删除指定文件。

```
File file2 = new File("D:\\d\\a\\c\\w");
File file3 = new File(file2, "abc.txt");
boolean flag2 = file3.delete();
System.out.println(flag2);
```

(7) .length()判断文件的长度,注意不是文件夹的长度,返回值为 long 类型。

```
long l = file3.length();
System.out.println(l);
```

10.2.2 文件遍历

File 提供了 list()和 listFiles()方法，前者返回字符串数组，后者返回文件数组，可以列出一个文件夹中的全部内容

例 10.4 使用 list()方法列出 D 盘 testjava 目录下的所有文件及文件夹。

```
import java.io.File;
public class IODemo
{
  public static void main(String[] args) throws Exception
  {
    File file = new File("d:" + File.separator + "testjava");
                                                        // 指定要操作的文件
    if (file.exists())
    {                                                   // 文件存在
      if (file.isDirectory())
      {                                                 // 是文件夹
        String[] all = file.list();
        for (int x = 0; x < all.length; x++)
        {
          System.out.println(all[x]);
        }
      }
    }
  }
}
```

运行结果如图 10.7 所示。

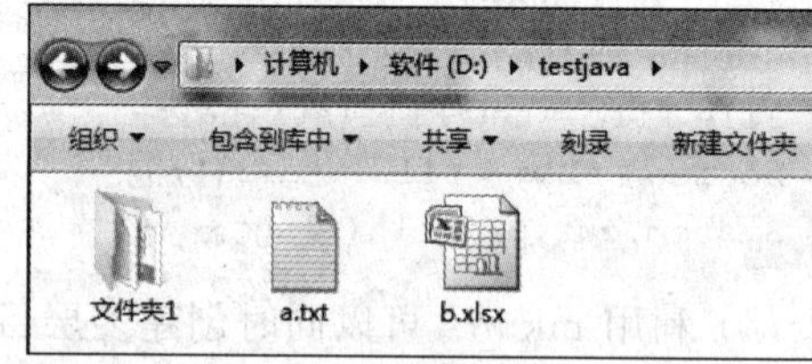

图 10.7 D 盘 testjava 目录下的文件及文件夹

运行结果为

```
a.txt
b.xlsx
文件夹 1
```

值得注意的是，此时列出的只是文件夹或文件的名称。

例 10.5 使用 listFiles()方法列出。

```
import java.io.File;
public class Demo
{
  public static void main(String[] args) throws Exception
  {
    File file = new File("d:" + File.separator + "testjava");
                                                        // 指定要操作的文件
    if (file.exists()) {                                // 文件存在
      if (file.isDirectory())
      {                                                 // 是文件夹
        File[] all = file.listFiles();
        for (int x = 0; x < all.length; x++)
        {
          System.out.println(all[x]);
        }
      }
    }
```

```
    }
}
```

d:\testjava\a.txt
d:\testjava\b.xlsx
d:\testjava\文件夹1

图 10.8 例 10.5 的运行结果

运行结果如图 10.8 所示。

很明显，这个操作所返回的是多个 File 类的对象，所以如果从操作的方便性而言，此方式肯定最为方便。但是如果要遍历目录下所有的内容，包括各级子目录中的内容，则需要使用方法的递归调用。

例 10.6 列出目录下及子目录下的所有内容。

```
import java.io.File;
public class Demo
{
  public static void main(String[] args) throws Exception
  {
    File file = new File("d:" + File.separator+"testjava");
                                                    // 指定要操作的文件
    fun(file);
  }
  public static void fun(File file)
  {
    if (file.isDirectory())
    {
      File all[] = file.listFiles();
      if (all != null)
      {
        for (int x = 0; x < all.length; x++)
        {
          fun(all[x]);
        }
      }
    } else
    { // 没有文件夹了，直接输出
      System.out.println(file);
    }
  }
}
```

d:\testjava\a.txt
d:\testjava\b.xlsx
d:\testjava\文件夹1\新建位图图像.bmp
d:\testjava\文件夹1\新建文本文档.txt

图 10.9 例 10.6 的运行结果

运行结果如图 10.9 所示。

例 10.7 列出目录下及子目录下的所有内容，以树形显示。

```
import java.io.File;
public class Demo
{
  public static void main(String[] args)
  {
    listFile("d:\\testjava", 1);
  }
  public static void listFile(String dir, int level)
  {
    File f = new File(dir);
    for (int i = 0; i <= level; i++)
    {
      System.out.print("| ");
    }
```

```
        System.out.println("|-" + f.getName());
        if (f.isDirectory())
        {
          File fs[] = f.listFiles();
          for (File s : fs)
          {
            listFile(s.getPath(), level + 1);
          }
        }
      }
    }
```

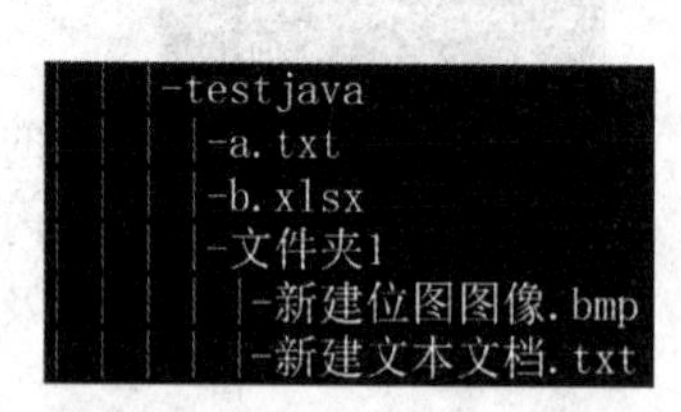

图 10.10 例 10.7 的运行结果

运行结果如图 10.10 所示。

10.2.3 文件的过滤器

File 对象中遍历文件的方法可以对遍历文件指定类型，比如.txt 的文件还可以对子文件或者子路径进行筛选，所以非常有用。文件遍历的方法如表 10.4 所示。

表 10.4 文件遍历的方法

名　称	描　述
public String[] list(FilenameFilter filter)	返回由包含在目录中的文件和目录的名称所组成的字符串数组。这一目录是通过满足指定过滤器的抽象路径名来表示的
public File[] listFiles(FileFilter filter)	返回表示此抽象路径名所表示目录中的文件和目录的抽象路径名数组，这些路径名满足特定过滤器

FilenameFilter 与 FileFilter 都可以实现对文件的过滤，它们都是接口，都要实现 accept()方法，不同的是，FilenameFilter 中的 accept()方法接收的是两个参数：指定父目录的路径和父目录路径中所有的子文件或者子文件夹，需要将这两个参数封装成 File 的对象再使用 File 中的功能。FileFilter 中的 accept()方法接收的则是完整的路径，直接可以使用 File 中的功能进行过滤操作。

(1) FilenameFilter 接口：boolean accept(File dir, String name) 测试指定文件是否应该包含在某一文件列表中。

参数：dir-被找到的文件所在的目录。name-文件的名称。

返回：当且仅当该名称应该包含在文件列表中时返回 true；否则返回 false。

(2) FileFilter 接口：boolean accept(File pathname) 测试指定抽象路径名是否应该包含在某个路径名列表中。

参数：pathname-要测试的抽象路径名。

返回：当且仅当应该包含 pathname 时返回 true。

例 10.8 使用 FilenameFilter 过滤所有 txt 文件。

```
import java.io.File;
import java.io.FilenameFilter;
public class Demo
{
  public static void main(String[] args)
```

```
  {
    getFilelist();
  }
  //过滤文件
  private static void getFilelist()
  {
    //----------------条件-------------
    FilenameFilter filter=new FilenameFilter()
    {
      @Override
      public boolean accept(File dir,String name)
      {
        return name.endsWith(".txt");
      }
    };
    //------------遍历结果--------------
    File file=new File("D:/testjava");
    File[] files=file.listFiles(filter);
    System.out.println("------------遍历结果--------------");
    for (File f : files)
    {
      System.out.println(f.getName() );
    }
  }
}
```

```
------------遍历结果--------------
a.txt
```

图 10.11　例 10.8 的运行结果

运行结果如图 10.11 所示。

例 10.9　使用 FileFilter 过滤所有 txt 文件。

```
import java.io.File;
import java.io.FileFilter;
public class Demo
{
  public static void main(String[] args)
  {
    getFilelist();
  }
  //过滤文件
  private static void getFilelist()
  {
    FileFilter filter=new FileFilter()
    {
      @Override
      public boolean accept(File f)
      {
        String name=f.getName();
        return name.endsWith(".txt");
      }
    };
    File file=new File("D:/testjava");
    File[] files=file.listFiles(filter);
    System.out.println("------------遍历结果--------------");
```

```
        for (File f : files)
        {
          System.out.println(f.getName());
        }
      }
    }
```

```
-----------遍历结果---------
a.txt
```

图 10.12 例 10.9 的运行结果

运行结果如图 10.12 所示。

从以上示例可以看出，FilenameFilter 用来根据给定文件或者目录的名称进行过滤，和 FileFilter 功能类似，区别在于两者的形式。在实际使用中，FilenameFilter 文件检索性能高于 FileFilter，建议使用 FilenameFilter 对文件进行过滤。

10.3 字节流和字符流

File 类本身可以操作文件，但无法进行文件内容的操作，如果要想进行文件内容的操作，需要使用字节流和字符流两种类型来完成。其中，字节流包括 InputStream、OutputStream，字符流包括 Reader、Writer。

但是不管使用何种流，其基本的操作形式是固定的，以进行文件的操作流为例，具体步骤如下：

(1) 如果要操作文件应首先通过 File 类找到这个文件；

(2) 通过字节流或字符流的子类为父类实例化；

(3) 进行读/写的操作；

(4) 由于流属于资源操作，操作的最后必须关闭。

10.3.1 字节输出流

字节输出流的作用就是将暂时存储在计算机内存中的数据以字节为基本单位输出到外部存储设备中。下面介绍常用的字节输出流。

1. OutputStream

OutputStream 是 Java 中的抽象类，所以不能被实例化，它是所有表示字节输出流的类的父类，定义了所有 Java 字节输出流都具有的基本操作。OutputStream 提供了一系列和写入数据有关的方法。表 10.5 所示为抽象类 OutputStream 的主要方法。

表 10.5 抽象类 OutputStream 的主要方法

方　法	描　述
close()	关闭此输出流并释放相应资源
flush()	刷新此输出流并强制写出所有缓冲的输出字节
write(byte[]bytearry)	将字节写入此输出流
write(byte[]bytearry,int offset,int len)	将指定的若干字节写入此输出流。将指定 byte 数组中从偏移量 offset 开始的 len 个字节
write(int)	将指定若干字节写入此输出流

2. ByteArrayOutputStream

ByteArrayOutputStream 类实现在内存中创建一个字节数组缓冲区，所有发送到输出流的数据保存在该缓冲区中，使程序能够对字节数组进行写操作。在创建它的实例时，程序中应创建一个 byte 类型的数组，然后利用 ByteArrayOutputStream 的实例方法获取内存中字节数组的数据。表 10.6 所示为 ByteArrayOutputStream 的主要方法。

表 10.6 ByteArrayOutputStream 的主要方法

名 称	描 述
public void reset()	将此字节数组输出流的 count 字段重置为零，从而丢弃输出流中目前已累积的所有数据输出
public byte[]toByteArray()	创建一个新分配的字节数组。数组的大小是当前输出流的大小，内容是当前输出流的副本
public String toString()	将缓冲区的内容转换为字符串，根据平台的默认字符编码将字节转换成字符
public void write(int w)	将指定的字节写入此字节数组输出流
public void write(byte[]b,int off,int len)	将指定字节数组中从偏移量 off 开始的 len 个字节写入此字节数组输出流
public void writeTo(OutputStream outSt)	将此字节数组输出流的全部内容写入指定的输出流参数中

例 10.10 ByteArrayOutputStream 的使用。

```
import java.io.IOException;
import java.io.OutputStream;
import java.io.ByteArrayOutputStream;
import java.io.ByteArrayInputStream;
//ByteArrayOutputStream 测试程序
public class Demo
{
  private static final int LEN = 5;
  // 对应英文字母"abcdefghijklmnopqrstuvwxyz"
  private static final byte[] ArrayLetters =
  {
    0x61, 0x62, 0x63, 0x64, 0x65, 0x66, 0x67, 0x68, 0x69, 0x6A, 0x6B, 0x6C, 0x6D, 0x6E,
0x6F, 0x70, 0x71, 0x72, 0x73, 0x74, 0x75, 0x76, 0x77, 0x78, 0x79, 0x7A
  };
  public static void main(String[] args)
  {
    tesByteArrayOutputStream() ;
  }
  /**
  *ByteArrayOutputStream 的 API 测试函数
  */
  private static void tesByteArrayOutputStream()
  {
    // 创建 ByteArrayOutputStream 字节流
    ByteArrayOutputStream baos = new ByteArrayOutputStream();
    //依次写入"A""B""C"三个字母。0x41 对应 A,0x42 对应 B,0x43 对应 C。
    baos.write(0x41);
    baos.write(0x42);
    baos.write(0x43);
    System.out.printf("baos=%s\n", baos);
```

```
    // 将 ArrayLetters 数组中从"3"开始的后 5 个字节写入 baos 中。
    // 即对应写入"0x64, 0x65, 0x66, 0x67, 0x68",即"defgh"
    baos.write(ArrayLetters, 3, 5);
    System.out.printf("baos=%s\n", baos);
    // 计算长度
    int size = baos.size();
    System.out.printf("size=%s\n", size);
    // 转换成 byte[]数组
    byte[] buf = baos.toByteArray();
    String str = new String(buf);
    System.out.printf("str=%s\n", str);
    // 将 baos 写入另一个输出流中
    try
    {
      ByteArrayOutputStream baos2 = new ByteArrayOutputStream();
      baos.writeTo((OutputStream) baos2);
      System.out.printf("baos2=%s\n", baos2);
    } catch (IOException e)
    {
      e.printStackTrace();
    }
  }
}
```

```
baos=ABC
baos=ABCdefgh
size=8
str=ABCdefgh
baos2=ABCdefgh
```

图 10.13 例 10.10 的运行结果

运行结果如图 10.13 所示。

3. FileOutputStream

FileOutputStream 类是 OutputStream 类的直接子类,用来创建一个文件并向文件中写数据,写入数据的基本单位是字节。如果该流在打开文件进行输出前,目标文件不存在,那么该流会创建该文件;如果指定的文件已经存在,则会覆盖原来的文件;如果文件不可写入,则会抛出 FileNotFoundException 异常。表 10.7 所示为 FileOutputStream 的类的构造方法。

表 10.7 FileOutputStream 类的构造方法

名称	描述
public FileOutputStream(File file)	创建一个向指定 File 对象表示的文件中写入数据的文件输出流
public FileOutputStream(File file, boolean append)	创建一个向指定 File 对象表示的文件中写入数据的文件输出流。如果第 2 个参数为 true,则将字节写入文件末尾,而不是文件开始
public FileOutputStream(String name)	创建一个向具有指定名称的文件中写入数据的输出文件流
public FileOutputStream(String name, boolean append)	创建一个向具有指定 name 的文件中写入数据的输出文件流。如果第 2 个参数为 true,则将字节写入文件末尾,而不是文件开始

例 10.11 使用 FileOutputStream 向文件中写入数据。

```
import java.io.FileOutputStream;
//FileOutputStream:节点流(低级流),向文件中写入数据
public class Demo
{
  public static void main(String[] args)
  {
    try
    {
```

```
        //向文件中写入字节数组
        String font="输出流是用来写入数据的!";
        FileOutputStream fos = new FileOutputStream("d:/FOSDemo.txt");
        fos.write(font.getBytes());
        //关闭此文件输出流并释放与此流有关的所有系统资源。此文件输出流不能再用于写入字节。
如果此流有一个与之关联的通道,则关闭该通道。
        fos.close();
      } catch (Exception e)
      {
        e.printStackTrace();
      }
    }
}
```

运行结果如图 10.14 所示。

图 10.14 例 10.11 的运行结果

4. BufferedOutputStream

BufferedOutputStream 是 FilterOutputStream 的子类,称为缓冲字节输出流,是一个高级流(处理流),与其他低级流配合使用,它利用输出缓冲区来提高写数据的效率。BufferedOutputStream 类先把数据写入缓冲区,当缓冲区满时才真正把数据写入目的端,这样可以减少向目的端写数据的次数,从而提高输出的效率。表 10.8 和表 10.9 为 BufferedOutputStream 的构造方法和常用方法。

表 10.8 BufferedOutputStream 的构造方法

名 称	描 述
public BufferedOutputStream(OutputStream out)	创建一个新的缓冲输出流,以将数据写入指定的底层输出流
public BufferedOutputStream(OutputStream out, int size)	创建一个新的缓冲输出流,以将具有指定缓冲区大小的数据写入指定的底层输出流

表 10.9 BufferedOutputStream 的常用方法

名 称	描 述
public void write(int b)	向输出流中输出一个字节
public void write(byte[] b,int off,int len)	将指定 byte 数组中从偏移量 off 开始的 len 个字节写入此缓冲输出流
public void flush()	刷新此缓冲输出流,迫使所有缓冲的输出字节被写出到底层输出流

例 10.12 向文件中写出数据。

```
import java.io.BufferedOutputStream;
import java.io.FileOutputStream;
public class Demo
{
  public static void main(String[] args)
  {
    try
    {
      FileOutputStream fos=new FileOutputStream("d:/BOSDemo.txt");
      BufferedOutputStream bos=new BufferedOutputStream(fos);
      String content="我是缓冲输出流测试数据!";
      bos.write(content.getBytes(),0,content.getBytes().length);
      bos.flush();
      bos.close();
    } catch (Exception e)
    {
       e.printStackTrace();
    }
  }
}
```

运行结果如图 10.15 所示。

图 10.15 例 10.12 的运行结果

10.3.2 字节输入流

字节输入流类的作用是从外部设备获取字节数据到计算机内存中。下面介绍常用的字节输入流。

1. InputStream

在 Java 中,InputStream 类是所有字节输入流的直接或间接父类,定义了所有 Java 字节输入流都具有的特性,它是个抽象类,不能直接实例化使用。InputStream 提供了一系列和读取数据有关的方法。表 10.10 所示为 InputStream 类的方法。

表 10.10 InputStream 类的方法

名　称	描　述
int available()	返回可以不受阻塞地从此输入流读取(或跳过)的估计字节数
void close()	关闭此输入流并释放与该流关联的所有系统资源
void mark(int readlimit)	在此输入流中标记当前的位置。readlimit 参数告知此输入流在标记位置失效前允许读取的字节数
boolean markSupported()	测试此输入流是否支持 mark()和 reset()方法
abstract int read()	从输入流中读取数据的下一个字节
int read(byte[]b)	从输入流中读取一定数量的字节,并将其存储在缓冲区数组 b 中
int read(byte[]b,int off,int len)	将输入流中最多 len 个数据字节读入 byte 数组
void reset()	将此输入重新定位到最后一次调用 mark()方法时的位置
long skip(long n)	跳过和丢弃此输入流中数据的 *n* 个字节

2. ByteArrayInputStream

ByteArrayInputStream 类可以将字节数组转化为输入流，它在内存中创建一个字节数组缓冲区，从输入流读取的数据保存在该字节数组缓冲区中。在创建它的实例时，程序中提供一个 byte 类型的数组，作为输入流的数据源。表 10.11 和表 10.12 分别为 ByteArrayInputStream 的构造方法及常用方法。

表 10.11 ByteArrayInputStream 的构造方法

名　称	描　述
ByteArrayInputStream(byte[]buf)	创建一个 ByteArrayInputStream，使其使用 buf 作为缓冲区数组
ByteArrayInputStream(byte[]buf,int offset,int length)	创建 ByteArrayInputStream 使用 buf 作为缓冲器阵列

表 10.12 ByteArrayInputStream 的常用方法

名　称	描　述
int available()	返回可从此输入流读取(或跳过)的剩余字节数
void close()	关闭一个 ByteArrayInputStream
void mark(int readAheadLimit)	设置输入流中当前标记的位置
boolean markSupported()	测试 InputStream 支持标记/复位
int read()	从该输入流读取下一个数据字节
int read(byte[]b,int off,int len)	从该输入流读取最多 len 个字节的数据到字节数组
void reset()	将缓冲区重置为标记位置
long skip(long n)	跳过此输入流的 *n* 字节输入

例 10.13 演示 ByteArrayInputStream 的使用。

```
import java.io.ByteArrayInputStream;
import java.io.IOException;
public class Demo
{
  public static void main(String[] args) throws IOException
  {
    //内存中的一个字节数组
    byte []buf="字节输入流示例".getBytes();
    //创建该字节数组的输入流
    ByteArrayInputStream byteArrayInputStream=new ByteArrayInputStream(buf);
    //内存中的另一个数组
    byte []pos=new byte[buf.length];
    //通过字节数组输入流向该内存中输入字节
    while (byteArrayInputStream.read(pos)!=-1);
    byteArrayInputStream.close();
    System.out.println(new String(pos));
  }
}
```

运行结果为

```
字节输入流示例
```

3. FileInputStream

FileInputStream 类是 InputStream 类的子类，用来从指定的文件中读取数据。由于其操作的是字节数据。所以它不但可以读写文本文件，也可以读写图片、声音等二进制文件。表 10.13 和表 10.14 所示分别为 FileInputStream 的构造方法及常用方法。

表 10.13 FileInputStream 的构造方法

名 称	描 述
public FileInputStream(File file)	通过打开一个到实际文件的链接来创建一个 FileInputStream，该文件通过文件系统中的 File 对象 file 指定
public FileInputStream(String name)	通过打开一个到实际文件的链接来创建一个 FileInputStream，该文件通过文件系统中的路径名 name 指定

表 10.14 FileInputStream 的常用方法

名 称	描 述
public void close() throws IOException{}	关闭此文件输入流并释放与其有关的所有系统资源。抛出 IOException 异常
protected void finalize()throws IOException {}	清除与该文件的链接。此方法确保在不再引用文件输入流时调用其 close()方法。抛出 IOException 异常
public int read(int r)throws IOException{}	这个方法从 InputStream 对象读取指定字节的数据。返回为整数值。返回下一字节数据，如果已经到结尾则返回－1
public int read(byte[]r) throws IOException{}	这个方法从输入流读取 r. length 长度的字节。返回读取的字节数。如果是文件结尾则返回－1
public int available() throws IOException{}	返回下一次对此输入流调用的方法可以不受阻塞地从此输入流读取的字节数。返回一个整数值

例 10.14 使用 FileInputStream 读取文件。

```
import java.io.FileInputStream;
public class Demo
{
  public static void main(String[]args) throws Exception
  {
    FileInputStream fis = new FileInputStream("Demo.java") ;
    int by = 0 ;
    while((by=fis.read())!=-1)
    {
      System.out.print((char)by);
    }
    fis.close();
  }
}
```

运行结果如图 10.16 所示。

4. BufferedInputSteam

BufferedInputStream 是 FilterInputStream 类的子类，可以为 InputStream 类的对象增加缓冲区功能，提高读取数据的效率。实例化 BufferedInputStream 类的对象时，需要给出一个 InputStream

```
import java.io.FileInputStream;
public class Demo {
    public static void main(String [] args) throws Exception{
        FileInputStream fis  = new FileInputStream("Demo.java") ;
        int by = 0 ;
        while((by=fis.read())!=-1) {
            System.out.print((char)by);
        }
        fis.close();
    }
```

图 10.16　例 10.14 的运行结果

类型的实例对象。表 10.15 和表 10.16 为 BufferedInputStream 的构造方法和常用方法。

表 10.15　BufferedInputStream 的构造方法

名　称	描　述
BufferedInputStream(InputStream in)	使用默认缓冲区大小来构造缓冲输入流对象
BufferedInputStream(InputStream in,int size)	使用指定缓冲区大小来构造缓冲输入流对象

表 10.16　BufferedInputStream 的常用方法

名　称	描　述
int available();	返回底层流对应的源中有效可供读取的字节数
void close();	关闭此输入流,释放与此输入流有关的所有资源
boolean markSupport();	查看此输入流是否支持 mark
void mark(int readLimit);	标记当前 buf 中读取下一个字节的下标
int read();	读取 buf 中下一个字节
int read(byte[]b,int off,int len);	从此字节输入流中给定偏移量处开始将各字节读取到指定的 byte 数组中
void reset();	重置最后一次调用 mark 标记的 buf 中的位置
long skip(long n);	跳过 *n* 个字节、不仅是 buf 中的有效字节,也包括 in 的源中的字节

例 10.15　使用 BufferedInputStream 读取文件。

```
import java.io.BufferedInputStream;
import java.io.FileInputStream;
public class Demo
{
  public static void main(String [] args) throws Exception
  {
    //构造一个字节缓冲输入流对象
    BufferedInputStream bis = new BufferedInputStream(new FileInputStream("d:/a.txt"));
    //一次读取一个字节数组
    byte[] bys = new byte[1024] ;
    int len = 0 ;
    while((len=bis.read(bys))!=-1)
    {
      System.out.println(new String(bys, 0, len));
                        //通过使用平台的默认字符集解码指定的 byte 子数组,构造一个新的 String
    }
    //释放资源
    bis.close();
  }
}
```

运行结果为

我是缓冲输入流测试数据!

10.3.3 字符输出流

字符输出流的基类是 Writer,通过 Writer 类的直接或间接子类,可以输出单位字符、字符数组或字符串等文本数据。

1. Writer

Writer 类是字符输出流,它本身是一个抽象类,是所有字符输出流的父类。与 OutputStream 相同的是,Writer 类中定义了所有字符输出流的标准和一些必须具有的基本方法;与 OutputStream 不同的是 Writer 有个自带的缓存字符数组 writerBuffer,它不是直接将字符写入字符输出流,而是先放在 writerBuffer 中。表 10.17 所示为 Writer 类的常用方法。

表 10.17 Writer 类的常用方法

名　称	描　述
abstract void close();	关闭此输出流
abstract void flush();	刷新该输出流的缓冲
abstract void write(char[]cbuf,int off,int len);	将字符数组 cbuf 中从索引 off 处开始的 len 个字符写入输出流
void write(int c);	写入单个字符
void write(String str);	写入字符串
void write(String str,int off,int len);	将字符串 str 中从索引 off 处开始的 len 个字符写入输出流

2. FileWriter

FileWriter 类从 OutputStreamWriter 类继承而来。该类按字符向流中写入数据。表 10.18 和表 10.19 为 FileWriter 的构造方法和常用方法。

表 10.18 FileWriter 的构造方法

名　称	描　述
FileWriter(File file)	在给出 File 对象的情况下构造一个 FileWriter 对象
FileWriter(File file,boolean append)	在给出 File 对象的情况下构造一个 FileWriter 对象
FileWriter(FileDescriptor fd)	构造与某个文件描述符相关联的 FileWriter 对象
FileWriter(String fileName,boolean append)	在给出文件名的情况下构造 FileWriter 对象,它具有指示是否挂起写入数据的 boolean 值

表 10.19 FileWriter 的常用方法

名　称	描　述
public void write(int c) throws IOException	写入单个字符 c
public void write(char[]c,int offset,int len)	写入字符数组中开始为 offset,长度为 len 的某一部分
public void write(String s,int offset,int len)	写入字符串中开始为 offset,长度为 len 的某一部分

例 10.16 使用 FileWriter 进行写文件操作。

```
import java.io.*;
public class Demo
{
  public static void main(String args[]) throws IOException
  {
    File file = new File("d:/Hello1.txt");
    // 创建文件
    file.createNewFile();
    FileWriter writer = new FileWriter(file);
    // 向文件写入内容
    writer.write("这是 FileWriter 的一个示例\n");
    writer.flush();
    writer.close();
  }
}
```

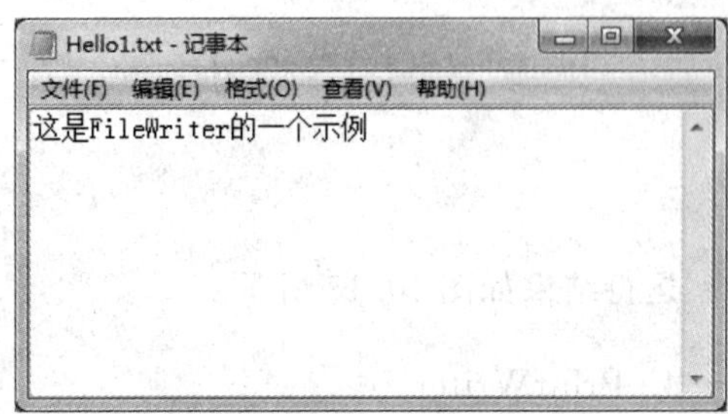

图 10.17 例 10.16 的运行结果

运行结果如图 10.17 所示。

3. BufferedWriter

使用 BufferedWriter 时，写出的数据并不会直接输出到目的地，而是先存储在缓冲区中，直到数据写满了缓冲区，才会向目的地写出，从而减少了对磁盘的操作，提高了程序运行的效率。表 10.20 和表 10.21 分别为 BufferedWriter 的构造方法及常用方法。

表 10.20 BufferedWriter 的构造方法

名 称	描 述
BufferedWriter(Writer out)	使用默认缓冲区大小，构造字符缓冲输出流对象
BufferedWriter(Writer out,int size)	使用指定缓冲区大小，构造字符缓冲输出流对象

表 10.21 BufferedWriter 的常用方法

名 称	描 述
public void write(int c) throws IOException	写入单个字符
public void write(String str) throws IOException	写入字符串
public void close() throws IOException	刷新它然后关闭此流
public void newLine() throws IOException	写入一个行分隔符

例 10.17 使用 BufferedWriter 进行文件写入。

```
import java.io.BufferedWriter;
import java.io.File;
import java.io.FileWriter;
import java.io.IOException;
public class Demo
{
  public static void main(String [] args)
```

```
{
  try
  {
    File file = new File("bufferedWriter.txt");
    BufferedWriter writer = new BufferedWriter(new FileWriter(file));
    writer.write(new char[] { 'a', 'b', 'c', 'd', 'e' }, 0, 3);
    writer.newLine();
    writer.write("ABCDEFGHIJKLMN", 0, 3);
    writer.newLine();
    writer.write('\n');
    writer.write("这是 BufferedWriter 示例");
    writer.flush();
    writer.close();
  } catch (IOException e)
  {
    e.printStackTrace();
  }
 }
}
```

运行结果如图 10.18 所示。

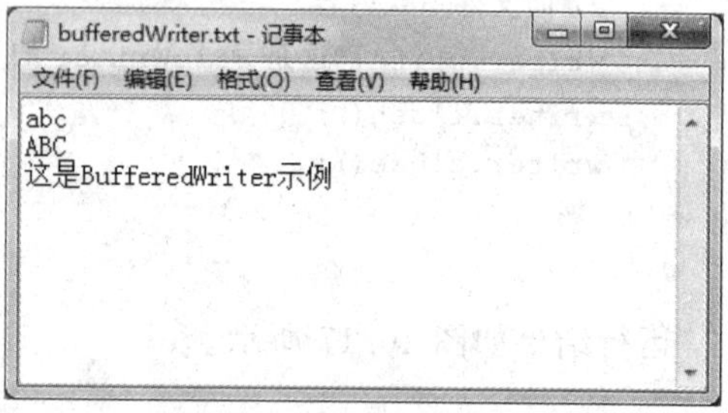

图 10.18 例 10.17 的运行结果

4. PrintWriter

PrintWriter 用于将各种 Java 数据以字符串的形式打印到底层字符输出流中，本身不会产生任何 IOException，但是可以通过 checkError()方法查看写数据是否成功。表 10.22 和表 10.23 为 PrintWriter 的构造方法和常用方法。

表 10.22 PrintWriter 的构造方法

名　称	描　述
PrintWriter(File file)	使用指定文件创建不具有自动行刷新的新的 PrintWriter
PrintWriter(File file,String csn)	创建具有指定文件和字符集且不带自动行刷新的新的 PrintWriter
PrintWriter(OutputStream out)	根据现有的 OutputStream 创建不带自动行刷新的新的 PrintWriter
PrintWriter(OutputStream out,boolean autoFlush)	通过现有的 OutputStream 创建新的 PrintWriter
PrintWriter(String fileName)	创建具有指定文件名称且不带自动行刷新的新的 PrintWriter
PrintWriter(String fileName,String csn)	创建具有指定文件名称和字符集且不带自动行刷新的新的 PrintWriter
PrintWriter(Writer out)	创建不带自动行刷新的新的 PrintWriter
PrintWriter(Writer out,boolean autoFlush)	创建新的 PrintWriter

表 10.23 PrintWriter 的常用方法

名　称	描　述
println(Object obj)	打印 obj，可以是基本数据类型或对象，并换行
print(Object obj)	打印 obj，但不换行
write(int i)	写入单个字符 i

续表

名　称	描　述
write(char[]buf)	写入字符数组
write(char[]buf,int off,int len)	写入字符数组的某一部分
write(String s)	写入字符串
write(String s,int off,int len)	写入字符串的某一部分

例 10.18 使用 PrintWriter 进行写入文件。

```
import java.io.IOException;
import java.io.PrintWriter;
import java.io.FileWriter;
import java.io.File;
public class Demo
{
  public static void main(String[] args)
  {
    PrintWriter pw = null;
    String name = "张三丰";
    int age = 22;
    char sex = '男';
    try
    {
      pw = new PrintWriter(new FileWriter(new File("d:\\file.txt")),true);
      pw.printf("姓名:%s;年龄:%d;性别:%c;", name,age,sex);
      pw.println();
      pw.println("多多指教");
      pw.write(name.toCharArray());
    }catch(IOException e)
    {
      e.printStackTrace();
    }finally
    {
      pw.close();
    }
  }
}
```

运行结果如图 10.19 所示。

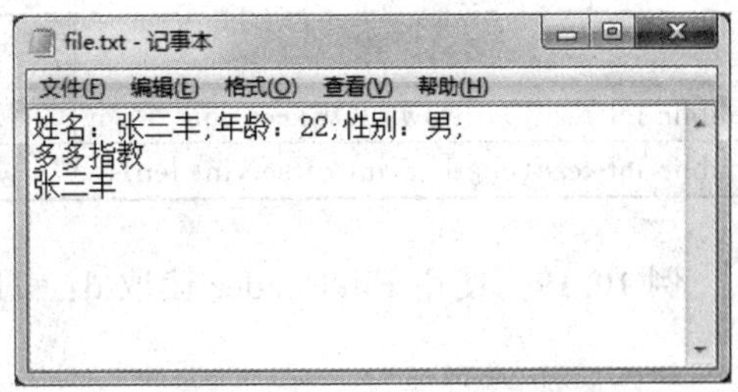

图 10.19 例 10.18 的运行结果

10.3.4 字符输入流

字符输入流以字符为基本单位，从外部存储设备获取数据到计算机内存中，所有字符输入流都是 Reader 类的直接或间接子类。通过字符流可以很方便地读取文本数据。

1. Reader

InputStream 读取的是字节流，为了方便程序读取文本数据内容，Java 提供了 Reader 类，它是所有字符输入流的父类。Reader 类是抽象类，所以不能直接实例化使用。Reader 类中定义的方法与 InputStream 类似，如表 10.24 所示。

表 10.24 Reader 类的常用方法

名称	描述
int available()	返回可以不受阻塞地从此输入流读取(或跳过)的估计字节数
void close()	关闭此输入流并释放与该流关联的所有系统资源
void mark(int readlimit)	在此输入流中标记当前的位置。readlimit 参数告知此输入流在标记位置失效前允许读取的字节数
boolean markSupported()	测试此输入流是否支持 mark()和 reset()方法
int read()	读取一个字符,返回值是读取的字符
int read(byte[]b)	从输入流中读取一定数量的字符,并将其存储在缓冲区数组 b 中,返回值是实际读取的字符的数量
int read(byte[]b,int off,int len)	将输入流中最多 len 个字符读入 byte 数组
void reset()	将此流重新定位到最后一次对此输入流调用 mark()方法时的位置
long skip(long n)	跳过和丢弃此输入流中数据的 n 个字符

2. FileReader

FileReader 类从 InputStreamReader 类继承而来。该类按字符读取流中数据。表 10.25 和表 10.26 所示为 FileReader 的构造方法和常用方法。

表 10.25 FileReader 的构造方法

名称	描述
FileReader(File file)	在给定从中读取数据的 File 的情况下,创建一个新的 FileReader
FileReader(FileDescriptor fd)	在给定从中读取数据的 FileDescriptor 的情况下,创建一个新的 FileReader
FileReader(String fileName)	在给定从中读取数据的文件名的情况下,创建一个新的 FileReader

表 10.26 FileReader 的常用方法

名称	描述
public int read() throws IOException	读取单个字符,返回一个 int 型变量代表读取到的字符
public int read(char[]c,int offset,int len)	读取字符到 c 数组,返回读取到字符的个数

例 10.19 使用 FileReader 读取 d:/Hello1.txt 的内容。

```
import java.io.*;
public class Demo
{
  public static void main(String args[]) throws IOException
  {
    File file = new File("d:/Hello1.txt");
    System.out.println(file.length());
    // 创建 FileReader 对象
    FileReader fr = new FileReader(file);
    int ch = 0;
    while((ch = fr.read()) != -1)
    {
      System.out.print((char)ch);
    }
```

```
    fr.close();
  }
}
```

运行结果为

```
这是 FileWriter 的一个示例
```

3. BufferedReader

Reader 类的 read()方法每次只能从数据源中读取一个字符，对于大数据量的输入操作，效率会受到很大影响。而 BufferedReader 类在读取文本文件时，先将文件中的字符数据读入缓冲区，在使用 read()方法获取数据时，先从缓冲区中读取数据，如果缓冲区数据不足，才会从文件中读取。表 10.27 和表 10.28 为 BufferedReader 的构造方法和常用方法。

表 10.27 BufferedReader 的构造方法

名　称	描　述
BufferedReader (Reader in)	创建一个使用默认大小输入缓冲区的缓冲字符输入流
BufferedInputStream(Reader in,int size)	创建一个使用指定大小输入缓冲区的缓冲字符输入流

表 10.28 BufferedReader 的常用方法

名　称	描　述
int read() throws IOException	读取单个字符。返回值为字符的 ASCII 码，如果已到达流末尾，则返回－1
int read(char[]cbuf) throws IOException	一次读取一个字节数组的字符，存放在 cbuf，返回值为读取的字符数，如果已到达流的末尾，则返回－1
void close() throws IOException	关闭该流并释放与之关联的所有资源
String readLine() throws IOException	读取一个文本行，如果已到达流末尾，则返回 null

例 10.20 使用 BufferedReader 读取 d:/a.txt 的内容。

```
import java.io.IOException;
import java.io.BufferedReader;
import java.io.FileReader;
public class Demo
{
  public static void main(String[] args) throws Exception
  {
    //创建字符缓冲输入流对象
    BufferedReader br = new BufferedReader(new FileReader("d:/a.txt"));
    //读数据
    //一次读取一个字符数组
    char[] chs = new char[1024] ;
    int len = 0 ;
    while((len=br.read(chs))!=-1)
    {
      System.out.println(new String(chs,0,len));
    }
```

```
        /*
        //每次读取一行数据,返回字符串类型数据
        String s="";
        while((s=br.readLine())!=null)
        {
          System.out.println(s);
        }
        */
        //释放资源
        br.close();
      }
    }
```

运行结果为

```
我是缓冲输入流测试数据!
```

10.3.5 字节流和字符流的区别

使用字节流,所有的操作直接与终端有关,而如果是字符流,则中间会加入一个缓冲区。那么在输出时如果使用的字符流没有关闭,则保存在缓冲区中的数据将无法输出。字节流却没有此类限制,所以如要使用字符流不关闭就必须使用 flush()方法强制刷新缓冲区。如按照这种方式进行,字节流要比字符流快一些,因为属于点到点的操作。

再者,字符流最强的功能是处理文字,但是在硬盘上所保存的全部内容都是字节数据,像图片、音乐等,那么这个时候使用字节流会更加方便。

因此,实际应用中,建议以字节流的操作为主。

字节流和字符流的几点使用原则如下。

(1) 不管是输入流还是输出流,使用完毕后要调用,如果是带有缓冲区的输出流,应在关闭前调用 flush()。

(2) 应该尽可能使用缓冲区减少 I/O 次数,以提高性能。

(3) 能用字符流处理的不用字节流。

10.4 字节流和字符流的转换

Java 支持字节流和字符流,但有时也需要在字节流和字符流两者之间转换。InputStreamReader 和 OutputStreamWriter 是字节流和字符流之间相互转换的类。InputStreamReader 负责把字节输入流转换为字符输入流,OutputStreamWriter 负责把输出字节流转换为输出字符流。

10.4.1 InputSreamReader

InputStreamReader 用于将字节输入流转换为字符输入流,是字节流通向字符流的桥梁,它使用指定的 charset 读取字节并将其解码为字符。它拥有一个 InputStream 类型的变量,并继承了 Reader 的方法。表 10.29 为 InputStreamReader 的构造方法。

表 10.29 InputStreamReader 的构造方法

名　称	描　述
InputStreamReader(InputStream in);	根据默认字符集创建 InputStreamReader 对象
InputStreamReader(InputStream in,Charset cs);	使用给定字符集对象创建 InputStreamReader 对象
InputStreamReader(InputStream in,CharsetDecoder dec);	使用给定字符集解码器创建 InputStreamReader 对象
InputStreamReader(InputStream in,String charsetName);	使用指定字符集名称创建 InputStreamReader 对象

InputStreamReader 继承自 Reader,因此该类的实例可以被各种输入字符流包装。为了达到最高效率,在 BufferedReader 内封装 InputStreamReader。代码如下:

```
BufferedReader in= new BufferedReader(new InputStreamReader(System.in);
```

例 10.21 先创建了一个 FileInputStream 类的实例,然后转换为 InputStreamReader 对象 is,最后使用 BufferedReader 进行包装,将字节流转换为带缓冲功能的字符流。

```
import java.io.IOException;
import java.io.FileInputStream;
import java.io.InputStreamReader;
import java.io.BufferedReader;
public class Demo
{
  public static void main(String[] args)
  {
    try
    {
      // 创建输入流
      FileInputStream fis = new FileInputStream("D:/hello1.txt");
      InputStreamReader is = new InputStreamReader(fis);
      BufferedReader bis = new BufferedReader(is);
      // 从输入流读取数据
      while (bis.ready())
      {
        int c = bis.read();
        System.out.print((char)c);
      }
      // 关闭输入流
      bis.close();
      is.close();
      fis.close();
    } catch (IOException e)
    {
    }
  }
}
```

10.4.2 OutputStreamWriter

OutputStreamWriter 用于将写入的字符编码成字节后写入一个字节流,是字符流通向字节流的桥梁,可使用指定的 charset 将要写入流中的字符编码成字节。因此,它拥有一个 OutputStream 类型的变量,并继承了 Writer。表 10.30 为 OutputStreamWriter 的构造方法。

表 10.30 OutputStreamReader 的构造方法

名 称	描 述
OutputStreamReader(OutputStream out);	根据默认字符集创建 OutputStreamReader 对象
OutputStreamReader(OutputStream out,Charset cs);	使用给定字符集对象创建 OutputStreamReader 对象
OutputStreamReader(OutputStream out,CharsetDecoder dec);	使用给定字符集解码器创建 OutputStreamReader 对象
OutputStreamReader(OutputStream out,Stroutg charsetName);	使用指定字符集名称创建 OutputStreamReader 对象

OutputStreamWriter 继承自 Writer,因此该类的实例可以被各种输出字符流包装。为了达到最高效率,在 BufferedWriter 内包装 OutputStreamWriter,代码如下:

```
BufferedWriter out=new BufferedWriter(new OutputStreamWriter(System.out));
```

例 10.22 创建了一个 FileOutputStream 类的实例,然后转换为 OutputStreamReader 对象 os,最后使用 BufferedWriter 进行包装,将字节流转换为带缓冲功能的字符流。

```
import java.io.IOException;
import java.io.FileOutputStream;
import java.io.OutputStreamWriter;
import java.io.BufferedWriter;
public class Demo
{
  public static void main(String[] args)
  {
    try
    {
      // 创建输出流
      FileOutputStream fos = new FileOutputStream("D:/test.txt");
      OutputStreamWriter os = new OutputStreamWriter(fos);
      BufferedWriter bos = new BufferedWriter(os);
      // 写入数组数据
      char[] buf = new char[3];
      buf[0] = 'a';
      buf[1] = 'b';
      buf[2] = '中';
      bos.write(buf);
      // 关闭输出流
      bos.close();
      os.close();
      fos.close();
    } catch (IOException e)
    {
    }
  }
}
```

运行结果如图 10.20 所示。

图 10.20 例 10.22 的运行结果

10.5 随机文件访问类 RandomAccessFile

现有以下一个需求：向已存储了10GB数据的txt文本末尾追加一行文字，如果强制读取所有的数据并追加，会报内存溢出的异常。但如果使用Java IO体系中的RandomAccessFile类来完成，可以实现零内存追加，这就是支持任意位置读写类的强大之处。

Java中的RandomAccessFile提供了对文件的随机读写功能。RandomAccessFile虽然属于java.io下的类，但它不是InputStream或者OutputStream的子类，它也不同于FileInputStream和FileOutputStream。FileInputStream只能对文件进行读操作，FileOutputStream只能对文件进行写操作。RandomAccessFile与输入流和输出流不同之处就是RandomAccessFile可以访问文件的任意地方同时支持文件的读和写，并且支持随机访问。RandomAccessFile包含InputStream的3个read()方法，也包含OutputStream的3个write()方法，同时RandomAccessFile还包含一系列的readXxx()和writeXxx()方法完成输入输出。表10.31为RandomAccessFile的构造方法。

表10.31 RandomAccessFile的构造方法

名　称	描　述
RandomAccessFile(File file,String mode)	创建随机访问的文件流，以从File参数指定的文件中读取，并可选择写入文件
RandomAccessFile(String name,String mode)	创建随机访问的文件流，以从中指定名称的文件中读取，并可选择写入文件

构造函数中mode参数的传递：

- r代表以只读方式打开指定文件；
- rw以读写方式打开指定文件；
- rws以读写方式打开，并将内容或元数据同步写入底层存储设备；
- rwd以读写方式打开，将文件内容的更新同步更新至底层存储设备。

采用RandomAccessFile类对象读写文件内容的原理是将文件看作字节数组，并用文件指针指向当前位置。初始状态下，文件指针指向文件的开始位置，读取数据时，文件指针会自动移到读取过的数据后面，而且，文件指针的位置可以随时改变。

RandomAccessFile类的两个重要方法见表10.32。

表10.32 RandomAccessFile类的两个重要方法

名　称	描　述
getFilePointer()	返回文件记录指针的当前位置
seek(long pos)	将文件记录指针定位到pos的位置

例10.23 使用RandomAccessFile读取文件。

```
import java.io.*;
public class Demo
{
  public static void main(String[]args)
```

```
    {
      try
      {
        String s = "\r\n 这是新添加的内容";
        File file = new File("d:/test.txt");
        //创建随机文件对象
        RandomAccessFile raf = new RandomAccessFile(file,"rw");
        //将文件读写指针定位到文件末尾
        raf.seek(raf.length());
        //将新的数据写入文件末尾
        raf.write(s.getBytes());
        //关闭随机文件对象
        raf.close();
      }
      catch(Exception e){}
    }
  }
```

运行结果如图 10.21 所示。

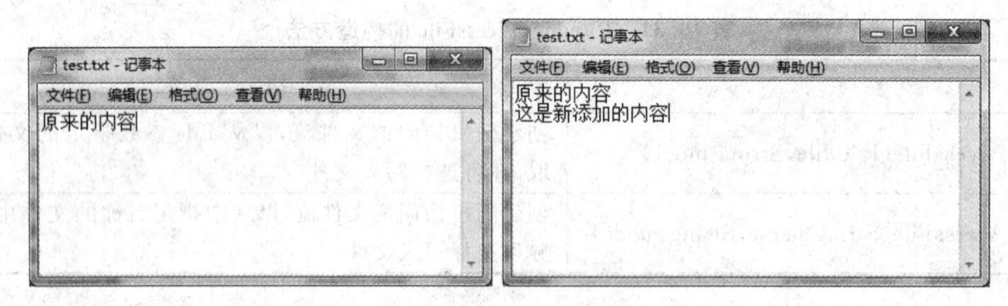

图 10.21 例 10.23 的运行结果

10.6 对象序列化与反序列化

对象序列化的目的是将对象保存到磁盘上,或者允许在网络上传输对象。对象序列化的原理就是把内存中的 Java 对象转换为与平台无关的字节流,从而允许把这种字节流持久保存在磁盘上,通过网络将这种字节流传送到另一台主机上。其他程序一旦获得这种字节流,就可以恢复原来的 Java 对象。

Java 序列化比较简单,通常不需要编写保存和恢复对象状态的定制代码。实现 java.io.Serializable 接口的类对象可以转换为字节流或从字节流恢复,不需要在类中增加任何代码。不过 Serializable 接口中并没有规范任何必须实现的方法,所以,其实就像是为对象贴上一个标志,代表该对象是可序列化的。

在 java.io 包中提供了类 ObjectInputStream 和 ObjectOutputStream,这两个类是高层次的数据流,实现了读写对象的功能,它们包含反序列化和序列化对象的方法。在 ObjectInputStream 中用 readObject()方法读取一个对象,在 ObjectOutputStream 中用 writeObject(Object x)方法可以直接将对象保存到输出流中。

例 10.24 创建一个可序列化的员工对象,并用 ObjectOutputStream 类把它存储在 employee.ser 中,然后再用 ObjectInputStream 类把存储的员工数据读取到一个员工对象,即恢复保存的对象。

Employee.java 代码如下。

```
public class Employee implements java.io.Serializable
{
  public String name;
  public String address;
  public int number;
}
```

(1) 序列化对象到文件(按照 Java 的标准约定是给文件一个 .ser 扩展名)。SerializeDemo.java 文件代码如下。

```
import java.io.*;
public class SerializeDemo
{
  public static void main(String [] args)
  {
    Employee e = new Employee();
    e.name = "李明";
    e.address = "北京";
    e.number = 101;
    try
    {
      FileOutputStream fileOut =
      new FileOutputStream("d:/employee.ser");
      ObjectOutputStream out = new ObjectOutputStream(fileOut);
      out.writeObject(e);
      out.close();
      fileOut.close();
    }
    catch(IOException i)
    {
      i.printStackTrace();
    }
  }
}
```

(2) 反序列化对象。下面的 DeserializeDemo 程序是反序列化的实例,d:/employee.ser 存储了 Employee 对象。DeserializeDemo.java 文件代码如下。

```
import java.io.*;
public class DeserializeDemo
{
  public static void main(String [] args)
  {
    Employee e = null;
    try
    {
      FileInputStream fileIn = new FileInputStream("d:/employee.ser");
      ObjectInputStream in = new ObjectInputStream(fileIn);
      e = (Employee) in.readObject();
      in.close();
```

```
        fileIn.close();
      }
      catch(IOException i)
      {
        i.printStackTrace();
        return;
      }
      catch(ClassNotFoundException c)
      {
        System.out.println("Employee class not found");
        c.printStackTrace();
        return;
      }
      System.out.println("反序列化员工信息...");
      System.out.println("Name: " + e.name);
      System.out.println("Address: " + e.address);
      System.out.println("Number: " + e.number);
    }
  }
```

运行结果为

```
反序列化员工信息...
Name:李明
Address:北京
Number:101
```

实训 仿 Windows 记事本

实训要求

本次实训要求实现简易记事本功能，能创建、打开和保存文本文件，具有剪切、复制和粘贴功能，能设置字体颜色以及字号。

知识点

(1) GUI 组件；
(2) 菜单使用；
(3) IO 操作。

实训效果参考图

实训效果如图 10.22 所示。

参考代码

```
import java.awt.Color;
import java.awt.Font;
import java.awt.Toolkit;
import java.awt.datatransfer.Clipboard;
import java.awt.datatransfer.DataFlavor;
import java.awt.datatransfer.StringSelection;
```

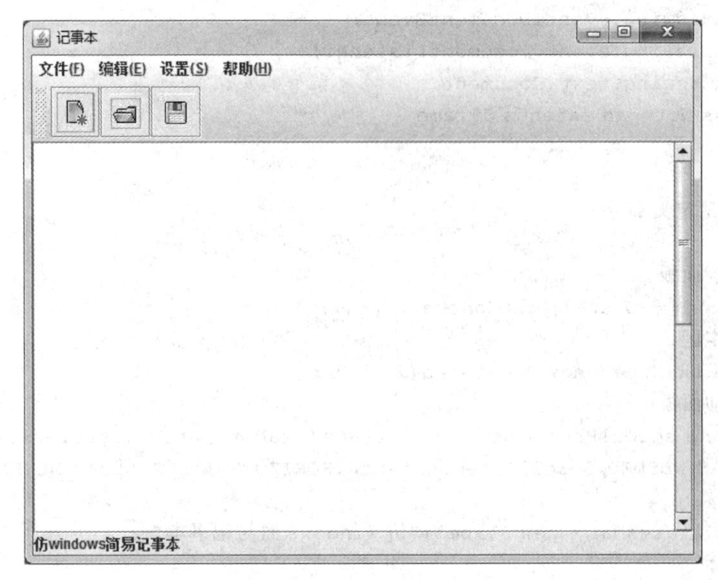

图 10.22 实训效果参考图

```
import java.awt.datatransfer.Transferable;
import java.awt.event.ActionEvent;
import java.awt.event.ActionListener;
import java.awt.event.ItemEvent;
import java.awt.event.ItemListener;
import java.awt.event.KeyEvent;
import java.awt.event.MouseEvent;
import java.awt.event.MouseMotionAdapter;
import java.awt.event.WindowAdapter;
import java.awt.event.WindowEvent;
import java.io.BufferedReader;
import java.io.FileNotFoundException;
import java.io.FileReader;
import java.io.FileWriter;
import java.io.IOException;
import javax.swing.ButtonGroup;
import javax.swing.ImageIcon;
import javax.swing.JButton;
import javax.swing.JCheckBoxMenuItem;
import javax.swing.JFileChooser;
import javax.swing.JFrame;
import javax.swing.JLabel;
import javax.swing.JMenu;
import javax.swing.JMenuBar;
import javax.swing.JMenuItem;
import javax.swing.JOptionPane;
import javax.swing.JPanel;
import javax.swing.JRadioButtonMenuItem;
import javax.swing.JScrollPane;
import javax.swing.JTextArea;
import javax.swing.JToolBar;
import javax.swing.ScrollPaneConstants;
```

```
import javax.swing.event.DocumentEvent;
import javax.swing.event.DocumentListener;
import javax.swing.text.Document;
public class Notepad extends JFrame
{
  /**
  *变量及常量定义部分
  */
  // 定义内容面板
  JPanel panel = (JPanel) getContentPane();
  // 定义文本区
  JTextArea txaNote = new JTextArea(20, 60);
  // 定义滚动面板
  JScrollPane scrollPane = new JScrollPane(txaNote, ScrollPaneConstants.VERTICAL_
SCROLLBAR_AS_NEEDED, ScrollPaneConstants.HORIZONTAL_SCROLLBAR_NEVER);
  // 定义标签
  JLabel lblStatusbar = new JLabel("仿 windows 简易记事本");
  // 定义图标
  ImageIcon imgNew = new ImageIcon("new.jpg");
  ImageIcon imgOpen = new ImageIcon("open.jpg");
  ImageIcon imgSave = new ImageIcon("save.jpg");
  // 定义工具栏
  JToolBar toolbar = new JToolBar();
  JButton btnNew = new JButton(imgNew);
  JButton btnOpen = new JButton(imgOpen);
  JButton btnSave = new JButton(imgSave);
  // 定义菜单栏
  JMenuBar mnbNote = new JMenuBar();
  // 定义文件菜单
  JMenu mnuFile = new JMenu("文件(F)");
  JMenuItem mniNew = new JMenuItem("新建", imgNew);
  JMenuItem mniOpen = new JMenuItem("打开", imgOpen);
  JMenuItem mniSave = new JMenuItem("保存", imgSave);
  JMenuItem mniExit = new JMenuItem("退出");
  // 定义编辑菜单
  JMenu mnuEdit = new JMenu("编辑(E)");
  JMenuItem mniCut = new JMenuItem("剪切");
  JMenuItem mniCopy = new JMenuItem("复制");
  JMenuItem mniPaste = new JMenuItem("粘贴");
  JMenuItem mniDelete = new JMenuItem("删除");
  // 定义设置菜单
  JMenu mnuSet = new JMenu("设置(S)");
  JMenu mnuForeColor = new JMenu("前景色");
  ButtonGroup groupForeColor = new ButtonGroup();
  JRadioButtonMenuItem rmiBlack = new JRadioButtonMenuItem("黑色", true);
  JRadioButtonMenuItem rmiRed = new JRadioButtonMenuItem("红色", false);
  JRadioButtonMenuItem rmiBlue = new JRadioButtonMenuItem("蓝色", false);
  JMenu mnuFontName = new JMenu("字体");
  ButtonGroup groupFontName = new ButtonGroup();
  JRadioButtonMenuItem rmiHT = new JRadioButtonMenuItem("黑体", true);
  JRadioButtonMenuItem rmiST = new JRadioButtonMenuItem("宋体", false);
  JRadioButtonMenuItem rmiLS = new JRadioButtonMenuItem("隶书", false);
```

```
JMenu mnuFontSize = new JMenu("字号");
ButtonGroup groupFontSize = new ButtonGroup();
JRadioButtonMenuItem rmiBig = new JRadioButtonMenuItem("大号", true);
JRadioButtonMenuItem rmiMiddle = new JRadioButtonMenuItem("中号", false);
JRadioButtonMenuItem rmiSmall = new JRadioButtonMenuItem("小号", false);
JCheckBoxMenuItem cmiWrap = new JCheckBoxMenuItem("自动换行", true);
// 定义帮助菜单
JMenu mnuHelp = new JMenu("帮助(H)");
JMenuItem mniAbout = new JMenuItem("关于");
// 定义文件选择器
final JFileChooser fileChooser = new JFileChooser();
// 定义文件名
String strFileName;
// 定义存放文件内容的字符串
String strFileContent;
// 定义系统剪贴板
Clipboard clipBoard = Toolkit.getDefaultToolkit().getSystemClipboard();
// 定义屏幕宽度和高度
int screenWidth = (int) Toolkit.getDefaultToolkit().getScreenSize()
          .getWidth();
int screenHeight = (int) Toolkit.getDefaultToolkit().getScreenSize()
          .getHeight();
// 定义文件是否保存的标志变量
boolean isSaved = true;
// 定义文档
Document document = txaNote.getDocument();
public static void main(String[] args)
{
  new Notepad("记事本");
}
// 构造方法
public Notepad(String string)
{
  /**
  *设计用户界面:在窗口里设置菜单,在内容面板里添加非菜单组件,并设置其属性
  */
  // 调用父类构造方法,设置窗口标题
  super(string);
  // 往内容面板里添加滚动面板
  panel.add(scrollPane);
  // 往内容面板里添加标签
  panel.add(lblStatusbar, "South");
  // 往内容面板里添加工具栏
  panel.add(toolbar, "North");
  toolbar.add(btnNew);
  toolbar.add(btnOpen);
  toolbar.add(btnSave);
  // 在窗口里设置菜单栏
  setJMenuBar(mnbNote);
  // 添加文件菜单
  mnbNote.add(mnuFile);
  mnuFile.setMnemonic(KeyEvent.VK_F);
```

```
mnuFile.add(mniNew);
mnuFile.add(mniOpen);
mnuFile.add(mniSave);
mnuFile.addSeparator();
mnuFile.add(mniExit);
//添加编辑菜单
mnbNote.add(mnuEdit);
mnuEdit.setMnemonic(KeyEvent.VK_E);
mnuEdit.add(mniCut);
mnuEdit.add(mniCopy);
mnuEdit.add(mniPaste);
mnuEdit.addSeparator();
mnuEdit.add(mniDelete);
//添加设置菜单
mnbNote.add(mnuSet);
mnuSet.setMnemonic(KeyEvent.VK_S);
//前景色
mnuSet.add(mnuForeColor);
mnuForeColor.add(rmiBlack);
mnuForeColor.add(rmiRed);
mnuForeColor.add(rmiBlue);
groupForeColor.add(rmiBlack);
groupForeColor.add(rmiRed);
groupForeColor.add(rmiBlue);
//字体
mnuSet.add(mnuFontName);
mnuFontName.add(rmiHT);
mnuFontName.add(rmiST);
mnuFontName.add(rmiLS);
groupFontName.add(rmiHT);
groupFontName.add(rmiST);
groupFontName.add(rmiLS);
//字号
mnuSet.add(mnuFontSize);
mnuFontSize.add(rmiBig);
mnuFontSize.add(rmiMiddle);
mnuFontSize.add(rmiSmall);
groupFontSize.add(rmiBig);
groupFontSize.add(rmiMiddle);
groupFontSize.add(rmiSmall);
//自动换行
mnuSet.addSeparator();
mnuSet.add(cmiWrap);
//添加帮助菜单
mnbNote.add(mnuHelp);
mnuHelp.setMnemonic(KeyEvent.VK_H);
mnuHelp.add(mniAbout);
//设置窗口属性
setSize(800, 600);
setLocation((screenWidth - getWidth()) / 2,
        (screenHeight - getHeight()) / 2);     //让窗口在屏幕居中
//设置文本区属性
```

```
    txaNote.setFont(new Font("黑体", Font.PLAIN, 30));
    txaNote.setLineWrap(true);
    //设置窗口可见
    setVisible(true);
    /**
    *给组件注册监听器,并编写相应的事件处理程序
    */
    //窗口关闭事件
    addWindowListener(new WindowAdapter()
    {
      public void windowClosing(WindowEvent e)
      {
        if (isSaved == false)
        {
          int choice = JOptionPane.showConfirmDialog(null, "文件已修改,您是否要保存
文件?", "记事本",
          JOptionPane.YES_NO_OPTION);
          if (choice == JOptionPane.YES_OPTION)
          {
            saveFile();                                   //保存文件
          } else
            System.exit(0);                               //退出系统
        } else
          System.exit(0);                                 //退出系统
      }
    });
    //文本区中的鼠标运动事件
    txaNote.addMouseMotionListener(new MouseMotionAdapter()
    {
      public void mouseMoved(MouseEvent e)
      {
        //判断文本区中是否选中了文本,以此决定"剪切"、"复制"和"删除"菜单项和工具按钮是否可用
        if (txaNote.getSelectedText() == null)
        {
          mniCut.setEnabled(false);
          mniCopy.setEnabled(false);
          mniDelete.setEnabled(false);
          //btnCut.setEnabled(false);
          //btnCopy.setEnabled(false);
        } else
        {
          mniCut.setEnabled(true);
          mniCopy.setEnabled(true);
          mniDelete.setEnabled(true);
          //btnCut.setEnabled(true);
          //btnCopy.setEnabled(true);
        }
        //判断剪贴板里是否有内容,以此决定"粘贴"菜单项和工具按钮是否可用
        Transferable contents = clipBoard.getContents(this);
                                                  //从剪贴板获取可传输数据对象
        if (contents == null)
        {
```

```
            mniPaste.setEnabled(false);
            //btnPaste.setEnabled(false);
          } else
          {
            mniPaste.setEnabled(true);
            //btnPaste.setEnabled(true);
          }
        }
      });
      // 文档内容发生变化事件
      document.addDocumentListener(new DocumentListener()
      {
        public void insertUpdate(DocumentEvent e)
        {
          isSaved = false;
        }
        public void removeUpdate(DocumentEvent e)
        {
          isSaved = false;
        }
        public void changedUpdate(DocumentEvent e)
        {
          isSaved = false;
        }
      });
      // 新建菜单项单击事件
      mniNew.addActionListener(new ActionListener()
      {
        public void actionPerformed(ActionEvent e)
        {
          strFileName = null;
          setTitle("记事本");              // 窗口标题栏复原
          txaNote.setText("");             // 清空文本区
        }
      });
      // 打开菜单项单击事件
      mniOpen.addActionListener(new ActionListener()
      {
        public void actionPerformed(ActionEvent e)
        {
          openFile();                      // 打开文件
        }
      });
      // 保存菜单项单击事件
      mniSave.addActionListener(new ActionListener()
      {
        public void actionPerformed(ActionEvent e)
        {
          saveFile();                      // 保存文件
        }
      });
      // 退出菜单项单击事件
      mniExit.addActionListener(new ActionListener()
```

```
{
  public void actionPerformed(ActionEvent e)
  {
    if (isSaved == false)
    {
      int choice = JOptionPane.showConfirmDialog(null, "文件已修改,是否要保存文
件?", "记事本",JOptionPane.YES_NO_OPTION);
      if (choice == JOptionPane.YES_OPTION)
      {
        saveFile();                // 保存文件
      } else
        System.exit(0);            // 退出系统
    } else
      System.exit(0);              // 退出系统
  }
});
// 剪切菜单项单击事件
mniCut.addActionListener(new ActionListener()
{
  public void actionPerformed(ActionEvent e)
  {
    // 获得选中的文本
    String selectedText = txaNote.getSelectedText();
    // 由选中的文本创建 StringSelection 对象
    StringSelection selection = new StringSelection(selectedText);
    // 将剪贴板当前内容设置到指定的 StringSelection 对象中
    clipBoard.setContents(selection, null);
    // 把选中的文本替换为空串
    txaNote.replaceRange("", txaNote.getSelectionStart(),
            txaNote.getSelectionEnd());
  }
});
// 复制菜单项单击事件
mniCopy.addActionListener(new ActionListener()
{
  public void actionPerformed(ActionEvent e)
  {
    // 获得选中的文本
    String selectedText = txaNote.getSelectedText();
    // 由选中的文本创建 StringSelection 对象
    StringSelection selection = new StringSelection(selectedText);
    // 将剪贴板当前内容设置到指定的 StringSelection 对象
    clipBoard.setContents(selection, null);
  }
});
// 粘贴菜单项单击事件
mniPaste.addActionListener(new ActionListener()
{
  public void actionPerformed(ActionEvent e)
  {
    // 从剪贴板获取可传输数据对象
    Transferable contents = clipBoard.getContents(this);
```

```
    if (contents != null)
    {
      String strText = null;
      try
      {
        // 从剪贴板可传输对象中获取可传输数据，并强制转化成字符串
        strText = (String) contents.getTransferData(DataFlavor.stringFlavor);
      } catch (Exception exception) {
        System.out.println(exception.getStackTrace());
      }
      // 用剪贴板的数据替换文本区中选定的内容
      txaNote.replaceRange(strText, txaNote.getSelectionStart(),
            txaNote.getSelectionEnd());
    }
  }
});
// 删除菜单项单击事件
mniDelete.addActionListener(new ActionListener()
{
  public void actionPerformed(ActionEvent e)
  {
    // 把选中的文本替换为空串
    txaNote.replaceRange("", txaNote.getSelectionStart(),txaNote.getSelectionEnd());
  }
});
// 黑色菜单项单击事件
rmiBlack.addItemListener(new ItemListener()
{
  public void itemStateChanged(ItemEvent e)
  {
    txaNote.setForeground(Color.BLACK);
  }
});
// 红色菜单项单击事件
rmiRed.addItemListener(new ItemListener()
{
  public void itemStateChanged(ItemEvent e)
  {
    txaNote.setForeground(Color.RED);
  }
});
// 蓝色菜单项单击事件
rmiBlue.addItemListener(new ItemListener()
{
  public void itemStateChanged(ItemEvent e)
  {
    txaNote.setForeground(Color.BLUE);
  }
});
// 黑体菜单项单击事件
rmiHT.addItemListener(new ItemListener()
{
```

```
      public void itemStateChanged(ItemEvent e)
      {
        txaNote.setFont(new Font("黑体", txaNote.getFont().getStyle(),txaNote
.getFont().getSize()));
      }
    });
    //宋体菜单项单击事件
    rmiST.addItemListener(new ItemListener()
    {
      public void itemStateChanged(ItemEvent e)
      {
        txaNote.setFont(new Font("宋体", txaNote.getFont().getStyle(),txaNote
.getFont().getSize()));
      }
    });
    //隶书菜单项单击事件
    rmiLS.addItemListener(new ItemListener()
    {
      public void itemStateChanged(ItemEvent e)
      {
        txaNote.setFont(new Font("隶书", txaNote.getFont().getStyle(),txaNote
.getFont().getSize()));
      }
    });
    //大号菜单项单击事件
    rmiBig.addItemListener(new ItemListener()
    {
      public void itemStateChanged(ItemEvent e)
      {
        txaNote.setFont(new Font(txaNote.getFont().getName(), txaNote.getFont()
.getStyle(), 30));
      }
    });
    //中号菜单项单击事件
    rmiMiddle.addItemListener(new ItemListener()
    {
      public void itemStateChanged(ItemEvent e)
      {
        txaNote.setFont(new Font(txaNote.getFont().getName(), txaNote.getFont()
.getStyle(), 25));
      }
    });
    //小号菜单项单击事件
    rmiSmall.addItemListener(new ItemListener()
    {
      public void itemStateChanged(ItemEvent e)
      {
        txaNote.setFont(new Font(txaNote.getFont().getName(), txaNote.getFont()
.getStyle(), 20));
      }
    });
    //自动换行菜单项单击事件
```

```
    cmiWrap.addItemListener(new ItemListener()
    {
      public void itemStateChanged(ItemEvent e)
      {
        if (cmiWrap.getState())
        {
            scrollPane. setHorizontalScrollBarPolicy ( ScrollPaneConstants. HORIZONTAL _
SCROLLBAR_NEVER);
          txaNote.setLineWrap(true);
        } else
        {
            scrollPane. setHorizontalScrollBarPolicy ( ScrollPaneConstants. HORIZONTAL _
SCROLLBAR_AS_NEEDED);
          txaNote.setLineWrap(false);
        }
      }
    });
    // 关于菜单单击事件
    mniAbout.addActionListener(new ActionListener()
    {
      public void actionPerformed(ActionEvent e)
      {
        JOptionPane.showMessageDialog(
                          null,
                          "仿 windows 简易记事本",
                          "记事本", JOptionPane.INFORMATION_MESSAGE);
      }
    });
    /*
    *工具栏按钮单击事件
    */
    // 新建按钮单击事件
    btnNew.addActionListener(new ActionListener()
    {
      public void actionPerformed(ActionEvent e)
      {
        strFileName = null;
        setTitle("记事本");              // 窗口标题栏复原
        txaNote.setText("");             // 清空文本区
      }
    });
    // 打开按钮单击事件
    btnOpen.addActionListener(new ActionListener()
    {
      public void actionPerformed(ActionEvent e)
      {
        openFile();                      // 打开文件
      }
    });
    // 保存按钮单击事件
    btnSave.addActionListener(new ActionListener()
    {
```

```
        public void actionPerformed(ActionEvent e)
        {
          saveFile();                         // 保存文件
        }
      });
    }
    // 保存文件
    public void saveFile()
    {
      if (getTitle().length() == 3)
      {// 新建文档
        int returnVal = fileChooser.showSaveDialog(Notepad.this);
        if (returnVal == JFileChooser.APPROVE_OPTION)
        {
            try
            {
              strFileName = fileChooser.getSelectedFile().getAbsolutePath();
              FileWriter fw = new FileWriter(strFileName);
              fw.write(txaNote.getText());
              // 窗口标题栏显示保存文件的路径及名称
              setTitle("记事本 - " + strFileName);
              fw.close();
              isSaved = true;             // 保存文件标志设置为真
            } catch (IOException e1)
            {
              e1.printStackTrace();
            }
        } else
        {
          JOptionPane.showMessageDialog(null, "您单击了取消按钮。", "记事本",JOptionPane
.WARNING_MESSAGE);
        }
      } else
      {// 打开已有文档
        try
        {
          FileWriter fw = new FileWriter(strFileName);
          fw.write(txaNote.getText());
          fw.close();
          isSaved = true;                 // 保存文件标志设置为真
        } catch (IOException e1)
        {
          e1.printStackTrace();
        }
      }
    }
    // 打开文件
    public void openFile()
    {
      int returnVal = fileChooser.showOpenDialog(Notepad.this);
      if (returnVal == JFileChooser.APPROVE_OPTION)
      {
```

```
        strFileName = fileChooser.getSelectedFile().getAbsolutePath();
        try {
          BufferedReader br = new BufferedReader(new FileReader(strFileName));
          strFileContent = "";
          String strNextLine;              //用于存放文本文件的一行内容
          while ((strNextLine = br.readLine()) != null)
          {
            strFileContent = strFileContent + strNextLine + "\n";
          }
          //把文件内容显示在文本区中
          txaNote.setText(strFileContent);
          //窗口标题栏显示所打开的文件的路径及名称
          setTitle("记事本 - " + strFileName);
        } catch (FileNotFoundException e1)
        {
          e1.printStackTrace();
        } catch (IOException e1)
        {
          e1.printStackTrace();
        }
      } else
      {
        JOptionPane.showMessageDialog(null, "您单击了取消按钮。", "记事本", JOptionPane.
WARNING_MESSAGE);
      }
    }
  }
```

习　题

(1) Java 中的流分为哪几种?

(2) 写一个程序,允许用户依次输入多个姓名和地址,并能将用户的输入保存到文件中,用户输入 quit 表示输入完毕,退出程序。

(3) 编写程序,统计并输出文本文件中英文元音字母 a、e、i、o、u 的个数。

第 11 章

Java 数据库编程

Chapter 11

实习学徒学习目标

(1) 掌握数据库 MySQL 的安装。

(2) 了解 JDBC 体系的结构。

(3) 熟练使用 Java 操作 MySQL 数据库。

现在很多程序都涉及有关数据库的操作,其中相当一部分程序还是以数据库为核心的,因此 Java 程序对数据库的访问和操作是 Java 程序设计中比较重要的一部分。由于篇幅有限,本章只做了简单介绍,要想深入学习,读者可以去查阅相关资料。

11.1 MySQL 数据库

11.1.1 MySQL 数据库概述

数据库(Database)是按照数据结构来组织、存储和管理数据的仓库。每个数据库都有一个或多个不同的 API 用于创建、访问、管理、搜索和复制所保存的数据。也可以将数据存储在文件中,但是在文件中读写速度相对较慢,所以,现在使用关系型数据库管理系统(RDBMS)来存储和管理大量数据。所谓的关系型数据库,是建立在关系模型基础上的数据库,借助于集合代数等数学概念和方法来处理数据库中的数据。

MySQL 是最流行的关系型数据库管理系统,在 Web 应用方面,MySQL 是关系数据库管理系统(Relational Database Management System,RDBMS)应用软件之一。MySQL 是一个关系型数据库管理系统,由瑞典 MySQL AB 公司开发,目前属于 Oracle 公司。MySQL 是一种关联数据库管理系统,关联数据库将数据保存在不同的表中,从而增加了速度并提高了灵活性。

在应用方面,MySQL 还不能与其他的大型数据库例如 Orade、DB2、SQL Server 等相比,但是并不影响 MySQL 被广泛采用。因为,MySQL 面向的就是中小型系统的数据库支持,而且就目前的应用来看,现有功能已经完全可以满足大多数中小型企业的开发要求,其源码的开放性也大大降低了这些企业的开发成本。

MySQL 的优势有以下几个方面。

(1) MySQL 是开源的,所以不需要支付额外的费用。

(2) MySQL 使用标准的 SQL 数据语言形式。

(3) MySQL 可以在多个系统上运行,并且支持 C、C++、Python、Java、Perl、PHP、Eiffel、Ruby 和 Tcl 等多种语言。

(4) MySQL 对 PHP 有很好的支持,PHP 是目前最流行的 Web 开发语言。

(5) MySQL 支持大型数据库,支持 5000 万条记录的数据仓库,32 位系统表文件最大可支持4GB,64位系统支持最大的表文件为8TB。

(6) MySQL是可以定制的,采用了GPL协议,可以修改源码来开发自己的MySQL系统。

11.1.2 MySQL数据库的安装

本书以MySQL 6.0为例介绍安装及服务器配置过程,具体安装过程如下。

(1) 下载MySQL 6.0后,双击可执行文件,进行MySQL的安装,具体如图11.1所示。

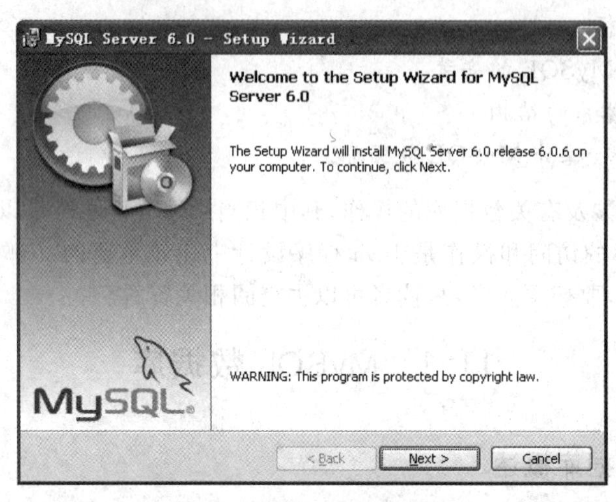

图11.1 MySQL安装界面

(2) 单击Next按钮进入下一步,选择安装类型,如图11.2所示。安装类型分为Typical(典型)、Complete(完全)和Custom(自定义)。"典型"安装用于安装MySQL最常用的功能;"完全"安装可以安装MySQL的全部功能;如果用户需要更改安装路径,或选择自己需要的功能,可以使用"自定义"安装。一般情况下选择"典型"安装。

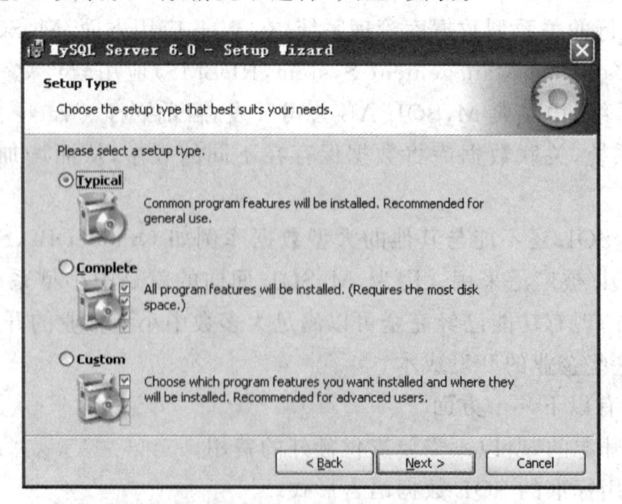

图11.2 MySQL 6.0安装类型选择界面

(3) 单击Next按钮进入下一步,如图11.3所示。这个窗口显示的是安装的信息,如安装类型、安装路径和数据库的存放路径等。

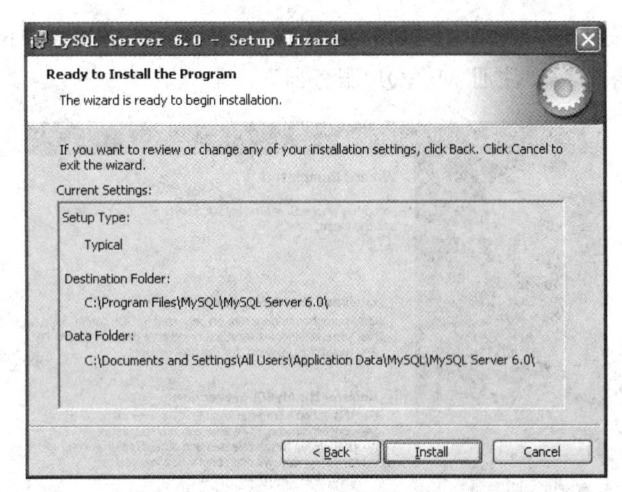

图 11.3 MySQL 6.0 安装信息显示界面

(4) 单击 Install 按钮，进行 MySQL 6.0 的安装，如图 11.4 所示。

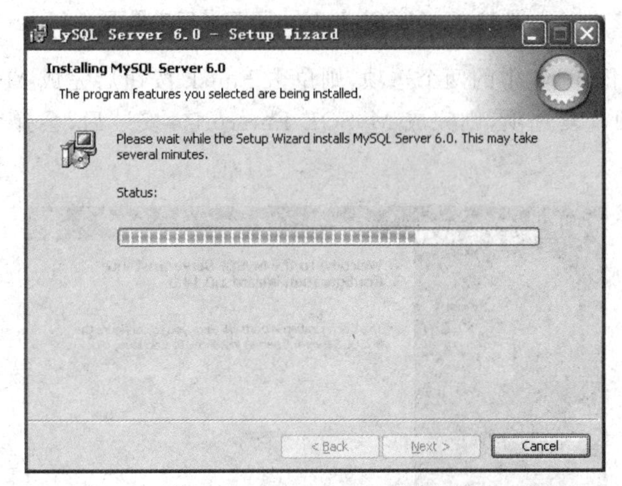

图 11.4 MySQL 6.0 安装进程

(5) 安装完成 MySQL 6.0 后，要进行 MySQL Enterprise 的安装，如图 11.5 所示。

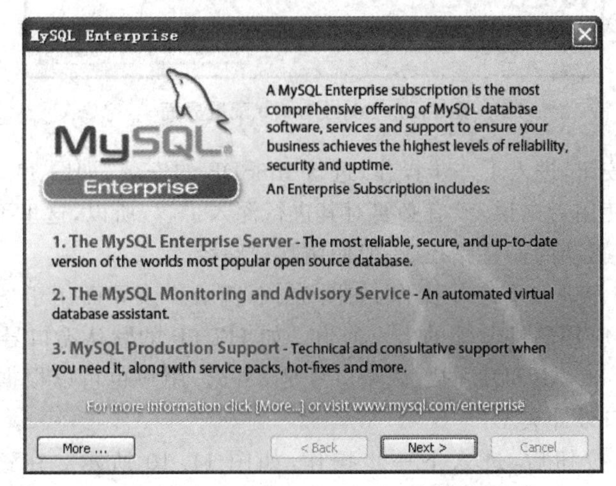

图 11.5 MySQL Enterprise 安装界面

(6) 单击 Next 按钮，进入下一步操作，如图 11.6 所示。这个界面中两个选项的含义分别是“配置 MySQL 服务器”和“注册 MySQL 服务器”。

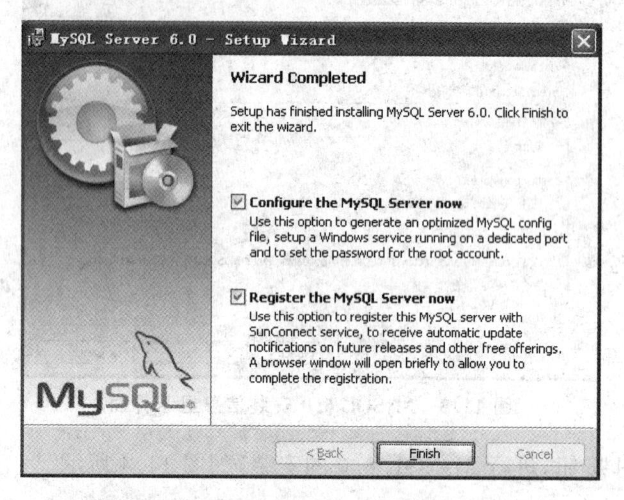

图 11.6　MySQL Enterprise 安装完成界面

(7) 如果不选择图 11.6 中的两个选项，则单击 Finish 按钮后完成 MySQL Enterprise 的安装。如果选择了两个复选项，则完成 MySQL Enterprise 安装后，会弹出如图 11.7 所示的界面。

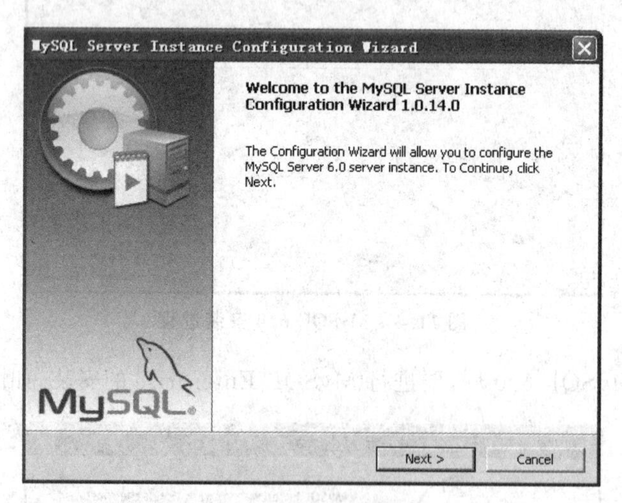

图 11.7　MySQL 6.0 配置界面

(8) 单击 Next 按钮，进入下一步操作，进行 InnoDB 的安装，如图 11.8 所示。InnoDB 是一种表的驱动，对于使用者来说，没有必要对其进行深入了解，所以，这里不展开叙述。在这个界面中可以选择这个驱动的安装路径，一般使用默认路径。

(9)单击 Next 按钮进入下一步操作，如图 11.9 所示。该界面用于选择 MySQL 的端口号。端口号是系统为应用软件分配的出入通道。如 HTTP 的默认端口号是 80，Tomcat 服务器的默认端口号是 8080，MySQL 的默认端口号是 3306。用户也可以根据实际需要更改端口号，但要注意避免端口号冲突。

(10) 单击 Next 按钮后，进入下一步操作，如图 11.10 所示。在这个界面中，Modify Security Settings 选项用于重新设置密码。选择第一个复选项，将密码更改为 root。

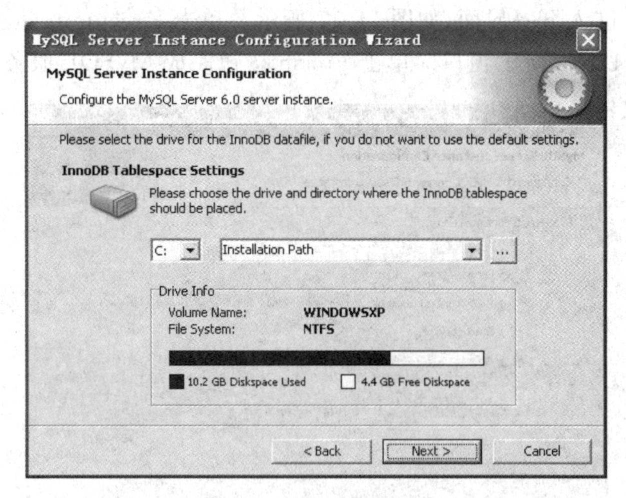

MySQL Server Instance Configuration Wizard
MySQL Server Instance Configuration
Configure the MySQL Server 6.0 server instance.
Please select the drive for the InnoDB datafile, if you do not want to use the default settings.
InnoDB Tablespace Settings
Please choose the drive and directory where the InnoDB tablespace should be placed.
C:
Installation Path
Drive Info
Volume Name: WINDOWSXP
File System: NTFS
10.2 GB Diskspace Used
4.4 GB Free Diskspace
< Back
Next >
Cancel

图 11.8 InnoDB 安装界面

MySQL Server Instance Configuration Wizard
MySQL Server Instance Configuration
Configure the MySQL Server 6.0 server instance.
Please set the networking options.
Enable TCP/IP Networking
Enable this to allow TCP/IP connections. When disabled, only local connections through named pipes are allowed.
Port Number: 3306
Add firewall exception for this port
Please set the server SQL mode.
Enable Strict Mode
This option forces the server to behave more like a traditional database server. It is recommended to enable this option.
< Back
Next >
Cancel

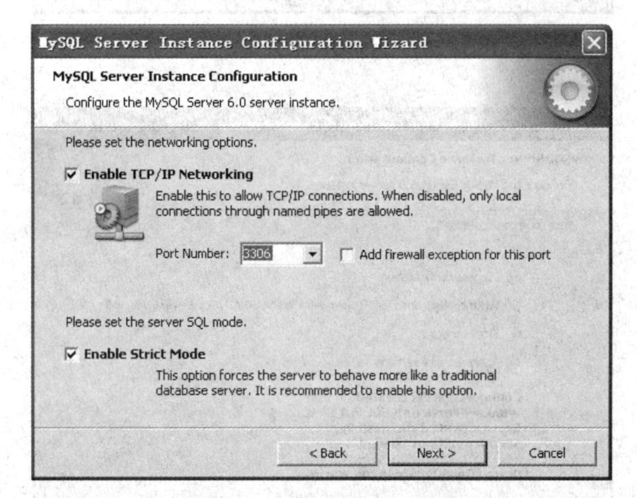

图 11.9 MySQL 端口号设置

MySQL Server Instance Configuration Wizard
MySQL Server Instance Configuration
Configure the MySQL Server 6.0 server instance.
Please set the security options.
Modify Security Settings
Current root password:
Enter the current password.
New root password:
Enter the root password.
Confirm:
Retype the password.
Enable root access from remote machines
Create An Anonymous Account
This option will create an anonymous account on this server. Please note that this can lead to an insecure system.
< Back
Next >
Cancel

图 11.10 MySQL 密码更改

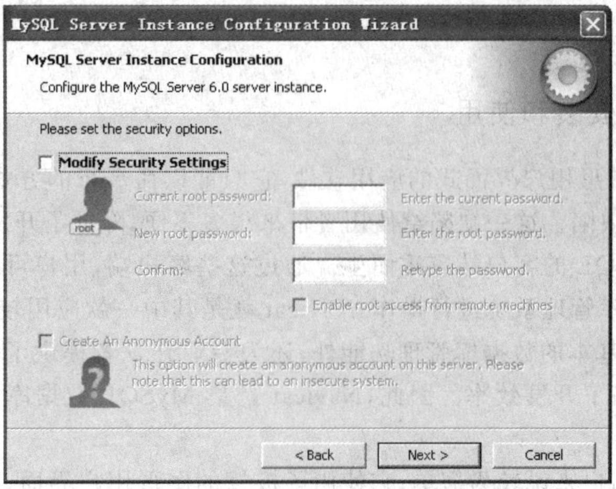

(11) 单击 Next 进入下一界面,如图 11.11 所示。单击 Execute 按钮进行 MySQL 服务器设置。完成后,进入 11.12 所示窗口。单击 Finish 按钮完成 MySQL 服务器的设置。

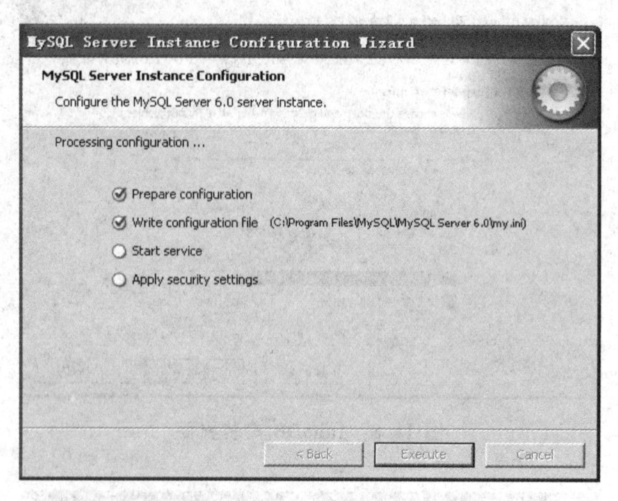

图 11.11 MySQL 服务器设置界面

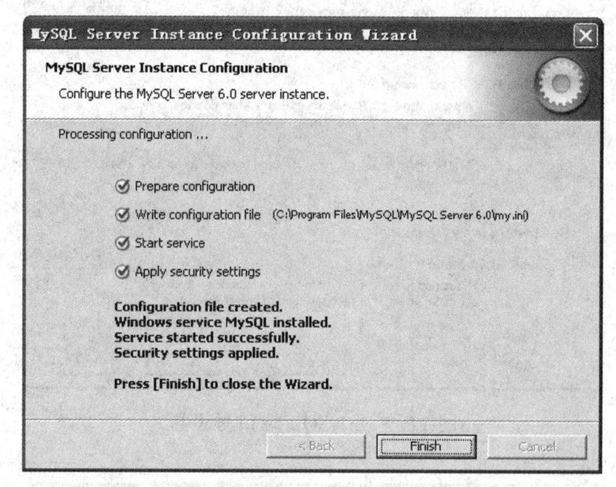

图 11.12 MySQL 服务器设置完成界面

11.1.3 Navicat 的安装和使用

MySQL 并不是图形用户界面式的应用软件,它只能以命令行的方式对数据库进行管理,这是 MySQL 的一个缺陷。这一缺陷给使用者带来很多不便,降低了开发效率,由很多公司和个人开发的一些 MySQL 的客户端应运而生。通过这些客户端,用户可以以图形用户界面的方式对 MySQL 数据库管理系统进行操作,Navicat 就是其中一款应用较广泛的 MySQL 客户端软件。它除了提供基本的数据库管理功能外,还为专业开发者提供了一套强大的足够尖端的辅助功能,大大提高了开发效率。因此,Navicat 是集 MySQL 数据库管理和数据开发的软件平台。

Navicat 对于新用户来说较为简单,它使用了极好的图形用户界面,可以让用户以一种安全和更为容易的方式快速地创建、组织、存取和共享信息。用户可以完全控制 MySQL 数据库和显示不同的管理资料,包括一个多功能的图形化管理用户和访问权限的管理工具,方便将数据从一个数据库转移到另一个数据库中，进行档案备份。

Navicat 支持 Unicode，以及 MySQL 服务器本地或远程连线，用户可浏览数据库、建立和删除数据库、编辑数据、建立或执行 SQL 查询、管理用户权限、将数据库备份/复原、导入/导出数据等。

Navicat 安装步骤如下。

(1) 下载 Navicat 后，双击安装图标，出现如图 11.13 所示界面。

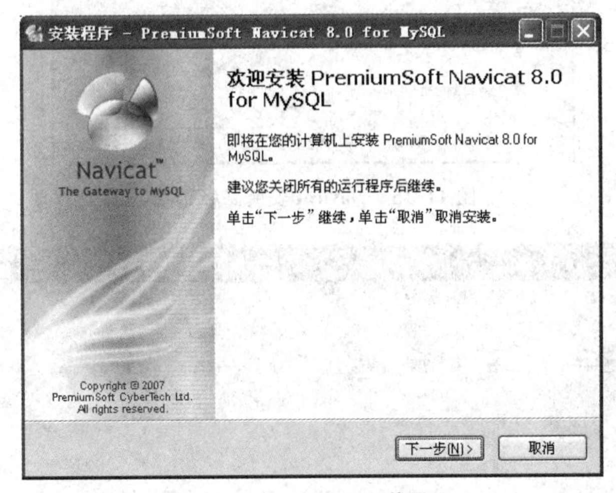

图 11.13 Navicat 安装界面

(2) 单击"下一步"按钮，进入如图 11.14 所示界面。

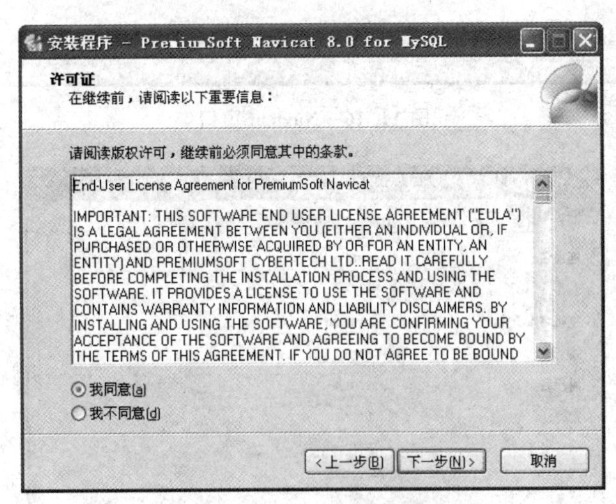

图 11.14 Navicat 安装过程界面

(3) 选择"我同意"选项，单击"下一步"按钮，进入下一步操作，如图 11.15 所示。

(4) 选择 Navicat 的安装路径，然后单击"下一步"按钮进入下一步操作。接下来的操作都是采用默认选项，单击"下一步"直到 Navicat 安装完成。

在 Navicat 中建立 MySQL 连接的步骤如下。

(1) 打开 Navicat，如图 11.16 所示。

(2) 设置数据库连接。单击"连接"按钮，在弹出的界面里设置数据库连接参数，如图 11.17 所示。

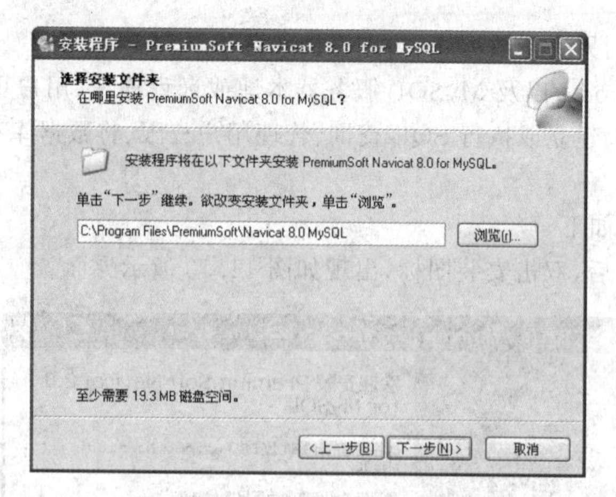

图 11.15　Navicat 安装路径选择

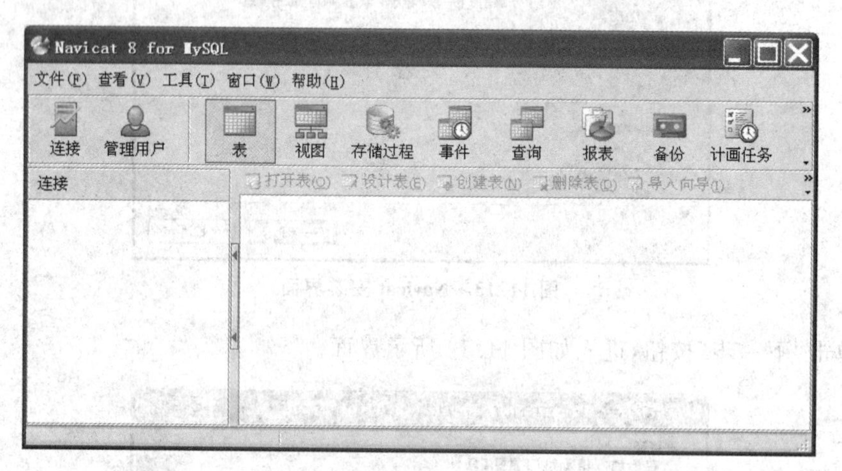

图 11.16　Navicat 窗口

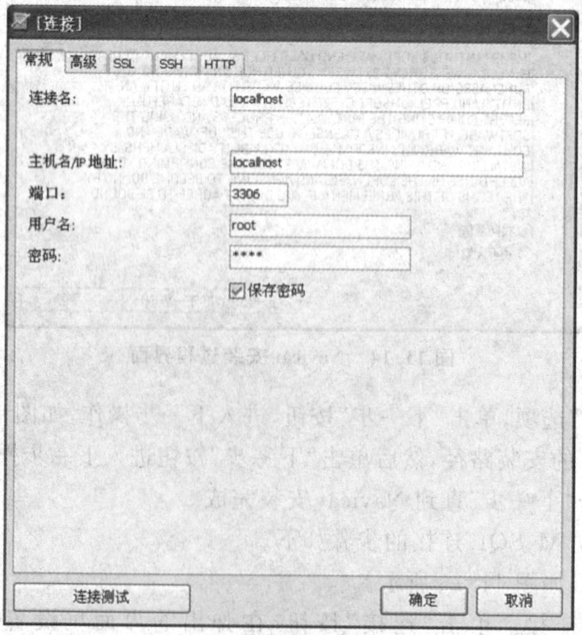

[连接]
常规　高级　SSL　SSH　HTTP
连接名: localhost
主机名/IP 地址: localhost
端口: 3306
用户名: root
密码: ****
保存密码
连接测试　确定　取消

图 11.17　连接参数设计界面

① 连接名：为所建立的连接定义名称，可以随意设置。

② 主机名/IP 地址：输入数据库所在位置的主机名或者 IP 地址。因为本书的开发环境使用的都是本地数据库，所以采用默认的 localhost 即可。

③ 端口号：输入 MySQL 数据库的连接端口，默认为 3306。

④ 用户名：输入数据库的用户名，如 root。

⑤ 密码：输入数据库的密码，如 root。

以上参数全部设置完成后，单击"连接测试"按钮，测试是否可以成功连接到数据库。如果设置成功，会弹出如图 11.18 所示窗口。

图 11.18 连接成功提示框

(3) 单击"确定"按钮，返回连接界面，再次单击"确定"按钮，返回到 Navicat 主界面。如图 11.19 所示。

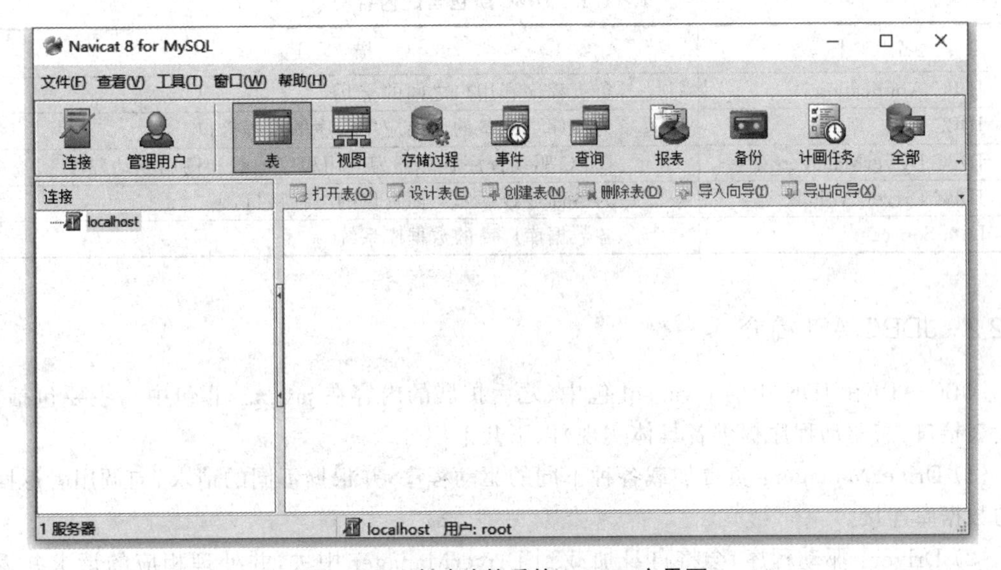

图 11.19 创建连接后的 Navicat 主界面

现在 Navicat 主界面左上角出现了刚才设置的 localhost 数据库连接项。双击 localhost 项，连接到 MySQL 数据库。成功连接后，localhost 图标变成如图 11.20 所示。

图 11.20 连接成功后的 localhost

11.2 JDBC 的体系结构

11.2.1 JDBC 组成

JDBC 是 Java DataBase Connectivity 的缩写，它是连接 Java 程序和数据库服务器的纽带。JDBC 至数据库的通信路径如图 11.21 所示。

Java 程序首先使用 JDBC API 与 JDBC Driver-Manager 交互，由 JDBC Driver-Manager 载入指定的 JDBC Driver 或者通过 JDBC-ODBC 桥的方式和数据库取得联系，以后就可以通过 JDBC API 来存取数据了。

JDBC 共包含 5 部分内容，如表 11.1 所示。

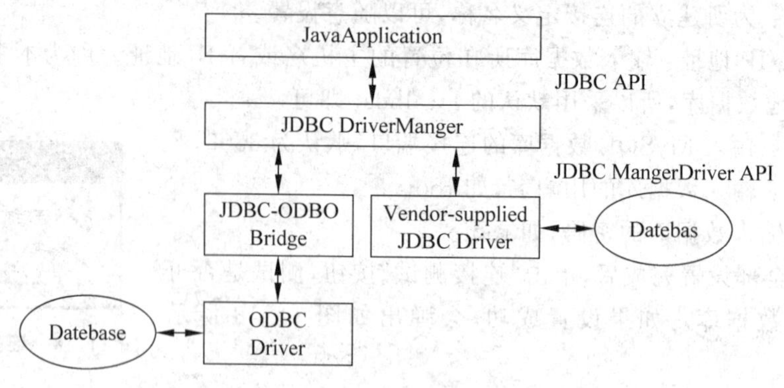

图 11.21 JDBC 至数据库的通信路径

表 11.1 JDBC 所包含的内容

名 称	描 述
JDBC Application	负责程序和用户之间的交互
JDBC API	为程序员准备的面向应用程序的编程接口
JDBC DriverManager	JDBC 驱动程序管理器为应用程序加载和调用驱动程序
JDBC Driver API	为各商业数据库厂商提供的编程接口
Data Source	各数据库厂商的数据库系统

11.2.2 JDBC API 简介

JDBC API 在 JDK 中的 java. sql 包中(之后扩展的内容在 javax. sql 包中),主要包括(斜体代表接口,需驱动程序提供者具体实现)以下几个部分。

(1) DriverManager:负责加载各种不同的驱动程序,并根据不同的请求,向调用者返回相应的数据库连接。

(2) Driver:驱动程序,会将自身加载到 DriverManager 中去,并处理相应的请求并返回相应的数据库连接。

(3) Connection:数据库连接,负责与数据库之间通讯。SQL 执行以及事务处理都是在某个特定 Connection 环境中进行的。可以产生用以执行 SQL 的 Statement。

(4) Statement:用以执行 SQL 查询和更新(针对静态 SQL 语句和单次执行)。

(5) PreparedStatement:用以执行包含动态参数的 SQL 查询和更新(在服务器端编译,允许重复执行以提高效率)。

(6) CallableStatement:用以调用数据库中的存储过程。

(7) SQLException:表示在数据库连接的建立、关闭和 SQL 语句的执行过程中发生了例外情况(即错误)。

11.3 JDBC 应用程序开发

JDBC 是 Java 程序连接和存取数据库的应用程序接口,它由多个类和接口组成,定义了用来访问数据库的标准 Java 类库。使用这个类库可以以一种标准的方法、方便地访问数据库资源。进而使用标准的 SQL 语句命令对数据库进行查询、插入、删除、更新等操作。下面将

JDBC 应用程序开发的整个过程详解如下。

11.3.1 JDBC 使用基本流程

在 Java 中进行 JDBC 编程时，通常按照图 11.22 所示流程进行。

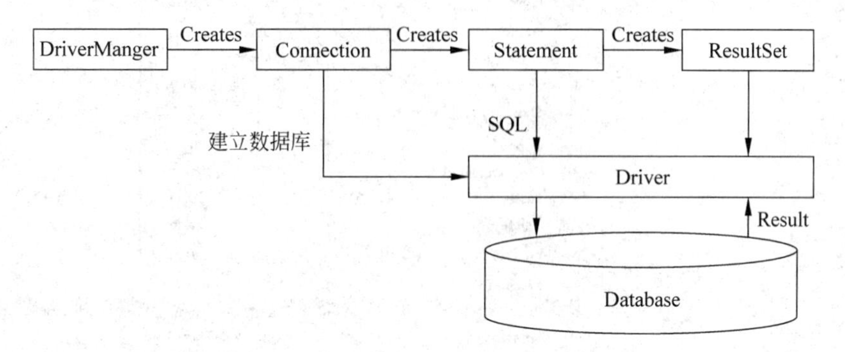

图 11.22 JDBC 访问数据库基本流程

从图 11.22 中可以看出，对数据库进行访问需要以下几个步骤。

(1) 加载数据库驱动程序。

(2) 创建数据库连接对象。

(3) 创建执行数据库操作的对象。

(4) 使用 SQL 语句对数据库进行操作。

(5) 对数据库操作的结果进行处理。

(6) 关闭数据库的连接。

11.3.2 数据库驱动程序的加载

1. 加载驱动程序

Java 访问数据库时，首先要加载数据库驱动，JDK 中不包含数据库的驱动程序，因此，需要事先下载数据库厂商提供的驱动包。不同的数据库厂商提供了不同的数据库驱动包。

每种数据库的驱动程序都提供了一个实现 java.sql.Driver 接口的类，简称 Driver 类，在加载某一驱动程序的 Driver 类时，会创建自己的实例，并向 java.sql.DriverManager 类注册该实例。

Java 加载数据库驱动的方法是调用 Class 类的静态方法 forName()，语法格式如下：

```
Class.forName(String driverManager)
```

例如加载 MySQL 数据库驱动如下：

```
try
{
  Class.forName("com.mysql.jdbc.Driver");
} catch(ClassNotFoundException e) {
  e.printStackTrace();
}
```

如果加载成功，会将加载的驱动类注册给 DriverManager；如果加载失败，会抛出 ClassNotFoundException 异常，即未找到指定 Driver 类的异常。

本例中使用的是 MySQL 官方提供的数据包,下载后要在项目中导入 mysql-connector-java 的 jar 包,方法是在项目中建立 lib 目录,在其下放入 jar 包。如图 11.23 所示。

右击 jar 包 Build Path→Add to Build Path,如图 11.24 所示。

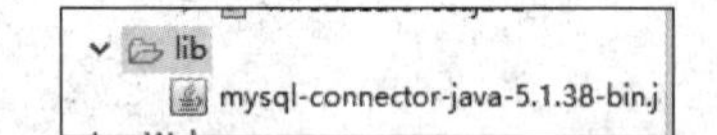

图 11.23　复制 jar 包到项目中

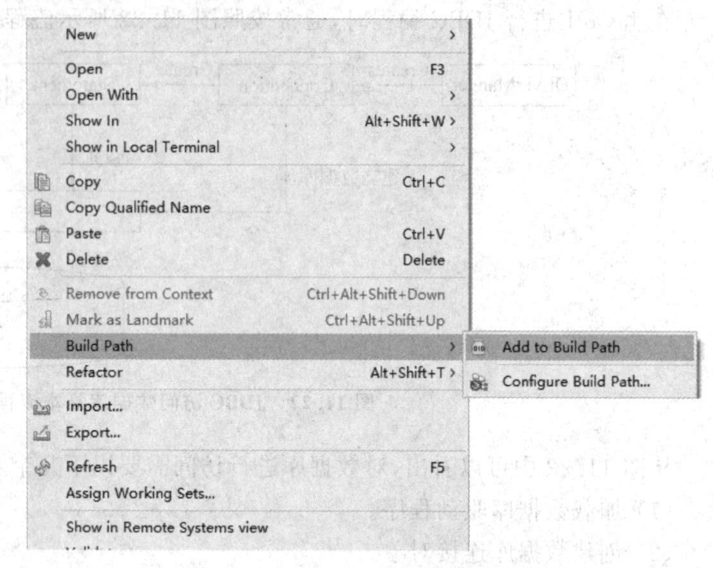

图 11.24　构建 jar 包路径到项目中

之后会多出一个 Referenced Libraries 目录,添加成功。如图 11.25 所示。

图 11.25　成功添加 jar 包到项目中

2. JDBC 管理器 DriverManager

java.sql.DriverManager 类是 JDBC 的管理器,负责管理 JDBC 驱动程序、跟踪可用的驱动程序并在数据库和相应驱动程序之间建立连接。

DriverManager(驱动程序管理器)管理各种数据库驱动程序,建立新的数据库连接,使 Java 程序能够使用正确的 JDBC 驱动程序。该类包含一系列 Driver 类,通过调用方法 DriverManager.registerDriver 对自己进行注册,用户正常情况下不会直接调用该方法,而是在加载驱动程序时由驱动程序自动调用。

java.sql.DriverManager 类中的方法都是静态方法,所以在程序中无须对它们进行实例化,直接通过类名就可以调用。这些方法执行不成功时会抛出 SQLException 异常,常用方法见表 11.2。

表 11.2　DriverManager 的常用方法

名　称	描　述
getConnection(String url)	同指定的数据资源建立连接
getConnection(String url,Properties info)	提供连接属性信息,同指定的数据资源建立连接
getConnection(String url,String user,String password)	提供访问的用户名和密码,同指定的数据资源建立连接
getDriver(String url)	获得建立指定连接的驱动,返回 Driver 对象
getDrivers()	获得装载的所有 JDBC 驱动,返回当前管理器中注册的所有 Driver 对象的数组

11.3.3 连接数据库

加载完数据库驱动后，就可以建立数据库的连接了。

1. 数据源的创建与连接

定义 JDBC 的 url 对象，并通过驱动程序管理器建立数据库的连接。

(1) 定义 JDBC 的 url 对象。语法格式为

```
jdbc:<subprotocal>:[database locator]
```

subprotocal：定义驱动程序类型。

database locator：提供数据库的位置和端口号。

JDBC 的 URL 提供了一种标识数据库的方法，可以使相应的驱动程序识别该数据库并与之建立连接。不同数据库厂商有不同的 URL 格式，见表 11.3。

表 11.3 常见数据库厂商驱动及 URL

数据库	驱　动	URL
MySQL	com.mysql.jdbc.Driver	jdbc：mysql：//localhost：3306/testDB
Oracle	oracle.jdbc.driver.OracleDriver	jdbc：oracle：thin：@localhost：1521：orcle
DB2	com.ibm.db2.jdbc.app.DB2Driver	jdbc：db2：//localhost：5000/testDB
SQL Server	com.microsoft.jdbc.sqlserver.SQLServerDriver	jdbc：microsoft：sqlserver：//localhost：1433；DatabaseName=testDB
Sybase	com.sybase.jdbc.SybDriver	jdbc：sybase：Tds：localhost：5007/testDB
Informix	com.infoxmix.jdbc.IfxDriver	jdbc：infoxmix-sqli：//localhost：1533/testDB

(2) 建立数据库连接。加载完数据库驱动后，通过 DriverManager 类的静态方法 getConnection 建立数据库的连接。为了数据库访问安全，一般连接时需要提供连接数据库的用户名及密码，即使用 getConnection(String url,String user,String password)方法。如：

```
Connection con=DriverManager.getConnection(conURL,userName,userPass);
```

2. 数据库连接类 Connection

java.sql.Connection 对象代表与数据库的连接。连接过程包括所执行的 SQL 语句和在该连接上所返回的结果。一个应用程序可以与单个数据库有一个或多个连接，或者与许多数据库连接。

Connection 对象能够提供数据库信息描述，支持 SQL 语法、表、存储过程等。这些信息是使用 getMetaData 方法获得的。默认情况下，Connection 对象处于自动提交模式，也就是说，它在执行每个语句后都会自动提交更改。如果禁用自动提交模式，为了提交更改，必须显式调用 commit 方法，否则无法保存数据库数据的更改。Connection 常用的方法如表 11.4 所示。

表 11.4 Connection 类中定义的常用方法

名　称	描　述
createStatement()	建立连接，并创建一个 statement 对象
prepareStatement(String sql)	创建一个执行动态 SQL 语句的 PreparedStatement 对象

续表

名　称	描　述
getMetaData()	获取当前连接的 DatabaseMetaData 对象
getAutoCommit()	是否自动提交
setAutoCommit(Boolean isAuto)	设置为是否自动提交
commit()	提交数据
rollback()	撤回提交
close()	关闭连接

11.3.4 对数据库表中的数据进行操作

建立了连接之后，就可以使用 Statement 对象将 SQL 语句发送到数据库中了。有三种 Statement 对象，分别是 Statement、PreparedStatement（从 Statement 继承而来）和 CallableStatement(从 PreparedStatement 继承而来)。它们都用于执行特定类型的 SQL 语句，Statement 对象用于执行不带参数的简单的 SQL 语句，PreparedStatement 对象用于执行带或不带 IN 参数的预编译 SQL 语句，CallableStatement 对象用于执行 SQL 过程的调用。

1. Statement 接口的使用

Statement 对象用 Connection 的方法 createStatement 创建，语法格式为

```
Connection con = DriverManager.getConnection(url,username,password);
Statement stmt = con.createStatement ();
```

Statement 接口提供了 executeQuery()、executeUpdate()和 execute()三种执行 SQL 语句的方法，具体使用哪一种方法由 SQL 语句所产生的内容决定。

方法 executeQuery()用于产生单个结果集的语句，例如 SELECT 语句。方法 executeUpdate()用于执行 INSERT、UPDATE 或 DELETE 语句以及 SQL DDL(数据定义语言)语句，例如 CREATE TABLE 和 DROP TABLE。INSERT、UPDATE 或 DELETE 语句的效果是修改表中零行或多行中的一列或多列。方法 executeUpdate()的返回值是一个整数，指受影响的行数(即更新计数)。对于 CREATE TABLE 或 DROP TABLE 等不是操作数据表行的语句，executeUpdate 的返回值总为零。方法 execute()用于执行返回多个结果集、多个更新计数或二者组合的语句。

Statement 类中定义的常用方法如表 11.5 所示。

表 11.5　Statement 类中定义的常用方法

名　称	描　述
getConnection()	得到执行此 statement 的 connection 对象
getResultSet()	获得当前的结果集(保存查询结果的数据集合)
executeQuery(String sql)	执行 SQL 查询语言
executeUpdate(String sql)	执行 SQL 更新语言
close()	释放 statement 对象，关闭连接
cancel()	取消当前 statement 对象的数据库操作

2. PreparedStatement 接口的使用

由于 Statement 对象在每次执行 SQL 语句时都将该语句传给数据库,如果多次执行同一条 SQL 语句,会导致执行效率降低,此时可以采用 PreparedStatement 对象来封装 SQL 语句。

PreparedStatement 是 Statement 接口的子接口,属于预处理操作。与直接使用 Statement 不同,PreparedStatement 在操作时,是将传入的 SQL 命令编译并暂存在内存中,但是此 SQL 语句的具体内容暂时不设置,而是之后通过输入参数进行设置,所以当某一 SQL 命令在程序中被多次执行时,使用 PreparedStatement 类的对象执行速度要快于 Statement 类的对象。

与 Statement 相比,PreparedStatement 增加了在执行 SQL 调用之前,将输入参数绑定到 SQL 调用中的功能。所谓绑定参数,是 PreparedStatement 实例包含已编译的 SQL 语句,SQL 语句可能包含 1 个、2 个或多个输入的值,这些值未被明确指定,在 SQL 语句中用"?"作为占位符代替,之后执行 SQL 语句之前要用 setXXX()方法对值进行写入。

作为 Statement 的子类,PreparedStatement 接口继承了 Statement 的所有功能。另外它还整合了一整套 getXXX()和 setXXX()方法,用于对值的获取和输入设置。同时,它还修改了 3 个方法 execute()、executeQuery()、executeUpdate(),使它们不需要参数。Prepared Statement 类中定义的常用方法见表 11.6。

表 11.6 PreparedStatement 类中定义的常用方法

名 称	描 述
executeQuery()	执行 SQL 查询语句
executeUpdate()	执行 SQL 更新语句
execute(String sql)	执行任何种类的 SQL 语句
setDate(int paramIndex,Date x)	给指定位置的参数设置日期型数据
setDouble(int paramIndex,double x)	给指定位置的参数设置双精度浮点型数据
setFloat(int paramIndex,float x)	给指定位置的参数设置单精度浮点型数据
setInt(int parameterIndex,int x)	给指定位置的参数设置整型数据
setString(int paramIndex,String x)	给指定位置的参数设置字符串数据
setTime(int paramIndex,Time x)	给指定位置的参数设置时间型数据

PreparedStatement 的使用如下所示。

```
String sql = "select *from people where id = ?and name = ?";
Preparedstatement ps = connection.preparestatement(sql);
ps.setint(1,id);                    //对第 1 个"?"处进行参数赋值
ps.setstring(2,name);               //对第 2 个"?"处进行参数赋值
resultset rs = ps.executequery();   //执行 SQL 命令
```

3. CallableStatement 类的使用

尽管采用了 PreparedStatement,但是 SQL 语句仍然和 Java 代码混在一起,还没有达到"黑箱"的效果,而 java.sql.CallableStatement 对象通过存储过程来访问数据库。与嵌入 Java 程序里的 SQL 语句相比,存储过程有以下优点。

(1) 由于在大多数数据库系统中,存储过程都是在数据库中进行预编译的,因此它的执行

速度要比每次都需要进行解释的动态 SQL 执行速度快得多。

(2) 存储过程中的任何语法错误都在编译时被发现,而不是等到运行时才发现。

(3) Java 开发人员只需要知道存储过程的名字以及它的输入、输出数据,而无须了解执行情况,比如所访问的表的名称、表的结构等。

CallableStatement 对象为所有的 DBMS 提供了一种以标准形式调用已储存过程的方法,对储存过程的调用是 CallableStatement 对象所包含的内容。这种调用是用一种换码语法来编写的,有两种形式:一种形式带结果参数,另一种形式不带结果参数。结果参数是一种输出(OUT)参数,是储存过程的返回值。两种形式都可带有数量可变的输入(IN)、输出(OUT)或输入/输出(IN/OUT)参数。参数是根据编号按顺序引用的,第一个参数的编号是 1,问号是参数的占位符。

在 JDBC 中调用储存过程的语法格式如下:

注意:方括号表示其间的内容是可选项,方括号本身并不是语法的组成部分。

```
{call 过程名[(?, ?, ...)]}
```

返回结果参数的过程的语法为

```
{?= call 过程名[(?, ?, ...)]}
```

不带参数的已储存过程的语法为

```
{call 过程名}
```

当存储过程需要参数时,需要对输入参数使用 setXXX 方法赋值,如果有输出参数,在执行存储过程前,需要使用 registerOutParameter 方法注册。它们的值是在执行后通过此类提供的 getXXX 方法检索得到。

例如,调用带有输入参数的存储过程核心代码如下。

```
String sql = "CALL pro_findUserById(?)";               //可以执行预编译的 sql
CallableStatement stmt = conn.prepareCall(sql);  //预编译
stmt.setInt(1, 6);                                      //设置输入参数
ResultSet rs = stmt.executeQuery(); //所有调用存储过程的 sql 语句都是使用 executeQuery()
                                    //方法执行遍历结果
while(rs.next()){
    ...
}
```

11.3.5 操作结果的处理与访问

由于创建不同的 Statement 对象,所以使用 SQL 语句对数据库进行的操作不同,其返回的结果也不同,这里介绍进行查询操作时返回的结果集 ResultSet 对象。

java. sql. ResultSet 类表示从数据库中返回的结果集。当我们使用 Statement 和 PreparedStatement 类提供的 executeQuery()方法下达 select 命令以查询数据库时,executeQuery()方法会把数据库响应的查询结果存放在 ResultSet 类对象中供我们使用。

ResultSet 实例具有指向当前数据行的指针,当执行 executeQuery()方法获得 ResultSet 对象时,游标在 beforeFirst 位置,即指向第一条记录之前,所以需调用 ResultSet 的 next()方法访问第一行,然后再进行处理。next()方法是判断记录集中是否还有数据,如果有,数据行

返回 true,否则返回 false。

ResultSet 的用法如下。

```
java.sql.Statement stmt = conn.createStatement ();
ResultSet rs = stmt.executeQuery ("SELECT a,b,c FROM Table1");
while (rs.next ())
{
  int i = rs.getInt("a");
  String s = rs.getString("b");
  Float f = rs.getFloat("c");
  System.out.println("ROW = " + = i + " " + s + " " + f );
}
```

默认情况下,ResultSet 实例不能更新,只能移动指针,所以只能迭代遍历一次,而且只能按从前向后的顺序。当然,如果需要,可以生成可滚动和可更新的 ResultSet 实例。

ResultSet 接口提供了从当前行检索不同类型列值的 getXXX()方法,该方法有两个重载的方法,分别是根据列的索引编号和列的名称进行检索列值,其中以列的索引编号较为高效,编号从 1 开始。指定列(字段)名方式时,不区分列名字母的大小写。getXXX()方法中,XXX 表示 JDBC 中的 Java 数据类型,如 getInt()、getString()、getDate()等。

Resultset 类提供了很多成员方法,这些方法执行不成功时抛出 SQLExcecption 异常,ResultSet 类中定义的常用方法如表 11.7 所示。

表 11.7 ResultSet 类中定义的常用方法

名 称	描 述
getStatement()	获得返回当前 ResultSet 对象的 statement 对象
getRow()	获得当前 ResultSet 对象的指定数据列数
first()	将游标定位到第一条数据记录
last()	将游标定位到最后一条数据记录
next()	将游标定位到下一条数据记录
previous()	将游标定位到前一条数据记录
beforeFirst()	将游标定位到 ResultSet 对象的开头
afterLast()	将游标定位到 ResultSet 对象的结尾
close()	关闭连接
getXXX(String colName)	获得当前数据记录的指定数据列的值,XXX 为数据类型,colName 为属性列名
getXXX(int colIndex)	获得当前数据记录的指定数据列的值,XXX 为数据类型,colIndex 为属性列的索引编号

11.3.6 JDBC 的关闭操作

在用 JDBC 访问数据库的整个流程结束之前,要关闭查询语句及与数据库的连接。注意关闭的顺序,如果有结果集,先关闭结果集 ResultSet 对象,再关闭 Statement 对象,最后关闭数据库连接,开发中关闭操作一般都放在异常处理的 finally 语句块中实现。

例如,正确关闭数据库连接资源核心代码如下。

```
ResultSet rs = null;
Connection con = null;
```

```
Statement stmt = null;
try
{
  //数据库操作
}
catch(Exception e)
{
  System.out.println(e);
}
finally
{
  try
  {
    if(rs !=null) rs.close();
  } catch (Exception e)
  {
    logger.error(e.getMessage());
  }
  try
  {
    if(stmt !=null) stmt.close();
  }
  catch (Exception e)
  {
    logger.error(e.getMessage());
  }
  try
  {
    if(con !=null) con.close();
  }
  catch (Exception e)
  {
    logger.error(e.getMessage());
  }
}
```

实际开发中，数据库的操作非常频繁，为了能够复用关闭操作，可以把关闭数据库资源的代码封装在方法中，这样只需要在 finally 里调用该方法就可以了。

例如，定义 closeConnection 方法如下。

```
//关闭数据库连接
public static void closeConnection(ResultSet rs, Statement stmt, Connection con)
{
  try
  {
    if (rs != null)
    {
      rs.close();
    }
    if (stmt != null)
    {
      stmt.close();
    }
    if (con != null)
    {
```

```
            con.close();
        }
    } catch (SQLException e)
    {
        e.printStackTrace();
    }
}
```

实训 学生信息管理系统

实训要求

(1) 在 MySQL 中新建数据库 testDB,设计一张学生表,以学号作为关键字。其他学生信息有:姓名、手机号。

学生表 sql 语句如下。

```
DROP TABLE IF EXISTS 'stu';
CREATE TABLE 'stu'
( 'no' varchar(255) NOT NULL,
  'name' varchar(255) default NULL,
  'phone' varchar(255) default NULL,
  PRIMARY KEY ('no'))
ENGINE=InnoDB DEFAULT CHARSET=utf8;
```

(2) 编写一个简单的字符界面学生管理信息系统,实现数据表的增、删、改、查操作。

知识点

Java 访问 MySQL 数据库。

效果参考图

程序界面效果如下:

```
********************************
=======欢迎进入学生信息管理系统=======
1.新增学生
2.修改学生
3.删除学生
4.查询学生
5.退出该系统
请选择(1-5):
```

参考代码

(1) 设计一个学生实体类(Stu.java)。

```
package stu.vo;
//实体类,封装学生类数据
public class Stu
```

```
{
  private String no;                                    // 学号
  private String name;                                  // 姓名
  private String phone;                                 // 手机号
  public String getNo()
  {
    return no;
  }
  public void setNo(String no)
  {
    this.no = no;
  }
  public String getName()
  {
    return name;
  }
  public void setName(String name)
  {
    this.name = name;
  }
  public String getPhone()
  {
    return phone;
  }
  public void setPhone(String phone)
  {
    this.phone = phone;
  }
  // 无参构造函数
  public Stu()
  {
    super();
  }
  // 有参构造函数
  public Stu(String no, String name, String phone)
  {
    super();
    this.no = no;
    this.name = name;
    this.phone = phone;
  }
}
```

(2) 创建封装一个(DBUtil.java),用于连接 MySQL 数据库。

```
package stu.util;
import java.sql.Connection;
import java.sql.DriverManager;
import java.sql.ResultSet;
import java.sql.SQLException;
import java.sql.Statement;
public class DBUtil
```

```
{
  private static final String DRIVER_NAME = " com.mysql.jdbc.Driver";
  private static final String URL = " jdbc:mysql://localhost:3306/testdb";
  private static final String USER = "root";
  private static final String PASS = "root";
  public static Connection getCon() throws ClassNotFoundException,SQLException
  {
    Connection con = null;
    Class.forName(DRIVER_NAME);
    con = DriverManager.getConnection(URL, USER, PASS);
    return con;
  }
  public static void close(Connection con, Statement stmt, ResultSet rs)
  {
    try
    {
      if (rs != null)
      {
        rs.close();
      }
      if (stmt != null)
      {
        stmt.close();
      }
      if (con != null)
      {
        con.close();
      }
    }
    catch (SQLException e)
    {
      e.printStackTrace();
    }
  }
}
```

(3) 创建一个学生管理数据访问对象(StuDao. java)。

```
package stu.dao;
//学生管理数据访问对象 StuDao
import java.sql.Connection;
import java.sql.PreparedStatement;
import java.sql.ResultSet;
import java.sql.SQLException;
import java.util.ArrayList;
import java.util.List;
import stu.util.DBUtil;
import stu.vo.Stu;
public class StuDao
{
  private Connection con;
  private PreparedStatement pstmt;
  private ResultSet rs;
```

```
//添加学生信息
public boolean add(Stu stu)
{
  String sql = "insert into stu(no,name,phone) values(?,?,?)";
  try
  {
    con = DBUtil.getCon();
    pstmt = con.prepareStatement(sql);
    pstmt.setString(1, stu.getNo());
    pstmt.setString(2, stu.getName());
    pstmt.setString(3, stu.getPhone());
    pstmt.executeUpdate();
  } catch (ClassNotFoundException e)
  {
    e.printStackTrace();
    return false;
  } catch (SQLException e)
  {
    e.printStackTrace();
    return false;
  } finally
  {
    DBUtil.close(con, pstmt, rs);
  }
  return true;
}
//查看所有学生列表
public List<Stu> list()
{
  List<Stu> list = new ArrayList<Stu>();
  String sql = "select *from stu";
  try
  {
    con = DBUtil.getCon();
    pstmt = con.prepareStatement(sql);
    rs = pstmt.executeQuery();   //用于查询
    while (rs.next())
    {
      Stu stu = new Stu();
      stu.setNo(rs.getString("no"));
      stu.setName(rs.getString("name"));
      stu.setPhone(rs.getString("phone"));
      list.add(stu);
    }
  } catch (ClassNotFoundException e)
  {
    e.printStackTrace();
  } catch (SQLException e)
  {
    e.printStackTrace();
  } finally
  {
```

```
            DBUtil.close(con, pstmt, rs);
        }
        return list;
    }
    //根据学号显示学生信息
    public Stu findSomeone(String no)
    {
        Stu stu = null;
        String sql = "select *from stu where no=? ";
        try
        {
            con = DBUtil.getCon();
            pstmt = con.prepareStatement(sql);
            pstmt.setString(1, no);
            rs = pstmt.executeQuery();    //用于查询
            while (rs.next())
            {
                stu = new Stu();
                stu.setNo(rs.getString("no"));
                stu.setName(rs.getString("name"));
                stu.setPhone(rs.getString("phone"));
            }
        } catch (ClassNotFoundException e)
        {
            e.printStackTrace();
        } catch (SQLException e)
        {
            e.printStackTrace();
        } finally
        {
            DBUtil.close(con, pstmt, rs);
        }
        return stu;
    }
    //修改学生信息
    public boolean update(Stu stu)
    {
        String sql = "update stu set name=?,phone=? where no=? ";
        try
        {
            con = DBUtil.getCon();
            pstmt = con.prepareStatement(sql);
            pstmt.setString(3, stu.getNo());
            pstmt.setString(1, stu.getName());
            pstmt.setString(2, stu.getPhone());
            pstmt.executeUpdate();
        } catch (ClassNotFoundException e)
        {
            e.printStackTrace();
            return false;
        } catch (SQLException e)
        {
            e.printStackTrace();
            return false;
        } finally {
```

```
        DBUtil.close(con, pstmt, rs);
      }
      return true;
    }
    // 删除学生信息
    public boolean del(String id)
    {
      String sql = "delete from stu where no=?";
      try
      {
        con = DBUtil.getCon();
        pstmt = con.prepareStatement(sql);
        pstmt.setString(1, id);
        pstmt.executeUpdate();
      } catch (ClassNotFoundException e)
      {
        e.printStackTrace();
        return false;
      } catch (SQLException e)
      {
        e.printStackTrace();
        return false;
      } finally
      {
        DBUtil.close(con, pstmt, rs);
      }
      return true;
    }
}
```

（4）学生信息管理系统的菜单选择。

```
package stu;
//学生信息管理系统的菜单选择
import java.util.List;
import java.util.Scanner;
import stu.dao.StuDao;
import stu.vo.Stu;
public class StuManage
{
  public void menu()
  {
    // 1.打印菜单
    // 2.输入菜单
    // 3.switch 菜单选择
    int choose;
    do
    {
      System.out.println("*******************************");
      System.out.println("=======欢迎进入学生信息管理系统=======");
      System.out.println("1.新增学生");
      System.out.println("2.修改学生");
      System.out.println("3.删除学生");
      System.out.println("4.查询学生");
      System.out.println("5.退出该系统");
      System.out.println("请选择(1~5):");
```

```
        Scanner scanner = new Scanner(System.in);
        choose = scanner.nextInt();
        System.out.println("*******************************");
        switch (choose)
        {
          case 1:
            myAdd();            // 菜单选择 1 是新增学生
            break;
          case 2:
            myUpdate();         // 菜单选择 2 是修改学生
            break;
          case 3:
            myDel();            // 菜单选择 3 是删除学生
            break;
          case 4:
            myList();           // 菜单选择 4 是查询学生
            break;
          case 5:               // 菜单选择 5 是退出该系统
            System.out.println("您选择了退出系统,确定要退出吗? (y/n)");
            Scanner scan = new Scanner(System.in);
            String scanExit = scan.next();
            if (scanExit.equals("y"))
            {
              System.exit(-1);
              System.out.println("您已成功退出系统,欢迎您再次使用!");
            }
            break;
            default:
            break;
        }
      } while (choose != 5);
    }
    // 新增学生信息
    public void myAdd()
    {
      String continute;
      do
      {
        Scanner s = new Scanner(System.in);
        String no, name, phone;
        System.out.println("====新增学生====");
        System.out.println("学号:");
        no = s.next();
        System.out.println("姓名:");
        name = s.next();
        System.out.println("手机号:");
        phone = s.next();
        Stu stu = new Stu(no, name, phone);
        StuDao dao = new StuDao();
        boolean ok = dao.add(stu);
        if (ok)
        {
          System.out.println("保存成功!");
        } else
        {
```

```
            System.out.println("保存失败!");
          }
          System.out.println("是否继续添加(y/n):");
          Scanner scanner2 = new Scanner(System.in);
          continute = scanner2.next();
        } while (continute.equals("y"));
    }
    // 删除学生信息
    public void myDel()
    {
        Scanner s = new Scanner(System.in);
        String no;
        System.out.println("====删除学生====");
        System.out.println("请输入要删除的学生学号:");
        no = s.next();
        System.out.println("该学生的信息如下:");
        StuDao stuDao = new StuDao();
        System.out.println("学生学号:" + stuDao.findSomeone(no).getNo());
        System.out.println("学生姓名:" + stuDao.findSomeone(no).getName());
        System.out.println("学生手机号:" + stuDao.findSomeone(no).getPhone());
        System.out.println("是否真的删除(y/n):");
        Scanner scanner3 = new Scanner(System.in);
        String x = scanner3.next();
        if (x.equals("y"))
        {
          Stu stu = new Stu(no, null, null);
          StuDao dao = new StuDao();
          boolean ok = dao.del(no);
          if (ok)
          {
            System.out.println("删除成功!");
          } else
          {
            System.out.println("删除失败!");
          }
        }
    }
    // 修改学生信息
    public void myUpdate()
    {
        Scanner s = new Scanner(System.in);
        String no;
        System.out.println("====修改学生====");
        System.out.println("请输入要修改的学生学号:");
        no = s.next();
        System.out.println("该学生的信息如下:");
        StuDao stuDao = new StuDao();
        System.out.println("学生学号:" + stuDao.findSomeone(no).getNo());
        System.out.println("学生姓名:" + stuDao.findSomeone(no).getName());
        System.out.println("学生手机号:" + stuDao.findSomeone(no).getPhone());
        System.out.println("请输入新的学生信息:");
        Scanner stuUp = new Scanner(System.in);
        String name, phone;
        System.out.println("学生姓名:");
        name = stuUp.next();
```

```
    System.out.println("学生手机号:");
    phone = stuUp.next();
    Stu stu = new Stu(no, name, phone);
    StuDao dao = new StuDao();
    boolean ok = dao.update(stu);
    if (ok)
    {
      System.out.println("保存成功!");
    } else
    {
      System.out.println("保存失败!");
    }
  }
  //查询学生信息
  public void myList()
  {
    System.out.println("************************");
    System.out.println("====查询学生====");
    System.out.println("该学生的信息如下:");
    System.out.println("学号\t姓名\t手机号");
    StuDao stuDao = new StuDao();
    List<Stu> list = stuDao.list();
    for (Stu stuList : list)
    { //循环打印出查询结果
      System.out.println(stuList.getNo() + "\t" + stuList.getName() + "\t" +
stuList.getPhone());
    }
    System.out.println("************************");
  }
}
```

(5) 主函数测试类。

```
package stu;
//主函数测试类
public class Main
{
  public static void main(String[] args)
  {
    StuManage s = new StuManage();
    s.menu();
  }
}
```

习　题

(1) 简述Java访问数据库的机制以及主要步骤。

(2) 指出Statement和PreparedStatement对象的不同之处。

(3) 建立员工数据库。员工信息包括编号、姓名、部门编号、职务、工资。编写程序实现对员工数据库的增加、删除操作。

第 12 章

网络编程

Chapter 12

实习学徒学习目标

(1) 了解网络编程的基本概念。

(2) 掌握 Java 网络编程常用类。

(3) 熟练使用 TCP 及 UDP 进行编程。

12.1 网络编程的基本概念

12.1.1 网络基础

计算机网络是指将地理位置不同且具有独立功能的多台计算机及其外部设备,通过通信线路连接起来,在网络操作系统、网络管理软件及网络通信协议的管理和协调下,实现资源共享和信息传递。

网络编程就是通过程序设计,实现直接或者间接地与其他计算机进行通信。计算机之间的数据通信离不开通信协议,通信协议是网络通信的基础,通信协议是网络中计算机之间通信时共同遵守的规则。不同的通信协议用不同的方法解决不同类型的通信问题。常用的通信协议有 HTTP、FTP、TCP/IP 等。

12.1.2 TCP 与 UDP

TCP/IP(Transmission Control Protocol/Internet Protocol,传输控制协议/因特网互联协议,又名网络通信协议)是 Internet 最基本的协议,是 Internet 国际互联网络的基础,由网络层的 IP 协议和传输层的 TCP 协议组成。TCP/IP 定义了电子设备如何连入因特网,以及数据如何在它们之间传输的标准。协议采用了 4 层的层级结构,每一层都呼叫它的下一层所提供的协议来完成自己的需求。通俗来讲,TCP 负责发现传输的问题,一有问题就发出信号,要求重新传输,直到所有数据安全准确地传输到目的地;IP 是给因特网的每一台联网设备规定一个地址。

在 TCP/IP 协议栈中,有两个高级协议应该了解,它们是传输控制协议(Transmission Control Protocol,简称 TCP)和用户数据报协议(User Datagram Protocol,简称 UDP)。

TCP 是面向连接的通信协议,TCP 提供两台计算机之间的可靠、无错的数据传输。应用程序利用 TCP 进行通信时,源和目标之间会建立一个虚拟连接,这个连接一旦建立,两台计算机之间就可以把数据当作一个双向字节流进行交换。

UDP 是无连接通信协议,UDP 不保证可靠数据的传输,但能够向若干目标发送数据,接收发自若干个源的数据。简单来说,如果一个主机向另外一台主机发送数据,这一数据就会立即发出,而不管另外一台主机是否已准备接收数据。如果另外一台主机收到了数据,它不会确认收到与否。

TCP、UDP 数据包(也叫数据帧)的基本格式如图 12.1 所示。

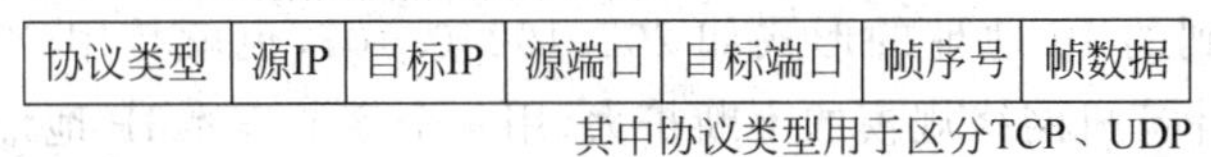

图 12.1 TCP、UDP 的数据帧格式简单图例

12.1.3 Java 中所涉及的网络应用类

在 java. net 包中,提供了实现网络功能的类文件,主要分为三大类。

(1) 使用 URL,属于网络功能中最高级的一种方式。通过指定的 URL(Uniform Resource Locators 统一资源定位符,通常称为网址)上的网络资源,能够很容易地确定网络中数据的位置。使用这种方式,Java 程序可以直接读取或传送数据到网络。

(2) 使用套接字 Socket。Socket 是实现两个程序通信的方式,多用于 TCP/IP 网络协议下,在网络中建立固定的连接。

(3) 使用数据报 Datagram 方式,是功能级别比较低的一种方式。与其他网络数据传输不同,使用 Datagram 方式时,只是将需要传输的数据,按照指定的地址发送出去,并不保证数据能够准确、安全地到达指定地点,同时也不能确定到达的时间。UDP 套接字就是采用的数据报 Datagram 方式。

实现网络功能的类及其描述如表 12.1 所示。

表 12.1 实现网络功能的类及其描述

类 名	描 述
InetAddress	用于封装 IP 地址的 Java 类
URL	用于封装 URL 的 Java 类,可以使用 URL 的对象记录 URL 的完整信息
URLConnection	URLConnection 是一个抽象类,表示与 URL 所指定的数据源的连接情况,可以通过该类的对象与服务器在任意时刻进行交互
Socket	客户端程序使用 Socket 类,建立与服务器的套接字连接
ServerSocket	服务器端程序使用 ServerSocket 类,建立接收客户端套接字的服务器套接字

12.2 InetAddress

12.2.1 IP 地址

IP 地址用于唯一的标识网络中的一个通信实体,这个通信实体既可以是一台主机,也可以是一台打印机,或者是路由器的某一个端口。在基于 IP 协议网络中传输的数据包,都必须使用 IP 地址进行标识。

就像发一份快递一样,要标明收件人的通信地址和发件人的地址,而快递工作人员则通过该地址来决定邮件的去向。类似的过程也发生在计算机网络里,每个被传递的数据包都要包括一个源 IP 地址和一个目的 IP 地址,当该数据包在网络中进行传输时,这两个地址要保持不变,以确保网络设备总能根据确定的 IP 地址,将数据包从源通信实体送往指定的目的通信实体。

IP 地址是数字型的,IP 地址是一个 32 位(32bit)整数,但为了便于记忆,通常把它分成 4 个 8 位的二进制数,每 8 位之间用圆点隔开,每个 8 位整数可以转换成一个 0~255 的十进制整数,因此我们看到的 IP 地址的形式如 202.192.0.101,也就是用 32 位的二进制数来表示,称为 Ipv4。随着计算机网络规模的不断扩大,用 4 个字节表示 IP 地址已越来越少使用,人们正在实验和定制使用 16 个字节表示 IP 地址的格式,这就是 Ipv6。由于 Ipv6 还没有投入使用,现在网络上用的还都是 Ipv4,这里也只围绕 Ipv4 展开。

NIC(Internet Network Information Center)统一负责全球的 Internet IP 地址的规划和管理,而 Inter NIC、APNIC、RIPE 三大网络信息中心具体负责美国及其他地区的 IP 地址分配。其中,APNIC 负责亚太地区的 IP 管理,我国申请 IP 地址也要通过 APNIC,APNIC 的总部设在日本东京大学。

IP 地址被分成 A、B、C、D、E 五类,每个类别的网络标识和主机标识各有规则。

(1) A 类:10.0.0.0~10.255.255.255;

(2) B 类:172.16.0.0~172.31.255.255;

(3) C 类:192.168.0.0~192.168.255.255。

12.2.2 创建 InetAddress 对象

InetAddress 是 Java 对 IP 地址的封装,在 java.net 中有许多类都使用了 InetAddress,包括 ServerSocket、Socket、DatagramSocket 等。

InetAddress 的实例对象包含以数字形式保存的 IP 地址,同时还可能包含主机名(当使用主机名来获取或者使用数字来构造 InetAddress 的实例,并且启用了反向主机名解析的功能时,则包含主机名)。InetAddress 类提供了将主机名解析为 IP 地址(或反之)的方法。

InetAddress 对域名进行解析是使用本地机器配置或者网络命名服务(如域名系统(Domain Name System,DNS)和网络信息服务(Network Information Service,NIS)来实现。本地向 DNS 服务器发送查询的请求,然后服务器根据一系列的操作,返回对应的 IP 地址。为了提高效率,本地通常会缓存一些主机名与 IP 地址的映射,这样访问相同的地址时,就不需要重复发送 DNS 请求了。java.net.InetAddress 类同样采用了这种策略。在默认情况下,会缓存一段有限时间的映射,对于主机名解析不成功的结果,会缓存非常短的时间(10s)来提高性能。

InetAddress 类没有提供公开的构造方法,无法用 new 运算符创建对象,但可以通过它提供的静态方法获取一个 InetAddress 对象或 InetAddress 数组。获取 InetAddress 类对象的静态方法见表 12.2。

表 12.2 获取 InetAddress 类对象的静态方法

名 称	描 述
static InetAddress getLocalHost()	获取本机的 InetAddress 对象
static InetAddress getByName(String host)	根据主机 host 创建一个 InetAddress 对象。参数 host 可以是主机名,也可以是表示 IP 地址的十进制数字字符串
static InetAddress[] getAllByName(String host)	根据主机 host 返回一个 InetAddress 对象数组,表示指定计算机的所有 IP 地址

续表

名　称	描　述
static InetAddress getByAddress(byte[] addr)	根据IP地址创建一个InetAddress对象,并返回其引用。参数addr可以是4字节的IPv4地址,也可以是16字节的IPv6地址
static InetAddress getByAddress(String host, byte[] addr)	根据主机host和IP地址创建一个InetAddress对象

在这些静态方法中,最为常用的是getByName(String host)方法,只需要传入目标主机的名字,InetAddress就会尝试连接DNS服务器,并且获取IP地址的操作。

在调用上述方法获取InetAddress对象时,如果安全管理器不允许访问DNS服务器或禁止网络连接,会抛出SecurityException,如果找不到对应主机的IP地址,或者发生其他网络I/O错误,会抛出UnknowHostException。InetAddress类的常用方法见表12.3。

表12.3　InetAddress类的常用方法

名　称	描　述
public byte[] getAddress()	返回主机地址的字节数组
public String getHostAddress()	返回主机IP地址的字符串
public String getHostName()	返回主机名的字符串

例12.1　创建本地及远程主机InetAddress对象,并使用该对象的方法获取与主机地址相关的信息。

```
import java.net.*;
public class Test
{
  public static void main(String [] args)
  {
    try
    {
      //输出本地 InetAddress 对象信息
      System.out.println("本地信息:");
      //获取本地主机名及 IP 地址
      InetAddress local= InetAddress.getLocalHost();
      String localIP = String.valueOf(local);
      //获取本地 IP 地址
      String hostAddress = local.getHostAddress();
      System.out.println(hostAddress);
      //获取本地主机名
      String localName=local.getHostName();
      System.out.println(localName);
      //远程 InetAddress 对象信息
      System.out.println("远程信息:");
      //获取远程服务器 www.baidu.com 的主机名及 IP 地址
      InetAddress ip = InetAddress.getByName("www.baidu.com");
      String ip_str=String.valueOf(ip);
      System.out.println(ip_str);
      //获取远程服务器 IP 地址
      String ipAddress = ip.getHostAddress();
      System.out.println(ipAddress);
```

```
        //获取远程服务器主机名
        String ipName = ip.getHostName();
        System.out.println(ipName);
    }
    catch(UnknownHostException e){}
  }
}
```

```
本地信息:
192.168.112.1
DESKTOP-0DE1PQS
远程信息:
www.baidu.com/220.181.112.244
220.181.112.244
www.baidu.com
```

图 12.2　例 12.1 运行结果

运行结果如图 12.2 所示。

12.3　URL

12.3.1　URL 简介

URL 又称为统一资源定位器(Uniform Resource Locator)。IP 地址定位了在互联网上的一台计算机,端口定义了这台计算机提供的服务,而 URL 提供了网上资源的一个指针。该资源可以是一个简单的文件,或者一个目录,也可以是一个复杂的对象。通过 URL,可以访问 Internet 服务器,浏览器通过解析给定的 URL 可以在网络上查找相应的文件和网络资源。

URL 一般由协议名、资源所在的主机名和文件名等部分组成,即:

```
协议名://资源名
```

协议名指定连接的网络并获取资源所用的传输协议,如 HTTP、FTP、Gopher、File 等。其中最常用的是 HTTP(HyperText Transfer Protocol,超文本传输协议)协议和 FTP(File Transfer Protocol,文件传输协议)协议。资源名则表示该 URL 的地址,其格式和使用的协议有关,一般包括以下几个部分。

(1) 主机名。资源所在的机器名。

(2) 文件名。文件在主机上的全路径名。

(3) 端口号。资源所在主机上用于连接该 URL 的端口(port)号。

(4) 引用。它是文件资源中的一个标记,可以以超链接的方式在 HTML 文件中指定文件的一个部分。

其中,主机名和文件名是必不可少的,端口号和引用是可选项。例如下面的 URL:

http://www.sina.com.cn:80/default.html

从 URL 可以看出,其所用的协议是 http 协议,资源所在的主机是 www.sina.com.cn,文件名是 default.html。有时资源名也可以省略,直接指向主机。此外,还可以包含端口号来指定与远端主机相连接的端口。如果不指定端口则使用默认值,http 协议的默认端口号是 80。

12.3.2　URL 类

为了表示 URL,java.net 中定义了 URL 类,与 InetAddress 对象不同,URL 类的构造函数有很多种,可以通过这些构造函数来初始化一个 URL 对象。URL 的构造方法见表 12.4。

表 12.4　URL 的构造方法

名　称	描　述
public URL(String absURL)	通过一个包含完整 URL 地址的字符串 absURL 来初始化一个 URL 对象,例如:URL absURL = new URL(String "http://www.sina.com.cn")

续表

名　　称	描　　述

public URL(String baseURL, String relURLString)	通过一个基URL和一个表示相对URL的字符串初始化一个URL对象,例如:
	`URL baseURL = new URL("http://www.sina.com.cn");`
	`URL relURL = new URL(baseURL,"index.html");`
	此构造函数必须包含一个URL对象(称为基URL,如baseURL)作为参数,并在此基URL对象的基础上根据提供的相对URL信息,构造一个新的URL对象。如果第一个baseURL的值为null,则程序将第二个相对URL参数作为绝对URL使用

public URL(String protocol, String host,String file)	通过代表协议名、主机名和文件路径的3个字符串初始化一个URL对象,例如:
	`URL SINA = new URL("http","www.sina.com.cn","/pages/index.html");`
	其中,第一个参数代表使用的协议,第二个参数代表网络上的主机名,第三个参数代表该文件在主机上的路径。该定义和下面的语句是等效的。
	`URL SINA = new URL("http://www.sina.com.cn/pages/index.html");`
	它将创建一个指向http://www.sina.com.cn/pages/index.html的URL对象

public URL(String protocol, String host,int port,String file)	通过代表协议名、主机名、端口号和文件路径的4个字符串来初始化一个URL对象,例如: `URL SINA = new URL("http","www.sina.com.cn",80,"/pages/index.html");` 其中,第一个参数代表使用的协议,第二个参数代表网络上的主机名,第三个参数代表该机器使用的端口号,第四个参数代表该文件在主机上的路径

URL类提供了一些对URL对象进行操作的方法,如表12.5所示。

表12.5　URL类的方法

名　　称	描　　述
public URLConnection openConnection()	打开一个URL连接,创建一个URLConnection对象并运行客户端访问资源
public final InputStream openStream()	为URL对象打开一个输入流
public String getProtocol()	获得URL对象的协议名
public String getHost()	获得URL对象的主机名
public int getPort()	获得URL对象的端口号,如果没有设置端口号,返回－1
public String getFile()	获得URL对象的文件名
public String getRef()	获得该URL在文件中的相对位置

续表

名　称	描　述
public String getQuery()	获得 URL 对象的查询信息
public String getPath()	获得 URL 对象的路径信息
public String getAuthority()	获得 URL 对象的权限信息
public String getUserInfo()	获得使用者信息

例 12.2 使用 java.net 的 URL 类获取 URL 的各个部分参数。

```
import java.net.*;
import java.io.*;
public class Test
{
  public static void main(String [] args)
  {
    try
    {
      URL url = new URL("http://www.runoob.com/index.html?language=cn#j2se");
      System.out.println("URL 为:" + url.toString());
      System.out.println("协议为:" + url.getProtocol());
      System.out.println("验证信息:" + url.getAuthority());
      System.out.println("文件名及请求参数:" + url.getFile());
      System.out.println("主机名:" + url.getHost());
      System.out.println("路径:" + url.getPath());
      System.out.println("端口:" + url.getPort());
      System.out.println("默认端口:" + url.getDefaultPort());
      System.out.println("请求参数:" + url.getQuery());
      System.out.println("定位位置:" + url.getRef());
    }
    catch(IOException e)
    {
      e.printStackTrace();
    }
  }
}
```

运行结果如图 12.3 所示。

```
URL 为: http://www.runoob.com/index.html?language=cn#j2se
协议为: http
验证信息: www.runoob.com
文件名及请求参数: /index.html?language=cn
主机名: www.runoob.com
路径: /index.html
端口: -1
默认端口: 80
请求参数: language=cn
定位位置: j2se
```

图 12.3　例 12.2 的运行结果

openStream()方法能够建立和 URL 所指定的网络资源的连接,得到指定资源的输入流,通过输入流能够读取、访问网络上的数据。

例 12.3 读取指定 URL 的内容,并输出到屏幕。

```
import java.io.BufferedReader;
```

```
import java.io.IOException;
import java.io.InputStream;
import java.io.InputStreamReader;
import java.net.MalformedURLException;
import java.net.URL;
public class Test
{
  public static void main(String[] args)
  {
    try
    {
      URL url = new URL("http://www.baidu.com");
      InputStream is = url.openStream();
      InputStreamReader isr = new InputStreamReader(is,"utf-8");
      BufferedReader br = new BufferedReader(isr);
      String data = br.readLine();
      while(data != null)
      {
        System.out.println(data);
        data = br.readLine();
      }
      br.close();
      isr.close();
      is.close();
    }
    catch (MalformedURLException e)
    {
      // TODO Auto-generated catch block
      e.printStackTrace();
    }
    catch (IOException e)
    {
      // TODO Auto-generated catch block
      e.printStackTrace();
    }
  }
}
```

运行结果如图 12.4 所示。

```
<!DOCTYPE html>
<!--STATUS OK--><html> <head><meta http-equiv=content-type content=text/html;charset=utf-8><meta http-equiv=X-UA-Compati
ble content=IE=Edge><meta content=always name=referrer><link rel=stylesheet type=text/css href=http://s1.bdstatic.com/r/
www/cache/bdorz/baidu.min.css><title>百度一下，你就知道</title></head> <body link=#0000cc> <div id=wrapper> <div id=head
> <div class=head_wrapper> <div class=s_form> <div class=s_form_wrapper> <div id=lg> <img hidefocus=true src=//www.baidu
.com/img/bd_logo1.png width=270 height=129> </div> <form id=form name=f action=//www.baidu.com/s class=fm> <input type=h
idden name=bdorz_come value=1> <input type=hidden name=ie value=utf-8> <input type=hidden name=f value=8> <input type=hi
dden name=rsv_bp value=1> <input type=hidden name=rsv_idx value=1> <input type=hidden name=tn value=baidu><span class="b
g s_ipt_wr"><input id=kw name=wd class=s_ipt value maxlength=255 autocomplete=off autofocus></span><span class="bg s_btn
_wr"><input type=submit id=su value=百度一下 class="bg s_btn"></span> </form> </div> </div> <div id=u1> <a href=http://n
ews.baidu.com name=tj_trnews class=mnav>新闻</a> <a href=http://www.hao123.com name=tj_trhao123 class=mnav>hao123</a> <a
 href=http://map.baidu.com name=tj_trmap class=mnav>地图</a> <a href=http://v.baidu.com name=tj_trvideo class=mnav>视频<
/a> <a href=http://tieba.baidu.com name=tj_trtieba class=mnav>贴吧</a> <noscript> <a href=http://www.baidu.com/bdorz/log
in.gif?login&amp;tpl=mn&amp;u=http%3A%2F%2Fwww.baidu.com%2f%3fbdorz_come%3d1 name=tj_login class=lb>登录</a> </noscript>
 <script>document.write('<a href="http://www.baidu.com/bdorz/login.gif?login&tpl=mn&u='+ encodeURIComponent(window.locat
ion.href+ (window.location.search === "" ? "?" : "&")+ "bdorz_come=1")+ '" name="tj_login" class="lb">登录</a>');</scrip
t> <a href=//www.baidu.com/more/ name=tj_briicon class=bri style="display: block;">更多产品</a> </div> </div> </div> <di
v id=ftCon> <div id=ftConw> <p id=lh> <a href=http://home.baidu.com>关于百度</a> <a href=http://ir.baidu.com>About Baidu
</a> </p> <p id=cp>&copy;2017 Baidu <a href=http://www.baidu.com/duty/>使用百度前必读</a>  <a href=http:/
/jianyi.baidu.com/ class=cp-feedback>意见反馈</a> 京ICP证030173号  <img src=//www.baidu.com/img/gs.gif> </p> <
/div> </div> </div> </body> </html>
```

图 12.4　例 12.3 的运行结果

12.3.3 URLConnection 类

URLConnection 是一个抽象类，表示指向 URL 指定资源的活动连接。创建 URLConnection 类的对象，可以使用 URL 对象的 openConnection()方法，该方法可以返回一个 URLConnection 具体实现子类的对象。如：

```
URL url = new URL("www.baidu.com");
URLConnection urlCon = url.openConnection();
```

URLConnection 类声明为抽象类，除了 connect()方法，其他方法都已经实现。常用方法如表 12.6 所示。

表 12.6 URLConnection 类的主要方法

名　称	描　述
public int getContentLength()	获取指定 URL 服务器上资源文件的长度
public String getContentType()	获取指定 URL 服务器上资源文件的类型
public long getLastModify()	获取指定 URL 服务器上资源文件最后一次修改的时间
public long getDate()	获取指定 URL 服务器上资源文件创建的时间
public InputStream getInputStream()	获取输入流，以便读取指定 URL 服务器上资源文件的内容

例 12.4 创建 URLConnection 类对象，获取当前 URL 指定的服务器上资源文件的相关信息，并获取资源文件的内容。

```
import java.net.MalformedURLException;
import java.net.URL;
import java.net.URLConnection;
import java.io.InputStream;
import java.io.InputStreamReader;
import java.io.BufferedReader;
import java.io.IOException;
import java.util.Date;
public class Demo
{
  public static void main(String[] args)
  {
    try
    {
      int n;
      //使用指定的 URL:"http://www.baidu.com" 来创建 URL 类对象 url
      URL url = new URL("http://www.baidu.com");
      //使用 url 对象的 openConnection()方法，来获取 URLConnection 类的对象
      URLConnection urlConn = url.openConnection();
      //获取资源文件类型
      String contentType = urlConn.getContentType();
      System.out.println("资源文件类型:"+contentType);
      //获取资源文件长度
      int contentLength = urlConn.getContentLength();
      System.out.println("资源文件长度:"+contentLength);
      //获取资源文件创建时间
```

```
        long fileDate = urlConn.getDate();
        System.out.println("资源文件创建时间:"+new Date(fileDate));
        //创建输入流,用户获取指定 url 上资源文件的信息
        System.out.println("读取 url 上资源信息:");
        InputStream is = urlConn.getInputStream();
        InputStreamReader isr = new InputStreamReader(is,"utf-8");
        BufferedReader br = new BufferedReader(isr);
        String data = br.readLine();
        while(data != null)
        {
          System.out.println(data);
          data = br.readLine();
        }
        br.close();
        isr.close();
        is.close();
      }
      catch (MalformedURLException e)
      {
        // TODO Auto-generated catch block
        e.printStackTrace();
      }
      catch (IOException e)
      {
        // TODO Auto-generated catch block
        e.printStackTrace();
      }
    }
}
```

运行结果如图 12.5 所示。

```
资源文件类型: text/html
资源文件长度: 2381
资源文件创建时间: Mon Oct 22 11:44:03 CST 2018
读取url上资源信息:
<!DOCTYPE html>
<!--STATUS OK--><html> <head><meta http-equiv=content-type content=text/html;charset=utf-8><meta http-equiv=X-UA-Compati
ble content=IE=Edge><meta content=always name=referrer><link rel=stylesheet type=text/css href=http://s1.bdstatic.com/r/
www/cache/bdorz/baidu.min.css><title>百度一下, 你就知道</title></head> <body link=#0000cc> <div id=wrapper> <div id=head
> <div class=head_wrapper> <div class=s_form> <div class=s_form_wrapper> <div id=lg> <img hidefocus=true src=//www.baidu
.com/img/bd_logo1.png width=270 height=129> </div> <form id=form name=f action=//www.baidu.com/s class=fm> <input type=h
idden name=bdorz_come value=1> <input type=hidden name=ie value=utf-8> <input type=hidden name=f value=8> <input type=hi
dden name=rsv_bp value=1> <input type=hidden name=rsv_idx value=1> <input type=hidden name=tn value=baidu><span class="b
g s_ipt_wr"><input id=kw name=wd class=s_ipt value maxlength=255 autocomplete=off autofocus></span><span class="bg s_btn
_wr"><input type=submit id=su value=百度一下 class="bg s_btn"></span> </form> </div> </div> <div id=u1> <a href=http://n
ews.baidu.com name=tj_trnews class=mnav>新闻</a> <a href=http://www.hao123.com name=tj_trhao123 class=mnav>hao123</a> <a
 href=http://map.baidu.com name=tj_trmap class=mnav>地图</a> <a href=http://v.baidu.com name=tj_trvideo class=mnav>视频<
/a> <a href=http://tieba.baidu.com name=tj_trtieba class=mnav>贴吧</a> <noscript> <a href=http://www.baidu.com/bdorz/log
in.gif?login&amp;tpl=mn&amp;u=http%3A%2F%2Fwww.baidu.com%2f%3fbdorz_come%3d1 name=tj_login class=lb>登录</a> </noscript>
 <script>document.write('<a href="http://www.baidu.com/bdorz/login.gif?login&tpl=mn&u='+ encodeURIComponent(window.locat
ion.href+ (window.location.search === "" ? "?" : "&")+ "bdorz_come=1")+ '" name="tj_login" class="lb">登录</a>');</scrip
t> <a href=//www.baidu.com/more/ name=tj_briicon class=bri style="display: block;">更多产品</a> </div> </div> </div> <di
v id=ftCon> <div id=ftConw> <p id=lh> <a href=http://home.baidu.com>关于百度</a> <a href=http://ir.baidu.com>About Baidu
</a> </p> <p id=cp>&copy;2017 Baidu <a href=http://www.baidu.com/duty/>使用百度前必读</a>  <a href=http:/
/jianyi.baidu.com/ class=cp-feedback>意见反馈</a> 京ICP证030173号  <img src=//www.baidu.com/img/gs.gif> </p> <
/div> </div> </div> </body> </html>
```

图 12.5 例 12.4 的运行结果

12.4 URLEncoder/URLDecoder 类

12.4.1 application/x-www-form-urlencoded 字符串

application/x-www-form-urlencoded 字符串是一种编码类型。当 URL 地址里包含非 ASCII 字符的字符串时,系统会将这些字符转换成 application/x-www-form-urlencoded 字符

串。表单里提交时也是如此。但是,在向服务器发送大量的文本、包含非 ASCII 字符的文本或二进制数据时这种编码方式效率很低。这个时候就要使用另一种编码类型 multipart/form-data,比如上传时,表单的 ectype 属性一般会设置成 multipart/form-data。Browser 端<form>表单的 ENCTYPE 属性值为 multipart/form-data,它告诉我们传输的数据要用到多媒体传输协议,由于多媒体传输的都是大量的数据,所以规定上传文件必须是 post()方法,<input>的 type 属性必须是 file。

我们经常会在浏览器的地址栏里看到"%E6%96%87%E6%A1%A3"这样的字符串,这就是被编码后的字符串。

12.4.2 对字符编码时的规则

对于 URL 来说,之所以要进行编码,一个是因为 URL 中有些字符会引起歧义。例如,URL 参数字符串中使用 key=value 键值对这样的形式来传参,键值对之间以"&"分隔,如/s?q=abc&ie=utf-8。如果参数 value 字符串中包含了"="或者"&",那么势必会造成接收 URL 的服务器解析错误,因此必须将引起歧义的"&"和"="进行转义,也就是对其进行编码。

另一个原因是 URL 的编码格式采用的是 ASCII 码,而不是 Unicode(包含中文),也就是说不能在 URL 中包含任何非 ASCII 字符,例如中文。否则如果客户端浏览器和服务端浏览器支持的字符集不同,可能会出现错误。编码及解码时的规则见表 12.7。

表 12.7 编码及解码规则

编码时的规则	解码时的规则
(1) [字母]字符"a"到"z"、"A"到"Z"和[数字]字符"0"到"9"保持不变 (2) 特殊字符[.][-][*][_]保持不变 (3) 空格字符[]转换为一个加号[+] (4) 所有其他字符都是不安全的,因此首先使用一些编码机制将它们转换为[一个或多个]字节,然后每个字节用一个包含 3 个字符的字符串[%xy]表示,其中 xy 为该字节的两位十六进制表示形式	将把[%xy]格式的子序列视为[一个字节]。然后,所有连续包含一个或多个这些字节序列的子字符串,将被其编码生成的连续字节的字符所代替

12.4.3 URL 参数的转码与解码

当 URL 地址里包含非 ASCII 字符的字符串时,系统会将这些非 ASCII 字符按转码规则转换成特殊字符串,那么编码过程中可能涉及普通字符串和这种特殊字符串的相互转换,这时需要使用 URLDecoder 和 URLEncoder 类。URLDecoder 类包含一个 decode(String s,String encoding)静态方法,它可以将看上去是乱码的特殊字符串转换成普通字符串。URLEncoder 类包含一个 encode(String s, String encoding)静态方法,它可以将普通字符串转换成 application/x-www-form-urlencoded MIME 字符串。

例 12.5 字符串参数的转码与解码。

```
public class Demo
{
  public static void main(String [] args)
  {
```

```
        try
        {
          String strTest = "?=abc?中%1&2<3,4>";
          System.out.println("原始字符串:"+strTest);
          strTest = URLEncoder.encode(strTest, "UTF-8");
          System.out.println("编码后字符串:"+strTest);
          strTest = URLDecoder.decode(strTest,"UTF-8");
          System.out.println("解码后字符串:"+strTest);
        }
        catch(UnsupportedEncodingException e){}
      }
    }
```

运行结果如图 12.6 所示。

```
原始字符串: ?=abc?中%1&2<3,4>
编码后字符串: %3F%3Dabc%3F%E4%B8%AD%251%262%3C3%2C4%3E
解码后字符串: ?=abc?中%1&2<3,4>
```

图 12.6　例 12.5 的运行结果

12.5　TCP 编 程

12.5.1　套接字通信机制

客户端—服务器模型是最常用的网络应用模型。在设计客户端—服务器软件时，面向连接的程序选择 TCP/IP 协议簇中的 TCP 协议；无连接的程序选择 UDP 协议。面向连接和无连接的区别需要充分考虑，通常依赖于应用要实现的可靠性和网络所能提供的可靠性。

套接字 Socket 类，是通过 C/S(客户端/服务器)方式实现网络中的两个程序间的连接。通过指定的 IP 地址以及端口来实现互联，建立连接的两个程序可以实现双向通信，任何一方既可以接受请求，也可以向另一方发送请求，因此利用套接字 Socket 类可以轻易地实现网络中数据的传递。

由于使用套接字 Socket 实现的网络连接，是基于 C/S 模式 TCP/IP 协议下的连接，即在通信开始之前先由通信双方确认身份并建立一条专用的虚拟连接通道，然后通过这条通道传送数据信息进行通信，当通信完成时连接通道拆除，因此在使用时会分为客户端套接字和服务器端套接字两种。

在 Java 中对应的是实现客户端套接字的 Socket 类，以及用于实现服务器端套接字的 ServerSocket 类。服务器端首先建立一个 ServerSocket 对象，调用 listen()方法在某个端口提供一个监听客户端请求的监听服务，当客户端向该服务器端发出连接请求时，ServerSocket 调用 accept()方法接受这个请求，并建立一个 Socket 对象与客户端的 Socket 对象进行通信，通信的基本方式是通过 Socket 得到流对象，在流对象上进行输入和输出。

Socket 与 ServerSocket 的交互过程如图 12.7 所示。

12.5.2　客户端套接字 Socket 类

利用套接字接口开发网络应用程序早已被广泛采用，套接字能执行以下 7 种基本操作。

(1) 连接到远程计算机。

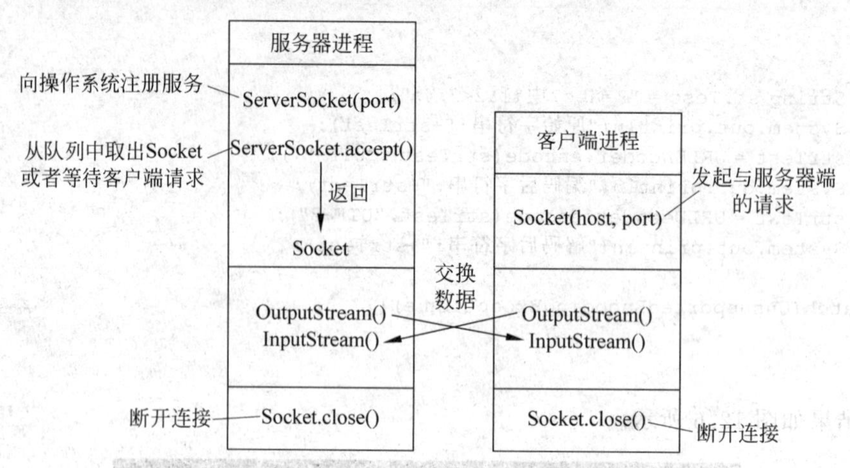

图 12.7 Socket 与 ServerSocket 的交互

(2) 绑定到端口。

(3) 接收从远程计算机发来的连接请求。

(4) 监听到达的数据。

(5) 发送数据。

(6) 接收数据。

(7) 关闭连接。

利用 java.net.Socket 类可以使一个应用从网络中读取和写入数据，不同计算机上的两个应用可以通过连接发送和接收字节流，当发送消息时，需要知道对方的 IP 和端口。Socket 类的构造方法及常用方法如表 12.8 和 12.9 所示。

表 12.8 Socket 类的构造方法

名　称	描　述
public Socket(String host,int port)	创建一个流套接字并将其连接到指定主机上的指定端口号
public Socket(InetAddress host,int port)	创建一个流套接字并将其连接到指定 IP 地址的指定端口号
public Socket(String host, int port, InetAddress localAddress,int localPort)	创建一个套接字并将其连接到指定远程主机上的指定远程端口
public Socket(InetAddress host, int port, InetAddress localAddress,int localPort)	创建一个套接字并将其连接到指定远程地址上的指定远程端口
public Socket()	通过系统默认的 SocketImpl 类创建未连接套接字

表 12.9 Socket 类的常用方法

名　称	描　述
public void connect(SocketAddress host,int timeout)。	将此套接字连接到服务器，并指定一个超时值
public InetAddress getInetAddress()	返回套接字连接的地址
public int getPort()	返回此套接字连接到的远程端口
public int getLocalPort()	返回此套接字绑定到的本地端口
public SocketAddress getRemoteSocketAddress()	返回此套接字连接的端点的地址，如果未连接则返回 null

续表

名　称	描　述
public InputStream getInputStream()	返回此套接字的输入流
public OutputStream getOutputStream()	返回此套接字的输出流
public void close()	关闭此套接字

例 12.6 实现端口扫描,扫描本地主机开放的服务器端口。

```
import java.io.*;
import java.net.*;
public class Demo
{
  public static void main(String[] args)
  {
    Socket socket = null;
    int port =0;
    for(port=8077;port<8087;port++)
    {
      //System.out.println("port="+port);
      try
      {
        socket = new Socket("localhost",port);
        System.out.println("开放端口:"+port);
        socket.close();
      }
      catch(UnknownHostException e)
      {
        System.out.println("无法识别主机");
      }
      catch(IOException e)
      {
        System.out.println("未响应端口:"+port);
      }finally
      {
        try
        {
          socket.close();
        }
        catch(Exception e){}
      }
    }
  }
}
```

该例中每次创建一个 Socket 来尝试连接目标主机指定范围的一个端口,如果 Socket 创建成功,则认为目标主机开放了该端口,也就是说有一个服务器程序在监听该端口。由于本机启动了 Tomcat 服务,开放了 8080 端口,因此运行结果如图 12.8 所示。

图 12.8 例 12.6 的运行结果

12.5.3 服务器端套接字 ServerSocket 类

服务器程序不同于客户机,它需要初始化一个端口进行监听,遇到连接呼叫,才与相应的客户机建立连接。利用 java.net 包中的 ServerSocket 类可以开发服务器程序。

利用 ServerSocket 创建一个服务器的典型工作流程如下。

(1) 在指定的监听端口创建一个 ServerSocket 对象。

(2) ServerSocket 对象调用 accept()方法在指定的端口监听连接请求。accept()方法阻塞了当前 Java 线程,直到收到客户端连接请求,accept()方法返回连接客户端与服务器的 Socket 对象。

(3) 调用 getInputStream()方法和 getOutputStream()方法获得 Socket 对象的输入流与输出流对象。

(4) 服务器与客户端通过流对象进行数据通信,直到一端请求关闭连接。

(5) 服务器和客户端关闭连接。

(6) 服务器返回第 2 步,继续监听下一次连接请求,客户端则运行结束。

ServerSocket 类的构造方法及常用方法如表 12.10 和 12.11 所示。

表 12.10 ServerSocket 类的构造方法

名　称	描　述
public ServerSocket(int port)	创建绑定到特定端口的服务器套接字
public ServerSocket(int port,int backlog)	利用指定的 backlog 创建服务器套接字并将其绑定到指定的本地端口号
public ServerSocket(int port,int backlog, InetAddress address)	使用指定的端口侦听 backlog 和要绑定的本地 IP 地址来创建服务器
public ServerSocket()	创建非绑定服务器套接字

表 12.11 ServerSocket 类的常用方法

名　称	描　述
public int getLocalPort()	返回此套接字的侦听端口
public Socket accept()	侦听并接受到此套接字的连接
public void setSoTimeout(int timeout)	通过指定超时值启用/禁用 SO_TIMEOUT,以毫秒为单位
public void bind(SocketAddress host,int backlog)	将 ServerSocket 绑定到特定地址(IP 地址和端口号)

ServerSocket 构造器是服务器程序运行的基础,它将参数 port 指定的端口初始化作为该服务器的端口,监听客户机连接请求。port 的范围是 0～65536,但 0～1023 是标准 Internet 协议保留端口,一般自定义的端口号在 8000～16000 之间。

例 12.7 简单的 TCP 服务器端程序,等待接收客户端连接,客户端连接成功后发送 welcom 到客户端。

1. 服务器端程序 TcpServer.java

```
import java.net.*;
import java.io.*;
public class TcpServer
{
  public static void main(String [] args)
  {
    try
    {
```

```
        ServerSocket serverSocket=new ServerSocket(8001);
        System.out.println("等待连接...");
        Socket socket=serverSocket.accept();
        System.out.println("连接成功...");
        InputStream ips=socket.getInputStream();
        OutputStream ops=socket.getOutputStream();
        PrintWriter pr = new PrintWriter(ops);
        pr.write("welcome!");
        pr.close();
        socket.close();
        serverSocket.close();
      }
      catch(Exception e)
      {
         e.printStackTrace();
      }
    }
  }
```

在这个程序中,我们创建了一个在 8001 端口等待连接的 ServerSocket 对象。当接收到一个客户的连接请求后,程序从与这个客户建立了连接的 Socket 对象中获得输入流和输出流对象,通过输出流首先向客户端发送一串字符,然后关闭所有相关的资源。

为了验证服务器程序能否正常工作,还必须有一个客户端程序。

2. 客户端程序 TcpClient.java

```
import java.net.*;
import java.io.*;
public class TcpClient
{
  public static void main(String[] args)
  {
    try
    {
      System.out.println("连接服务器");
      Socket socket=new Socket("localhost",8001);
      System.out.println("连接成功");
      InputStream ips=socket.getInputStream();
      OutputStream ops=socket.getOutputStream();
      BufferedReader br = new BufferedReader(new InputStreamReader(ips));
      String s = br.readLine();
      System.out.println("服务器端发来的信息:"+s);
      br.close();
      socket.close();
    }
    catch(Exception e)
    {
       e.printStackTrace();
    }
  }
}
```

先启动服务端程序,再运行客户端程序,运行结果如图 12.9 所示。

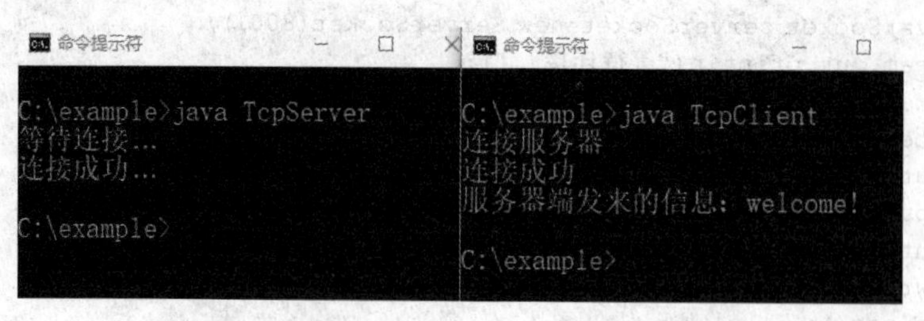

图 12.9 例 12.7 运行结果

12.5.4 多线程服务器程序

接着修改例 12.7 的程序，让它能够接收多个客户的连接请求，并为每个客户连接创建一个单独的线程与客户进行对话。

一次 accept()方法调用只能接收一个连接，只有将 accept()方法放在一个循环语句中才可以接收多个连接。每个连接的数据交换代码，也放在一个循环语句中，保证两者可以不停地交换数据。每个连接的数据交换代码，必须放在独立的线程中运行，否则，在这段代码运行期间，就没法执行其他的程序代码，accept()方法也得不到调用，新的连接就无法进入。我们用一个单独的类来实现服务器端与客户端的对话功能，这个类就叫 Servicer。

例 12.8 实现客户端每向服务器端发送一个字符串，服务器端就将这个字符串中的所有字符反向排列后回送给客户端，直到客户端向服务器端发送 quit 命令，结束两端的对话。

1. 服务器端程序

```
import java.net.*;
import java.io.*;
public class TcpServer
{
  public static void main(String [] args)
  {
    try
    {
      ServerSocket ss=new ServerSocket(8001);
      while(true)
      {
        System.out.println("等待连接...");
        Socket s=ss.accept();
        //获取客户端的 IP 地址
        InetAddress address = s.getInetAddress();
        String ip = address.getHostAddress();
        System.out.println("客户端:" + ip +":"+s.getPort()+ " 接入服务器!!");
        new Thread(new Servicer(s)).start();
      }
    }
    catch(Exception e){e.printStackTrace();}
  }
}
class Servicer implements Runnable
{
  Socket s;
  public Servicer(Socket s)
```

```
  {
    this.s = s;
  }
  public void run()
  {
    try
    {
      InputStream ips=s.getInputStream();
      OutputStream ops=s.getOutputStream();
      BufferedReader br = new BufferedReader(new InputStreamReader(ips));
      DataOutputStream dos = new DataOutputStream(ops);
      while(true){
        String strWord = br.readLine();
        if(strWord. equalsIgnoreCase("quit"))
          break;
        String strEcho = (new StringBuffer(strWord).reverse()).toString();
dos.writeBytes(strWord+"-->"+strEcho+System.getProperty("line.separator"));
      }
      //关闭包装类,会自动关闭包装类中所包装的底层类
      br.close();
      dos.close();
      s.close();
    }
    catch(Exception e){e.printStackTrace();}
  }
}
```

2. TCP 客户端程序

```
import java.net.*;
import java.io.*;
public class TcpClient
{
  public static void main(String [] args)
  {
    try
    {
      Socket s=new Socket("localhost",8001);
      InputStream ips=s.getInputStream();
      OutputStream ops=s.getOutputStream();
      BufferedReader brKey = new BufferedReader(new InputStreamReader(System.in));
      DataOutputStream dos = new DataOutputStream(ops);
      BufferedReader brNet = new BufferedReader(new InputStreamReader(ips));
      while(true)
      {
        System.out.print("请输入:");
        String strWord = brKey.readLine();
        dos.writeBytes(strWord + System.getProperty("line.separator"));
        if(strWord.equalsIgnoreCase("quit"))
          break;
        else
          System.out.println("服务器回复:"+brNet.readLine());
      }
```

```
            dos.close();
            brNet.close();
            brKey.close();
            s.close();
        }
        catch(Exception e){e.printStackTrace();}
    }
}
```

上面的程序中,每一个客户都可以同服务器单独对话,直到客户输入 quit 命令后结束。运行效果如图 12.10 所示。

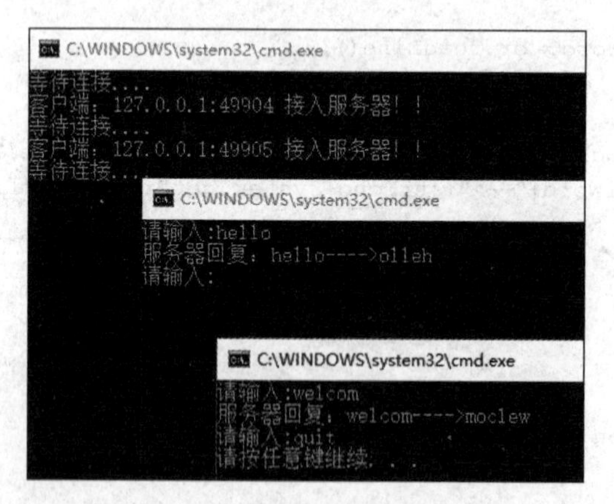

图 12.10 例 12.8 运行结果

实训 简易多人聊天室

实训要求

本次实训要求使用 Java 设计并实现一个简易的网络聊天室。

知识点

Java Swing 常用组件;
布局管理;
事件原理;
TCP 编程;
Socket 及 ServerSocket 实现网络通信。

效果参考

效果参考图如图 12.11 所示。

参考代码

1. 服务器端程序

```
import java.io.BufferedReader;
```

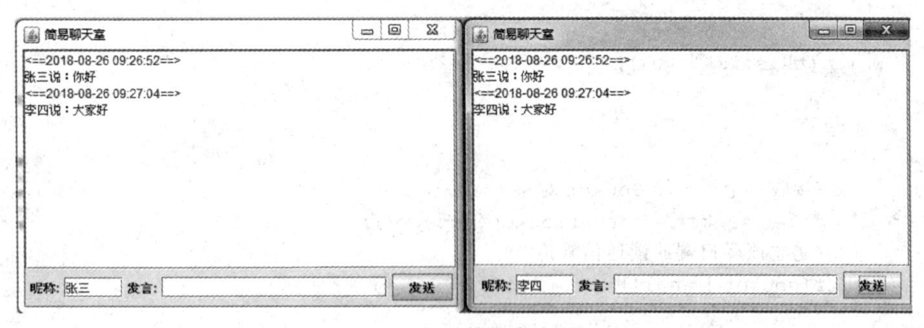

图 12.11 效果参考图

```
import java.io.IOException;
import java.io.InputStreamReader;
import java.io.PrintWriter;
import java.net.ServerSocket;
import java.net.Socket;
import java.text.SimpleDateFormat;
import java.util.ArrayList;
import java.util.Date;
import java.util.LinkedList;
public class ChatServer
{
  //声明服务器端套接字 ServerSocket
  ServerSocket serverSocket;
  //输入流列表集合
  ArrayList<BufferedReader> bReaders = new ArrayList<BufferedReader>();
  //输入流列表集合
  ArrayList<PrintWriter> pWriters = new ArrayList<PrintWriter>();
  //聊天信息链表集合
  LinkedList<String> msgList =new LinkedList<String >();
  public ChatServer()
  {
    try
    {
      //创建服务器端套接字 ServerSocket,在 28888 端口监听
      serverSocket = new ServerSocket(28888);
    }
    catch (IOException e)
    {
      // TODO Auto-generated catch block
      e.printStackTrace();
    }
    //创建接收客户端 Socket 读线程实例,并启动
    new AcceptSocketThread().start();
    //创建给客户端发送信息读线程实例,并启动
    new SendMsgToClient().start();
    System.out.println("服务器已经启动...");
  }
  //接收客户端 Socket 套接字线程
  class AcceptSocketThread extends Thread
  {
    public void run()
```

```
{
  while(this.isAlive())
  {
    try
    {
      //接收一个客户端Socket对象
      Socket socket = serverSocket.accept();
      //建立该客户端的读通信管道
      if(socket != null)
      {
        //获取Socket对象读输入流
          BufferedReader bReader = new BufferedReader (new InputStreamReader
(socket.getInputStream()));
        //将输入流添加到输入流列表集合中
        bReaders.add(bReader);
        //开启一个线程接收客户端读聊天信息
        new GetMsgFromClient(bReader).start();
        //获取Socket对象读输出流,并添加到输入流列表集合中
        pWriters.add(new PrintWriter(socket.getOutputStream()));
      }
    }
    catch (IOException e)
    {
      // TODO Auto-generated catch block
      e.printStackTrace();
    }
  }
}
}
//接收客户端读聊天信息读线程
class GetMsgFromClient extends Thread
{
  BufferedReader bReader;
  public GetMsgFromClient(BufferedReader bReader)
  {
    // TODO Auto-generated constructor stub
    this.bReader = bReader;
  }
  public void run()
  {
    while(this.isAlive())
    {
      String strMsg;
      try
      {
        strMsg = bReader.readLine();
        if(strMsg != null)
        {
          //SimpleDateFormat日期格式化类,制定日期格式
          //"年-月-日 时:分:秒",例如"2017-11-06 23:06:11"
          SimpleDateFormat dateFormat = new SimpleDateFormat("yyyy-MM-dd HH:mm:ss");
          //获取当前系统时间,并使用日期格式化类为制定格式读字符串
          String strTime = dateFormat.format(new Date());
```

```
                //将时间和信息添加到信息链表集合中
                msgList.addFirst("<==" + strTime + "==>\n" + strMsg);
              }
            }
            catch (IOException e)
            {
              // TODO Auto-generated catch block
              e.printStackTrace();
              System.out.println("aaaaaaaaaaaaaaaaaaaaa");
              bReaders.remove(bReader);
            }
          }
        }
      }
      //给所有客户发送聊天信息读线程
      class SendMsgToClient extends Thread
      {
        public void run()
        {
          while(this.isAlive())
          {
            try
            {
              //如果信息链表集合不空(还有聊天信息未发送)
              if(!msgList.isEmpty())
              {
                //取信息链表集合中读最后一条,并移除
                String msg = msgList.removeLast();
                //对输出流列表集合进行遍历,循环发送信息给所有客户端
                for (int i = 0; i < pWriters.size(); i++)
                {
                  pWriters.get(i).println(msg);
                  pWriters.get(i).flush();
                }
              }
            } catch (Exception e)
            {
              // TODO: handle exception
              System.out.println("bbbbbbbbbbbbbbbbbbbbbbbbbbbb");
            }
          }
        }
      }
      //主函数调用
      public static void main(String args[])
      {
        new ChatServer();
      }
    }
```

2. 客户端程序

```
import java.awt.BorderLayout;
import java.awt.event.ActionEvent;
```

```
import java.awt.event.ActionListener;
import java.io.BufferedReader;
import java.io.IOException;
import java.io.InputStreamReader;
import java.io.PrintWriter;
import java.net.Socket;
import java.net.UnknownHostException;
import javax.swing.JButton;
import javax.swing.JFrame;
import javax.swing.JLabel;
import javax.swing.JPanel;
import javax.swing.JScrollPane;
import javax.swing.JTextArea;
import javax.swing.JTextField;
public class ChatClient extends JFrame
{
  /**
  *聊天室客户端
  */
  private static final long serialVersionUID = 1L;
  Socket socket;
  PrintWriter pWriter;
  BufferedReader bReader;
  JPanel panel;
  JScrollPane sPane;
  JTextArea txtContent;
  JLabel lblName,lblSend;
  JTextField txtName,txtSend;
  JButton btnSend;
  public ChatClient()
  {
    super("简易聊天室");
    txtContent = new JTextArea();
    //设置文本域只读
    txtContent.setEditable(false);
    sPane = new JScrollPane(txtContent);
    lblName = new JLabel("昵称:");
    txtName = new JTextField(5);
    lblSend = new JLabel("发言:");
    txtSend = new JTextField(20);
    btnSend = new JButton("发送");
    panel = new JPanel();
    panel.add(lblName);
    panel.add(txtName);
    panel.add(lblSend);
    panel.add(txtSend);
    panel.add(btnSend);
    this.add(panel, BorderLayout.SOUTH);
    this.add(sPane);
    this.setSize(500,300);
    this.setDefaultCloseOperation(JFrame.EXIT_ON_CLOSE);
    try
```

```
{
  //创建一个套接字
  socket = new Socket("127.0.0.1",28888);
  //创建一个向套接字中写数据的管道,即输出流,给服务器发送信息
  pWriter = new PrintWriter(socket.getOutputStream());
  //创建一个向套接字中读数据的管道,即输入流,读服务器返回信息
  bReader = new BufferedReader(new InputStreamReader(socket.getInputStream()));
}
catch (UnknownHostException e)
{
  // TODO Auto-generated catch block
  e.printStackTrace();
} catch (IOException e)
{
  // TODO Auto-generated catch block
  e.printStackTrace();
}
//注册监听
btnSend.addActionListener(new ActionListener()
{
  @Override
  public void actionPerformed(ActionEvent e)
  {
    // 获取用户输入读文本
    String strName = txtName.getText();
    String strMsg = txtSend.getText();
    if(!strMsg.equals(""))
    {
      //通过输出流将数据发送给服务器
      pWriter.println(strName+"说:"+strMsg);
      pWriter.flush();
      //清空文本框
      txtSend.setText("");
    }
  }
});
//启动线程
new GetMsgFromServer().start();
}
//接收服务器线程读取
class GetMsgFromServer extends Thread
{
  Override
  public void run()
  {
    // TODO Auto-generated method stub
    while (this.isAlive())
    {
      try
      {
        String strMsg = bReader.readLine();
        if(strMsg != null)
```

```
                {
                    //在文本域中显示聊天信息
                    txtContent.append(strMsg + "\n");
                }
                Thread.sleep(50);
            }
            catch (Exception e)
            {
                // TODO Auto-generated catch block
                System.out.println("ccccccccccccccccc");
            }
        }
    }
}
public static void main(String[] args)
{
    //创建聊天室客户端窗口实例,并显示
    new ChatClient().setVisible(true);
}
}
```

习　题

(1) 简述 TCP 与 UDP 的区别。

(2) 使用 ServerSocket 编写一个时间服务程序。它能够向客户程序发送以下格式的时间信息。

时间格式为

```
Tue Nov 13 09:08:48 CST 2018
```

(3) 创建一个服务器,用它请求用户输入密码,然后打开一个文件,并将文件通过网络连接传送出去。创建一个同该服务器连接的客户,为其分配密码,然后捕获和保存文件。

参考文献

[1] 孙卫琴. Java 面向对象编程[M]. 北京：电子工业出版社，2016.
[2] 孙一林. Java 程序设计案例教程[M]. 北京：清华大学出版社，2016.
[3] 郑阿奇. Java EE 项目开发教程[M]. 北京：电子工业出版社，2017.
[4] 孟丽丝，张雪. Java 编程入门与应用[M]. 北京：清华大学出版社，2017.
[5] 杨晶晶. Java 程序设计[M]. 北京：清华大学出版社，2018.
[6] 许敏，史荧中. Java 程序设计案例教程[M]. 北京：机械工业出版社，2018.
[7] 李颖，平衡. Java 程序设计项目化教程[M]. 北京：中国铁道出版社，2018
[8] 沈泽刚，伞晓丽. Java 语言程序设计[M]. 北京：清华大学出版社，2018.